微粒群优化算法

Particle Swarm Optimization

崔志华　曾建潮　著

科学出版社

北京

内 容 简 介

　　微粒群算法是一种模拟动物群体社会行为的群智能优化算法，现已成为自然计算的一个重要分支。本书分为 9 章，第 1、第 2 章介绍了微粒群算法的概念、基本方程以及相关社会行为分析等，并给出了一个较为详细的综述。第 3~5 章从生物学背景出发，分别从个体的觅食时间、觅食行为、觅食决策等方面探讨了微粒群算法的改进模式。第 6~8 章的研究内容则从控制角度出发探讨微粒群算法的相关控制方式。在现实世界中，由于目标函数计算困难或计算时间较长等因素，许多复杂的优化问题难以利用微粒群算法进行优化。为此，第 9 章利用适应值预测方式来提高算法性能，从而为解决相关应用问题提供了参考。

　　本书适合从事智能计算研究与应用的科技工作者和工程技术人员阅读使用，也可作为高等院校计算机科学与技术、控制科学与工程等学科的高年级本科生及研究生的教学参考书。

图书在版编目（CIP）数据

微粒群优化算法（Particle Swarm Optimization）/崔志华，曾建潮著.—北京：科学出版社，2011

ISBN 978-7-03-030614-2

Ⅰ. ① 微… Ⅱ. ① 崔… ② 曾… Ⅲ. ① 智能控制–算法 Ⅳ. ① TP273

中国版本图书馆 CIP 数据核字(2011) 第 047205 号

责任编辑：王丽平　房　阳／责任校对：鲁　素
责任印制：徐晓晨／封面设计：耕者设计工作室

科 学 出 版 社 出版

北京东黄城根北街 16 号
邮政编码：100717
http://www.sciencep.com

北京厚诚则铭印刷科技有限公司 印刷

科学出版社发行　　各地新华书店经销

*

2011 年 4 月第 一 版　　开本：B5(720 × 1000)
2018 年 4 月第三次印刷　　印张：13 3/4
字数：256 000

定价：78.00 元
（如有印装质量问题，我社负责调换）

序

　　微粒群算法是群智能优化算法的典型代表，呈现在读者面前的《微粒群优化算法》一书通过分析微粒群算法的生物学特征，提炼形成了广义微粒群算法的概念，充实和发展了微粒群算法的研究范畴。该书从数学、控制、管理及生物学等方面，全面论述了改善微粒群算法性能的实现形式，结构严谨，研究深入，颇有创见。

　　微粒群算法作为一种典型的群集智能优化算法，模拟了鸟群觅食、鱼群游动等动物群体中各个体之间相互协作的社会行为。微粒群算法具有编程简单、运算速度快等特点，因此受到国内外研究人员的关注，提出之后迅速成为智能领域的一个新的研究热点，目前已有多本相关专著出版，该书的出版将进一步推进这一新兴领域的研究。

　　作为一本总结研究成果的学术专著，该书凝结了作者们的心血。他们善于把握研究方向，对学术前沿具有较强的敏感性，在智能计算领域取得了许多创新性研究成果，迄今已发表学术论文百余篇，出版专著 4 部，并多次获得科研成果奖励。他们以多项国家级和省部级基金项目为依托，在微粒群算法的理论与应用方面取得了重要研究进展。因此，我相信该书的出版对于推动微粒群算法的前沿研究与实际应用，进而促进智能科学的发展具有重要的学术价值和现实意义。

　　特此作序，并向读者推荐这本智能科学研究的优秀著作。

中国科学院研究员

史忠植

2011 年 1 月于北京

前　言

群智能计算源于对自然生物系统的社会智能交互行为的研究,并受到生物群体所表现的群体智能的启发,目前已涌现出多种群智能优化算法,微粒群算法就是其中的典型代表。微粒群算法具有运行速度快、参数较少、容易编程等特点,因此该算法迅速发展成为群智能计算领域的一个研究热点。

本书是作者近年来科研成果的总结,全书共有 9 章,可以分为以下 4 个部分:

(1) 微粒群算法基础,包括第 1、第 2 两章。这部分介绍了微粒群算法的概念、基本方程以及相关社会行为分析等,并给出了一个较为详细的综述。

(2) 生物学角度的广义微粒群算法研究,包括第 3~5 章,分别从个体的觅食时间、觅食行为、觅食决策等方面提出了微粒群算法的改进模式。

(3) 控制角度的广义微粒群算法研究,包括第 6~8 章,分别从不同的控制角度改善了算法性能。

(4) 第 9 章利用适应值预测方式来提高算法性能,从而为解决适应值函数计算费时较长的应用问题提供了参考。

本书由两位作者共同拟定写作提纲并分头写作,其中,第 7、第 8 两章由曾建潮撰写,其余部分 (包括附录) 由崔志华撰写,最后由崔志华对全书统校定稿。本书的完成得到了太原科技大学复杂系统与计算智能实验室的各位同仁的大力支持;在书稿出版过程中,科学出版社王丽平编辑提供了多方面的帮助,在此一并致以诚挚的谢意。

由衷感谢中国人工智能学会副理事长、中国科学院计算技术研究所史忠植研究员为本书作序。华中科技大学肖人彬教授对书稿内容提出了诸多宝贵意见,在此表示衷心的感谢。

本书研究工作得到国家自然科学基金项目 "广义微粒群算法研究"(项目编号:60674104) 及山西省青年科学基金项目 "个性化微粒群算法的理论及结构优化研究"(项目编号:2009021017-2) 的资助。上述基金项目的支持为作者及其团队创造了宽松的学术氛围和科研环境,在此谨向有关部门表示深深感谢并致以敬意。

由于作者水平有限,书中不妥和疏漏之处在所难免,恳请各位专家和广大读者不吝赐教。

崔志华　曾建潮

2011 年 2 月于太原

目　　录

插　　图

插　表

第1章 绪 论

1.1 问题的提出

无论是在社会生产、经济活动，还是科学研究、工程应用等领域，都存在着各种各样的问题，其中许多复杂问题均包含或等价于特定的优化问题。因此，人们一直在不懈地探求着解决各种优化问题的有效优化技术。

优化技术是一种以数学为基础的古老课题。所谓最优化[1]，就是在众多方案中寻找最优方案，即在满足一定的约束条件下，寻找一组参数值，以使某些最优性度量得到满足，或者使系统的某些性能指标达到最大或最小。从经济意义上来说，最优化方法是在一定的人力、物力和财力资源条件下，如何使经济效果 (如产值、利润) 达到最大，或者在完成规定的生产或经济任务下，如何使投入的人力、物力和财力等资源最少。

最优化问题根据其中的变量、约束、目标、问题性质、时间因素和函数关系等不同情况，可分为多种类型：从变量个数上，可分为单变量与多变量问题；从变量性质上，可分为连续变量与离散变量问题；从约束情况上，可分为无约束优化问题与有约束优化问题；从极值个数上，可以分为单峰优化问题与多峰优化问题；从目标个数上，可分为单目标问题与多目标优化问题；从函数关系上，可分为线性优化问题与非线性优化问题；从问题性质上，可分为确定性优化问题、随机性优化问题与模糊性优化问题；从时间上，可分为静态优化问题与动态优化问题等。

常见的优化方法可分为确定性算法及随机算法。确定性算法一般是从一个给定的初始点开始，依据一定的方法寻找下一个解，使得目标函数得到改善，直至满足某种停止准则。

成熟的局部优化方法很多，如 Broyden-Fletcher-Goldfarb-Shann(BFGS) 方法、Davidon-Fletcher-Power(DFP) 法、Newton-Raphson 法、共轭梯度法、Fletcher-Reeves 法、Polar-Ribiere 法等，还有专门为求解最小二乘问题而发展的 Levenberg-Marquardt(LM) 算法。所有这些局部优化算法都对目标函数有一定的解析性质要求，如 Newton-Raphson 法要求目标函数连续可微，同时要求其一阶导数连续。

随着科学技术及工程应用的发展，研究人员提出了许多具有非线性、高维、不连续等特点的优化问题，但这些问题一般都难以用传统的确定性算法来解决。为了求解这些问题，学者们提出了随机优化思想，并设计出许多随机优化方法。而在这些算法中，智能计算[2] 作为一种创建计算智能系统的新颖方法，越来越引起人们的关注；同时，随着各类智能算法在不同应用领域取得的成功应用，智能计算已成为当前研究的热点领域，形成了众多的发展方向[3]。它通过借鉴仿生学思想，利用计算机模拟和再现生物的学习性、适应性等智能行为，并用于改造自然的工程实践。

智能计算方法拓展了传统计算模式。与传统数学方法相比，智能计算方法在进行问题求解时，其最大特点是不需要建立关于问题本身的精确 (数学或逻辑) 模型，一般也不依赖于知识表示 (模糊逻辑推理除外)，而是在信号或数据层直接对输入信息进行处理，非常适合于处理那些难以建立形式化模型、使用传统技术难以有效求解，甚至根本不能解决的问题。因此，智能计算方法为各种问题，尤其是复杂问题的求解提供了一种新颖的途径，显示出强大的生命力和广阔的发展前景。

1.2   智能计算概述

1.2.1   智能计算分类

根据模拟对象的不同，现有的计算智能可以分为两类：模拟物理化学规律所产生的计算智能算法和模拟生物界的智能行为所产生的计算智能算法，其中受自然界中的物理化学规律启发，一些学者提出了相应的计算智能算法，如模拟万有引力定律的中心力算法[4]、模拟磁铁引力与斥力原理的类电磁机制算法[5]，以及模拟牛顿第二力学定律的拟态物理学全局优化算法[6] 等。而根据其模拟对象的数量不同，模拟生物界的智能行为所产生的计算智能算法又可分为基于生物种群模拟的方法和基于生物个体模拟的方法两类。基于种群模拟的方法是指模拟生物界群体的智能行为所产生的计算智能算法，基于个体模拟的方法是指模拟生物个体的智能行为所产生的计算智能算法。

基于种群模拟的计算智能包括进化计算[7]、群体智能[8] 以及多 Agent 系统[9] 等，其中进化计算模拟了种群进化的方式，主要包括遗传算法[10]、进化规划[11]、进化策略等算法[12]。而群体智能 (包括蚁群算法[13]、微粒群算法[14]、人工蜜蜂算法[15]、组织进化算法[16]、搜索优化算法[17]、视觉扫描优化算法[18]、免疫计算[19] 等) 以及多 Agent 系统则模拟了种群的协作模式。基于个体的模拟大致包括神经网络[20]、支持向量机[21] 等，其中神经网络模拟人脑神经元的结构，支持向量机模拟人的模式识别能力 (较为直观的模式如图 1.1 所示)。

上述各智能计算研究分支的产生过程均是相对独立的，并且不同程度上各自发展成为一个较宽广的研究领域，有着不同的计算模型与理论基础，可用来求解各种不同领域中的非线性复杂问题，尤其是现实世界中的各种工程优化问题。但是它们本质上具备共同的智能特征，因此，在发展过程中不可避免地会产生融合，从而形成混合智能计算模型。

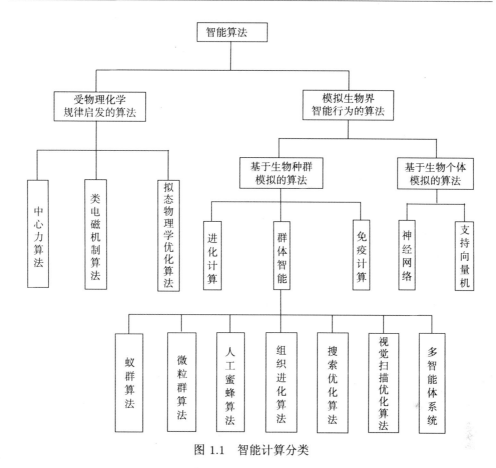

图 1.1 智能计算分类

1.2.2 智能计算原理

前已述及智能计算方法是借鉴和模拟生物结构和行为，乃至自然现象、过程及其原理的各种计算方法的总称。这里，借用了自然计算的有关概念，"自然"包括生物系统、生态系统和物质系统。智能计算方法在问题求解时具有下述两个显著特点：首先，智能计算方法主要不是采用数学计算的模式，而是借鉴和模拟自然现象、过程及其原理，利用的是生物智能、物质现象及其规律，并以数据处理、算法 (计算模型) 构造和参数控制为特征；其次，智能计算方法并不需要建立关于问题本身的精确 (数学或逻辑) 模型，而是利用计算过程中的启发式信息 (如个体和群体的评价信息、计算进程的状态信息等) 指导解的搜索，使之不断趋近最优解的区域，并逐步朝着最优解的方向靠近。因此，智能计算方法也属于启发式方法的范畴，乃是现代启发式方法，而以往基于数学计算的、包括动态规划法、分支定界法和 A* 算法等在内的启发式方法则是传统启发式方法。

智能计算方法的上述特点使其在问题求解方面与传统的数学方法相比具有以

下优越性: ① 具有一般性、易于应用; ② 求解速率快、易于获得满意的结果; ③ 具有分布、并行的特点; ④ 具有自组织、自适应和自学习的特性和能力; ⑤ 具有柔性和鲁棒性。

正因为如此, 智能计算方法受到了世界各国学者和研究人员的普遍关注, 得到了迅速发展, 而且已经在包括复杂优化问题求解、智能控制、模式识别、网络安全、硬件设计、社会经济、生态环境等各个方面得到了应用, 并取得了令人瞩目的成功。

智能计算方法是人工智能领域中的一个新的热点, 它的兴起促进了人工智能的快速发展, 充实了人工智能的研究内容。智能计算方法的蓬勃兴起具有重要而深远的意义, 概括起来主要表现在以下两个方面: 从宏观层面来说, 智能计算方法为人工智能的发展开辟了一条新的道路。人们通过重新审视逐渐认识到自然界中普遍存在的各种生物系统、生态系统和物质系统蕴涵了巧夺天工的信息处理机制, 智能行为不能用简单的数学模型来描述, 人工智能"应该从生物学而不是物理学受到启示"。智能计算方法强调的是对生物结构和行为, 乃至自然现象、过程及其原理的借鉴和模拟, 它的出现开辟了人工智能领域的一个崭新分支 —— 计算智能。另一方面, 从操作层面上来说, 智能计算方法为问题求解提供了一种不同于传统数学求解方法的途径, 它采用新颖的计算求解模式, 具有强大的问题求解能力, 能够有效地处理和解决各种复杂问题, 是问题求解的新范式。总的来讲, 智能计算方法的研究旨在更加广泛、深入地挖掘和利用生物智能、物质现象及其规律, 在改进和完善已有各种智能计算方法, 从而促进它们广泛、深入发展的同时, 继续探索和开发新的方法, 使智能计算方法得到不断的丰富和发展。在智能计算方法的研究过程中, 既要注意各种方法的纵向研究, 包括原理基础 (如仿生计算所依赖的仿生机理)、算法设计、理论分析和工程应用等方面的研究; 也要加强各种方法的横向研究, 即各种方法之间的对比和集成。因此, 基于综合集成的观点建立和混合集成智能计算方法的开发, 乃是智能计算方法的重要发展方向之一。

1.2.3 无免费午餐定理

Wolpert 和 Macready 于 1997 年在国际著名期刊 *IEEE Transactions on Evolutionary Computation* 上发表了题为 "No free lunch theorems for optimization" 的论文[22], 提出并严格论证了所谓的无免费午餐定理, 简称为 NFL 定理。这是一个有趣的研究成果, 其结论令众多研究者感到意外, 并在优化领域引发了一场持久争论。

NFL 定理可以简单地表述如下: 对于所有可能的问题, 任意给定两个算法 A, A', 如果 A 在某些问题上表现比 A' 好 (差), 那么 A 在其他问题上的表现就一定比 A' 差 (好), 也就是说, 任意两个算法 A, A' 对所有问题的平均表现度量是一致的。

需要指出的是，NFL 定理是定义在有限搜索空间上的，对于无限搜索空间并不能断言其结论一定成立。然而，目前基于计算机仿真的各种优化算法都是在有限搜索空间进行的，因此，NFL 定理适用于目前所有的优化算法。

既然所有的优化算法在所有可能的函数集上的平均性能都是等价的，那么是否意味着将无法设计出比穷举搜索或完全随机搜索更好的算法？是否研究优化算法所做的一切努力都是徒劳？其实不然。NFL 定理的启示在于需要理性而客观地对待优化算法的研究：当面对一个广泛且形式多样的函数类时，不能期望寻找一个万能的优化算法；对于所有函数类不存在万能的最佳算法，但对于函数的子集，该结论却未必成立。Christensen 和 Oppacher[23] 曾提出了"可搜索函数"这一定义，并对此类函数设计了一个通用算法，证明了该算法在可搜索函数集上的性能优于随机搜索。

在现实世界中存在着大量问题，这些现实问题是所有函数集的特殊子类，人们认为它必定有解，并需要找到它的解，这正是研究的动机。基于以上分析，可以得到优化算法研究的一些指导原则如下[24]：

(1) 以算法为导向，从算法到问题。对于每一个算法，都有其适用和不适用的问题；给定一个算法，尽可能地通过理论分析，给出其适用问题类的特征，使其成为一个"指示性"算法。

(2) 以问题为导向，从问题到算法。对于一个小的特定函数集，或者一个特定的实际问题，可以设计专门适用的算法去求解。

1.3 常见的智能计算算法

1.3.1 人工神经网络

早在 19 世纪末，人类就发现大自然赋予自身的头脑具有许多绝妙之处。准确地说，大脑是由大量的神经元经过复杂的相互联结而形成的一种高度复杂、具有并行处理非线性信息能力的系统。它使得人类能够快速地从外界环境中摄取大量信息，并加以处理、储存，及时地对环境的变化作出各种响应，并不断向环境学习，从而提高人类的适应能力。而这一切均依赖于大脑的物质基础 —— 神经网络。

从那时起，人类就梦想着能够从模仿人脑智能的角度出发，去探寻新的信息表示、储存、处理方式，从而构建一种全新的、接近人类智能的信息处理模型。1943年，McCulloch 和 Pitts 根据心理学家 James 所描述的神经网络的基本原理[25]，建立了第一个人工神经网络模型 (后被扩展为"认知模型")[26]，可用来解决简单的分类问题。

1969 年，Minsky 和 Papert 在《认识论》(Perceptions)[27] 一书中指出，McCulloch 和 Pitts 所提出的认知模型无法解决经典的异或 (XOR-exclusive-or) 问题。这个结论曾一度使人工神经网络的研究陷入危机。实际上，这一结论是极其片面的，因为 Minsky 主要研究单隐含层的认知网络模型，而简单的线性感知器功能又非常有限，因而这一结论不应该对人工神经网络进行全面否定。

20 世纪 80 年代，Hopfield 和 Tank 将人工神经网络成功地应用于组合优化问题[28]，McClelland 和 Rumelhart 构造的多层反馈学习算法成功地解决了单隐含层认知网络的"异或问题"及其他的识别问题[29]，这些突破重新掀起了人工神经网络的研究热潮。

具体来说，人工神经网络是模拟人脑神经网络结构而形成的一种新型的智能信息处理系统，系统由大量的神经元组成，神经元之间经过复杂的联结从而构成信息网络。每一神经元均可视为一个单元处理器，而整个系统则可以视为一种并行分布式处理器，它可以通过学习获取知识并解决问题，并且将知识分布储存在连接权中。因此，人工神经网络具有较强的自适应性、学习能力和大规模并行计算能力，能够近似实现实际工程中的各种非线性复杂系统，可被视为"黑箱"的典范。目前人工神经网络已广泛应用于各种研究及实际工程领域中，如函数拟合、数据分类、模式识别、信号处理、控制优化、预测建模、通信等领域。

1.3.2   模糊逻辑

现实世界中存在着诸多不确定性和不精确性问题，如环境变化、干扰、信息的未知性和不完全性等。而人们在处理和表述这些不精确或不确定性问题时，尽管其思维是粗略的，语言是"暧昧"的，却能够有效地对此类问题进行分析、推理和处理。也就是说，人类思维本身就具有模糊推理的能力。随着计算科学和人工智能的发展，人们逐渐意识到，建立于精确数学、二值逻辑基础上的计算机器，并不能像人类那样灵活、准确地处理现实世界中各种不确定性和不精确性问题，这势必成为人工智能实现的一大障碍；要想借助计算机器实现真正意义上的人工智能，必须寻求有效的数学工具和技术方法，让计算机器具有模糊推理的能力，以应对现实世界中普遍存在的不确定和不精确性问题。

为此，控制论专家 Zadeh 于 1965 年在古典集合论的基础上提出了模糊集合 (fuzzy set) 这一概念[30]。这种非精确定义的集合或类别在人的思考中起到重要作用，反映了人脑思维的模糊性，为描述人类不确定与不精确的思维逻辑及语言提供了数学工具。模糊技术以模糊逻辑为基础，根据人类思维的模糊性，对模糊信息进行量化，并建立相应的模糊集隶属度函数，从而实现由专家构造语言信息，并将其转化为控制策略的一种仿人思维，能够解决复杂而无法精确建模的控制问题，具有很强的鲁棒性。模糊逻辑允许一个命题亦此亦彼，存在着部分肯定和部分否定，为计算机模拟人的思维方式来处理普遍存在的语言信息提供了可能，使得模糊理论在许多以人为主要对象的领域得到了成功应用，特别是在模式识别、信息通信和社会、经济、管理等抽象领域。

1.3.3 进化计算

进化计算 (evolutionary computation, EC) 始于 20 世纪 60 年代所出现的遗传算法 (genetic algorithm, GA)。遗传算法这一术语最早是由美国学者 Bagay 在他的博士学位论文中提出的，但是当时并没有得到学术界的认可。直到 1975 年，美国芝加哥大学 Holland 的专著 *Adaptation in Natural and Artificial Systems* 问世，遗传算法才得以正式确认。早期的遗传算法发展很缓慢，主要原因是由于本身不成熟，并且需要较大的计算量，而当时的技术背景 (计算机的发展) 并不能满足这一要求；到了 80 年代，随着多种学科交叉发展，当时流行的传统人工智能方法日益显露出其局限性，因而人们渴望寻求一种适于大规模并行，并且具有某些智能特征，如自组织、自适应、自学习的新方法。遗传算法是受达尔文进化论所启发，根据"自然选择，适者生存"的原则而发展成的一种通用的问题求解方法，具有上述人们所期望的智能特点。同时，伴随着计算机的普及与计算速度的提高，人们逐渐把目光转向进化计算，并把遗传算法成功地用于机器学习、过程控制、经济预测、工程优化等领域，掀起了进化计算的研究热潮。后来，进化计算在遗传算法的基础上派生出三大分支，分别是进化规划 (evolutionary programming, EP)、进化策略 (evolutionay strategy, ES) 和遗传程序设计 (genetic programming, GP)。

Holland 的遗传算法常被称为简单遗传算法 (simple genetic algorithm, SGA)，其操作对象是一群二进制串 (称为染色体、个体)，即种群 (population)。每个染色体都对应于问题的一个解。从初始种群出发，采用基于适应值比例的选择策略在当前种群中选择个体，使用杂交 (crossover) 和变异 (mutation) 来产生下一代种群。如此一代代演化下去，直到满足期望的终止条件。

20 世纪 60 年代初，柏林工业大学的 Rechenberg 和 Schwefel 等在进行风洞实验时，由于在设计中描述物体形状的参数难以用传统的方法进行优化，从而利用生物变异的思想来随机改变参数值，并获得了较好的结果。随后，他们便对这种方法进行了深入的研究和发展，形成了进化策略。进化策略与遗传算法的不同之处在于，遗传算法要将原问题的解空间映射到位串中，然后再施行遗传操作，它强调个体基因结构的变化对其适应度的影响；而进化策略则是直接在解空间上进行操作，它强调进化过程中从父代到后代行为的自适应性和多样性。从搜索空间的角度来说，进化策略强调直接在解空间上进行操作，强调进化过程中搜索方向和步长的自适应调节。进化策略主要用于数值优化问题，它与遗传算法的相互渗透使得在数值优化问题求解上，两者已没有明显的界限。

进化规划最初是在 20 世纪 60 年代由 Fogel 等提出的。他们在人工智能的研究中发现，智能性行为要求具有能预测其所处环境的状态，并按照给定目标作出适当响应的能力。在研究过程中，他们将所模拟的环境描述成由有限字符集中的符号所组成的序列，于是问题转化为怎样根据当前观察到的符号序列作出响应以获得最大收益，收益的计算根据环境中将要出现的下一个符号与预先定义好的效益目标来确定。进化规划中常用有限自动机 (finite state machine, FSM) 来表示这样的策略，因此，问题便成为如何设计出一个有效的 FSM？他们将此方法应用到数据诊断、模式识别和分类以及控制系统的设计等问题中，取得了较好的结果。后来，Fogel 借助于进化策略的方法对进化规划进行了发展，并将其应用到数值优化以及神经网络的训练等问题中。

自计算机问世以来，如何让计算机具有自动进行程序设计的智能性成为计算机科学的一个重要目标和研究方向，遗传程序设计便是在这方面的一种尝试。遗传程序设计思想是 20 世纪 90 年代由 Stanford 大学的 Koza 提出的。由于其采用一种更自然的表示方式，所以它的应用领域非常广泛。有的学者认为遗传程序设计不仅可以演化计算机程序，而且可以演化任何复杂系统。它采用遗传算法的基本思想，但使用一种更为灵活的表示方式 —— 分层结构来表示解空间。这些分层结构的叶结点是问题的原始变量，中间结点则是组合这些原始变量的函数。每一分层结构对应问题的一个解，也可以认为是求解该问题的一个计算机程序，遗传程序设计即是使用一些遗传操作动态地改变这些结构，以获得解决该问题的可行的计算机程序。

可以说，进化计算是计算机科学与仿生学交叉发展的产物，并且已成为人们研究非线性系统与复杂现象的重要方法。它采用简单编码技术来表示各种复杂结构，并通过特定的遗传操作和优胜劣汰的自然选择来指导并确定搜索方向。正是这种优胜劣汰的自然选择与基于种群的遗传操作，使得进化计算不仅具有自适应、自组织、自学习的智能特性以及本质并行性，还具有不受其搜索空间限制性条件的约束 (如可微、连续、单峰等) 以及不需要其他辅助信息 (如导数) 的特点。这些特点使得进化计算从根本上区别于传统的搜索算法，不仅能获得较高的效率，而且具有简单、易于操作和通用等特性。

1.3.4　人工免疫系统

生物系统可被视为一个复杂的信息处理系统，该系统主要由脑神经系统、遗传系统、免疫系统和内分泌系统 4 部分组成，其中免疫系统是一个高度进化的生物系统，具有高度的辨别力，能精确识别自己和非己物质，从而有效地维持机体的相对稳定性，同时还能接受、传递、扩大、储存和记忆有关免疫信息，是一个高度并行、分布、自适应和自组织的系统。作为复杂的生物系统，免疫系统具有分布式、并行性、自学习、自适应、自组织、多样性、动态性、鲁棒性和突现性等优良特性。

受生物免疫系统复杂的信息处理机制启发，20 世纪 80 年代，Farmer 等基于免疫网络学说，率先给出了免疫系统的动态模型，并探讨了免疫系统与其他人工智能方法的联系，开始了人工免疫系统的研究。直到 1996 年 12 月，才在日本首次举行了基于免疫性系统的国际专题讨论会，并首次提出"人工免疫系统"(AIS) 的概念。随后，人工免疫系统进入兴盛发展时期，并很快发展成为人工智能领域的理论和应用研究热点。Dasgupta[31] 系统地分析了人工免疫系统和人工神经网络的异同，认为在组成单元及数目、交互作用、模式识别、任务执行、记忆学习、系统鲁棒性等方面是相似的，而在系统分布、组成单元间的通信、系统控制等方面是不同的，并指出自然免疫系统是人工智能方法灵感的重要源泉。

人工免疫系统是模拟生物免疫系统功能的一种智能计算模型，具有噪声忍耐、无教师学习、自组织、记忆等进化学习机理，同时结合了分类器、神经网络和机器推理等系统的一些优点，因此，成为求解复杂问题的一种有效途径，现已广泛应用于信息安全、故障诊断、智能控制、机器学习等许多领域。

1.4 人 工 生 命

1.4.1 人工生命的概念

人工生命是指具有自然生命现象和特征的人造系统，是当前生命科学、信息科学、系统科学及工程技术科学的交叉研究热点，也是人工智能、计算机、自动化科学技术的发展方向之一。人工生命兴起于 20 世纪 80 年代后期，是计算机科学继人工智能之后出现的新的发展方向之一。世界上首先提出"人工生命"概念的学者是美国洛斯　阿莫斯国家实验室的 Langton。他在 1987 年指出，生命的特征在于具有自我繁殖、进化等功能。地球上的生物只不过是生命的一种形式，只有用人工的方法、计算机的方法或其他智能机械制造出具有生命特征的行为并加以研究，才能揭示生命全貌。

人造生命以及利用人造生命延续人的生命，是人类长期追求的梦想。例如，我国著名神话小说《封神榜》中就有哪吒"莲花化身，死而复生"的故事。这可能是世界上最早关于人工生命的古典科幻。人工生命作为一个现代科学技术领域，从 20 世纪 40 年代起，就开始了有关的前期研究。

图灵是人工生命科学的第一个先驱。他在 1952 年发表了一篇蕴意深刻的论形态发生 (生物学形态发育) 的数学论文。就像图灵自己所强调的那样，进一步发展他的思想需要更好的计算机，而他自己只有很原始的计算机帮忙，所以，尽管他的论文对分析生物学作出重大的贡献，但并没有立刻产生人工生命这一领域。诺伊曼也是人工生命的先驱。20 世纪 40 年代和 50 年代，他在数字计算机设计和人工智能领域做了许多开创性工作。与图灵一样，他也试图用计算的方法揭示生命最本质的方面。但与图灵关注生物的形态发生不同，他试图描述生物自我繁殖的逻辑形式。诺伊曼与图灵的工作被学者们忽视了许多年。这是因为他们把主要注意力集中在人工智能、系统理论和其他一些研究上，这些领域的内容在早期计算技术的帮助下可以得到发展。而探讨人工生命研究的进一步含义则需要相当的计算能力，由于当时没有这样的计算能力，所以它的发展不可避免地受到了限制。

诺伊曼未完成的工作后来由 Conway，Wolfram 和 Langton 等进一步发展[32]。20世纪 80 年代，Langton 通过对细胞自动机的研究，认为生命或者智能起源于混沌的边缘。Langton 关于"混沌边缘"和人工生命的想法得到了美国圣菲研究所 Farmer 的赞赏。在他的支持下，Langton 筹备并主持了 1987 年的第一次国际人工生命会议。这次会议的成功召开标志着人工生命这个崭新的研究领域正式诞生。提交的会议论文经过同行严格评议，以《人工生命》为题出版，推动了人工生命研究与开发的热潮。在此之后，美国的 *Artificial Life*，日本的 *Artificial Life & Robotics*，欧洲的 *European Conference on Artificial Life* 等相继召开了多次国际学术会议。

我国不少学者从事生物控制论、人工智能、人工神经网络、进化算法、机器人、计算机动画、复杂性科学的研究。从 20 世纪 90 年代开始了有关人工生命的探索，并于 2002 年召开了第一届"人工生命及应用"的专题学术会议。通过拓展 Langton 的人工生命这一概念，涂序彦提出了广义人工生命的概念，并论述了广义人工生命的理论方法与实现技术[33]。

1.4.2　人工生命的基本思想

(1) 生命的本质在于形式而不在于具体物质。人工生命并不特别关心地球上特殊的以水和碳为基础的生命，这种生命是"如吾所识的生命"(life-as-we-know-it)，是传统生物学的主题。人工生命所要研究的则是"如其所能的生命"(life-as-it-could-be)[34]。因为生物学仅仅是建立在地球上的生命的基础上的，然而，进化可能建立在更普遍的规律之上，虽然这些规律可能还没有认识到，所以，只有在"如其所能的生命"的广泛内容中考察"如吾所识的生命"，才会真正理解生物的本质。因此，生命系统的实现方式有多种，除了已知的碳水化合物形式，还可以是物理的、符号的、化学的以及程序的形式等。人工生命研究对象是行为，行为通常是行为学、动物生态学、心理学与社会学的研究对象。人工生命主要研究行为是如何变成智能的、行为是如何有自适应性的以及复杂的行为是如何突现的。

(2) 人工生命所用的研究方法是综合集成方法。Langton 认为"人工生命简单地说就是用综合的方法研究生物学，人工生命不是将生命物分解成部分，而是努力将生命物组合在一起"[35]。已经知道，生物系统都是复杂的非线性系统。非线性系统最主要的特征在于部分与部分之间的关系的性质，而不是部分自身的性质。当非线性系统被分解成独立的部分时,以部分间相互关系为基础的那些性质就不可避免地消失了。对于非线性系统的研究,最好的方法是使用与分析相对的方法,即综合方法。与分析方法努力地把现象分解成它的组成部分相反,综合方法则努力地把组成部分结合在一起,合成出感兴趣的现象。

(3) 人工生命的综合方法采用自下而上的研究策略。这种策略的一个中心观点是简单的、局部的非线性相互作用可以产生异常复杂的整体行为。因此,产生类似生命的行为,就是模拟简单的单位,而不是去模拟巨大而复杂的单位;是运用局部控制,而不是运用全局控制;让行为从底层突现出来,而不是自上而下地作出规定;实验时要把重点放在局部行为上,而不是放在最终结果上。

1.4.3 人工生命的研究内容

人工生命这一领域发展至今,已经拥有较为稳定的研究领域[36],主要有如下几个方面:

(1) 生命自组织和自复制。研究天体生物学、宇宙生物学、自催化系统、分子自装配系统、分子信息处理等。

(2) 发育和变异。研究多细胞发育、基因调节网络、自然和人工的形态形成理论。目前人们采用细胞自动机、L 系统等进行研究。

(3) 系统复杂性。从系统的角度来看生命的行为,首先在物理上可以定义为非线性、非平衡的开放系统。生命体是混沌和有序的复合。非线性是复杂性的根源,这不仅表现在事物形态结构的无规律分布上,也表现在事物发展过程中的近乎随机变化上。然而,通过混沌理论,却可以洞察到这些复杂现象背后的简单性。非线性把表象的复杂性与本质的简单性联系起来。

(4) 进化和适应动力学。研究进化的模式和方式、人工仿生学、进化博弈、分子进化、免疫系统进化、学习等。

(5) 智能主体。智能主体是具有自治性、智能性、反应性、预动性和社会性的计算实体。研究理性主体的形式化模型、通信方式、协作策略;研究涌现集体行为、通信和协作的群体智能进化、社会语言系统等。

(6) 自主系统。研究具有自我管理能力的系统。自我管理具体体现在以下 4 个方面:自我配置是系统必须能够随着环境的改变自动、动态地进行系统的配置;自我优化是系统不断监视各个部分的运行状况,对性能进行优化;自我恢复是指系统必须能够发现问题,包括潜在的问题,然后找到替代的方式或重新调整系统,使之正常运行;自我保护是系统必须能够察觉、识别和使自己免受各种各样的攻击,维护系统的安全性和完整性。

(7) 机器人和人工脑。研究生物感悟的机器人、自治和自适应机器人、进化机器人、人工脑。

1.5　群体智能

1.5.1　人工动物

人工动物 (artificial animal)[37] 是人工生命研究的一个重要方向。它是指建立在硬件基础上的机器动物和生活在虚拟环境中的虚拟动物。它们或者存在于研究者设计的物理的或计算机上虚拟的人工环境中，或者存在于真实的环境中用来与真实世界进行交互。人工动物是模拟真实动物的自主性的、具有"自激发"(self-animating) 性能的"角色"。

利用计算机硬件构造具有生命特征的人工动物称为机器人或机器动物[38]。机器动物的研究途径与其他生命系统完全不同，它从形态上看与动物相似，然而没有繁殖能力，但可以通过推理预见将来。例如，Hannibal 和 Attila 于 1990 年初完成的仿昆虫有腿行走机器人、日本机器狗 AIBO 等。

与机器动物相比较而言，人工生命在计算机中创建的类似动物的实体则被称为虚拟动物，它们比当今用于硬件系统的物理机器人具有更加广泛的感知和运动能力，更低的代价和更高的可靠性。目前，较为成熟的虚拟动物主要有人工蚂蚁、人工鸟、人工蝇及人工鱼等模型，下面将逐一对其进行介绍。

1.5.1.1　人工蚂蚁

蚂蚁是地球上最常见、数量最多的昆虫种类之一，常常成群结队地出现在人们日常生活环境中。它们所具有的群体生物智能特征，引起了一些学者的注意并对其加以研究，其研究内容主要有以下几个方面：

1) 蚂蚁觅食过程

意大利学者 Dorigo 与 Maniezz 等在观察蚂蚁的觅食习性时发现，蚂蚁总能找到巢穴与食物源之间的最短路径。经研究发现，蚂蚁的这种群体协作功能是通过一种遗留在其来往路径上的、叫做信息素 (pheromone) 的挥发性化学物质来进行通信和协调的。化学通信是蚂蚁采取的基本信息交流方式之一，在蚂蚁的生活习性中起着重要作用。每当蚂蚁发现一条通往食物源的路径，它就会向该路径上释放一定量的化学物质 —— 信息素。同时，随后的蚂蚁具有感知信息素浓度的能力，并根据信息素的浓度大小来选择它将要移动的方向。假设有两条路从窝通向食物，开始时，走这两条路的蚂蚁数量同样多 (或者较长的路上蚂蚁多，这也无关紧要)，当蚂蚁沿着一条路到达终点以后会马上返回来，这样，路途短的蚂蚁来回一次的时间短，这也意味着重复频率快，因而在单位时间里走过的蚂蚁数目多，散发的信息素浓度自然也会大，从而会有更多蚂蚁被吸引过来，进而散发更多信息素 …… 而长的路则正相反，因此，越来越多的蚂蚁聚集到较短路径上来，最短路径就近似找到了。可以说,蚂蚁以信息素作为媒介实现了群体内部的间接通信,依赖于自身催化与正向反馈机制最终发现了觅食的最短路径。

2) 蚂蚁分类

Chretien 用 Lasius niger 蚂蚁做了大量研究巢穴组织的实验。工蚁能在几个小时内将大小不同的尸体聚成几类。这种聚集现象的基本机制是工蚁搬动不同对象之间的吸引度:小的对象聚类中心通过吸引工蚁存放更多的同类对象而变大。这个正反馈导致形成更大的聚类中心。在这种情况下,在环境中聚类中心的分布起到了非直接通信的作用。

3) 蚂蚁建巢

Deneubourg 等对白蚁的建巢过程进行研究,并利用计算机进行了仿真。结果发现白蚁巢穴中形成柱子的非直接通信过程如下:假设柱子的初始状态 A 很小,产生响应 R 也小,吸引了工蚁 I,A 由于工蚁 I 放下一点土而变为 A_1,A_1 反过来产生新的响应 R_1,由工蚁放下土的柱子连续不断产生 $R_1, R_2, \cdots, R_n$。每个工蚁相对于已有刺激结构产生一个新刺激。这些新的刺激作用于蚁群中的其他工蚁,吸引更多的工蚁在这里建筑柱子,这是一个正反馈过程,可称为雪球效应。

1.5.1.2 人工鸟

突现是人工生命的主要特征,“突现”一词是指在复杂系统中许多相对简单的单元彼此相互作用而产生出来的引人注目的整体特征。在首届人工生命大会上,Reynolds 展示的人工鸟 Boid[39] 就反映了生命繁衍进化过程中的突变现象。这些鸟在飞翔时遵循以下三个规则。

(1) 分离规则:不要过分地靠近任何东西,包括其他的 Boid(图 1.2);

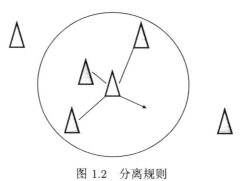

图 1.2 分离规则

(2) 对准规则:尽量使自己的速度与周围其他 Boid 的速度保持一致 (图 1.3);

(3) 内聚规则:任何情况下都要朝着附近 Boid 组成的集团中心靠近 (图 1.4);

当他根据这三个规则设计程序,并把一群 Boid 放入到处是墙壁和障碍物的屏幕环境里面后,电脑程序化的 Boid 出现了类似于生物群体的“突变”行为。屏幕

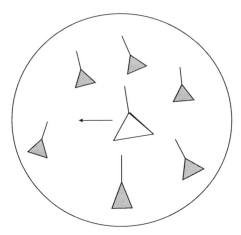

图 1.3 对准规则

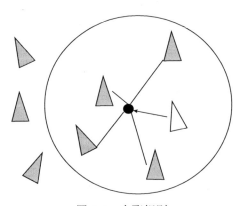

图 1.4 内聚规则

上的 Boid 逐渐凑成一群, 时而又分成一些更小的群体, 从障碍物两边绕过, 又在另一端重新聚集。当某只 Boid 离群较远时, 它会很快 "意识" 到自己的错误, 迅速转换方向, 重新回归队伍。这表明电脑程序化的 Boid 出现了类似于生物群体的 "突变行为"。

1.5.1.3 人工蝇

在 Boid 的基础上, 以色列工程师 Dolan 开发了一类人工电子蝇 Floy。他的这种 Floy 只遵循以下两条规则:

(1) 跟上它的同伴, 但不要靠得太近;

(2) 当发现入侵者, 立即向它飞去并进行攻击。

这两条规则也能把 Floy 汇集成一个蝇群, 但是这种蝇群给各个个体带来了意想不到的好处: 由于彼此间不能靠得太近, 所以 Floy 所形成的蝇群分布在一个广大的区域内，这样它们巡逻的范围就远远超过了任何一只 Floy 所能观察到的范围。每当一只外来入侵者接近蝇群时，离它最近的 Floy 就立即上前攻击，而在这只 Floy 附近的其他 Floy 由于要聚集在一起，因此，也会跟着进行攻击。如法炮制，最后整个群体 Floy 都扑向入侵者。

1.5.1.4 人工鱼

"人工鱼"[40]是中国青年学者涂晓媛研究开发的新一代计算机动画，学术界称之为"晓媛的鱼"，现已广泛应用于动画制作。这种"人工鱼"是基于生物物理和智能行为模型的计算机动画新技术，是在虚拟海洋中活动的人工鱼社会群体。

"人工鱼"不仅有逼真于"自然鱼"的外形和彩色，而且具有类似于"自然鱼"的运动和姿态；不仅具有运动协调控制，还具有姿态协调控制；不仅和"自然鱼"静态相似，而且动态也相似。

"人工鱼"是栖息在虚拟海底世界中人工鱼群的社会，其中每条"人工鱼"都是一个自主的智能体 (autonomous intelligent agent)，都可以独立活动，也可以相互交往。每条鱼都表现出某些人工智能，如自激发 (self-animating)、自学习 (self-learning)、自适应 (self-adapting) 等智能特性，所以会产生相应的智能行为，如因饥饿而激发寻食、进食行为；由性欲而激发求爱行为；能学习其他鱼被鱼钩钓住的教训，而不去吞食有钩的鱼饵；能适应有鲨鱼的社会环境，逃避被捕食的危险等。人工鱼群社会具有某些自组织 (self-organizing) 能力和智能集群行为，如人工鱼群体在漫游中遇到障碍物等，会识别障碍改变队形，绕过障碍后，又重组队列，继续前进。因此，从人工智能的角度来看，"晓媛的鱼"是一种基于智能主体的分布式人工智能系统。

1.5.2 群体智能

现有虚拟动物的研究主要通过对群居性动物进行模拟。虽然每个单独个体的智能并不高，甚至无智能可言，但它们却能协同工作，依靠群体力量进行觅食、筑窝等社会活动。这样一种从群居性生物中产生出来的集体行为称为群体智能 (swarm intelligence)[8]，其中群体指的是"一组相互之间可以进行直接通信或者间接通信 (通过改变局部环境) 的主体，这组主体能够合作进行分布式问题求解"。而所谓群体智能是指"简单智能的主体通过合作表现出复杂智能行为的特征"。Bonabeau 等[41]将任何启发于群居性昆虫群体和其他动物群体的集体行为而设计的算法和分布式问题解决装置都称为群体智能。群体智能在没有集中控制，并且不提供全局模型的前提下，为寻找复杂分布式问题的解决方案提供了基础。

群体智能具有以下几个特点：

(1) 群体中相互合作的个体是分布的；

(2) 没有中心控制，具有鲁棒性；

(3) 可以通过个体之间的通信进行合作，从而具有良好的可扩充性；

(4) 单个个体能力较为简单，实现方便，具有简单性。

群体智能的研究与复杂性科学的研究有着紧密联系。复杂性科学的目标在于解答一切常规科学范畴无法解答的问题，如社会组织和制度的突变、股市的动荡、生态系统和物种的起源及瞬间灭亡等。它试图找到一种对自然和人类都适应的新科学，即复杂性理论。复杂系统及其复杂性的研究引起了一大批科学家的广泛兴趣。虽然各个学科领域的研究者都对这个领域进行了大量研究，并取得很大进展，但尚未形成一个统一的理论体系，没有一个明确的研究框架。在复杂性产生机理的研究方面，Santa Fe Institute (SFI) 的 Holland 作出了重大贡献。他在复杂系统的研究中，发现了一大类系统都是由并行的、相互作用的智能体组成的网络，并把这类系统叫做复杂适应系统 (complex adaptive systems, CAS)[10]。Holland 将 CAS 总结有如下 7 个基本点：聚集特性、标识机制、非线性特性、多样性特性、内部模型机制、积木机制以及流特性。在 CAS 中，复杂的事物都是从小而简单的事物中发展起来的，这样的现象称为复杂系统的涌现现象。涌现的本质是由小生大，由简入繁。在生活中的每一个地方，都存在着复杂适应系统中的涌现系统，如蚁群、神经网络系统、人体免疫系统、因特网等。在这些复杂系统中，整体的行为要比各个部分的行为复杂得多。许多现象都表明，少数规则和规律生成了复杂的系统，并且以不断变化的形式产生新的涌现现象。而群体智能研究可以说是对简单生命群体的涌现现象的具体研究。

群体智能提供了设计智能系统的一个选择途径，这种方法用自治、涌现和分布式运行代替了控制、预先编制程序和集中。它强调分布式、相对简单主体之间直接或间接交互作用 (通信)、适应性和鲁棒性。群体智能的研究不仅在多主体仿真、系统复杂性以及 NP 问题等方面为人工智能、认知科学等领域的基础理论问题研究开辟了新的研究途径，同时也为组合优化、知识发现、机器人协作等实际工程问题提供了新的解决方法。因此，群体智能研究具有重要意义和广阔的应用前景。

1.5.3 常见的群体智能算法

基于群居性昆虫群体和其他动物群体的集体行为，一些学者提出相应的群体智能算法，其中常见的群体智能算法主要有下面几种。

1.5.3.1 蚁群算法

蚁群算法也称为蚂蚁算法，是 20 世纪 90 年代初由意大利学者 Dorigo 等 [13] 提出的，它是根据蚂蚁觅食原理而设计的一种群体智能算法。下面以 TSP 问题为例说明基本蚁群算法的思路及流程。

已知一组城市，则 TSP 问题可简单地表述为寻找一条访问每一个城市且仅访问一次的最短长度闭环路径。设 d_{ij} 为城市 i 到城市 j 之间的路径长度。每个蚂蚁都有以下特性：① 它依据以城市距离和连接边上外激素数量为变量的概率函数选择下一个城市；② 通过禁忌表控制蚂蚁走合法路径，除非周游完成，一次周游中，不允许转到已访问城市；③ 完成周游后，蚂蚁在它每一条访问的边上留下外激素。

基本蚁群算法可简单地描述如下：

在 0 时刻进行初始化过程，蚂蚁放置在不同的城市，每一条边都有一个初始的外激素强度 $\tau_{ij}(0)$。每一只蚂蚁的禁忌表中第一个元素为它的开始城市。然后，每一只蚂蚁 (如蚂蚁 k) 从城市 i 移动到城市 j，依据如下的概率函数选择移动城市：

$$p_{ij}^k(t) = \begin{cases} \dfrac{[\tau_{ij}(t)^\alpha][\eta_{ij}]^\beta}{\sum\limits_{k \in \text{allowed}} [\tau_{ik}(t)^\alpha][\eta_{ik}]^\beta}, & j \in \text{allowed}_k \\ 0, & \text{其他} \end{cases} \tag{1.1}$$

其中 allowed_k 表示蚂蚁 k 所能选择的城市集，α 与 β 都是控制外激素与可见度的相对重要性的参数。

在 n 次循环后，所有蚂蚁都完成了一次周游，此时，计算每一只蚂蚁的路径长度 L_k，同时，外激素 $\tau_{ij}(t)$ 按照下面的公式更新，并保存由蚂蚁找到的最短路径。

信息素更新公式为

$$\tau_{ij}(t+1) = \rho\tau_{ij}(t) + \Delta\tau_{ij} \tag{1.2}$$

其中参数 $1 - \rho$ 表示在时刻 t 和 $t+1$ 之间外激素的蒸发率。

$$\Delta\tau_{ij} = \sum_{k=1}^m \Delta\tau_{ij}^k \tag{1.3}$$

$\Delta\tau_{ij}^k$ 表示单位长度上在时刻 t 与 $t+1$ 之间蚂蚁 k 在边 $e(i,j)$ 上留下的外激素数量，并且定义为

$$\Delta\tau_{ij}^k = \begin{cases} \dfrac{Q}{L_k}, & e(i,j) \text{ 被选择} \\ 0, & \text{其他} \end{cases} \tag{1.4}$$

其中 Q 为一个常数，L_k 表示蚂蚁 k 周游的路径长度。蚁群算法从提出以来，已成功地应用于组合优化、路由控制等问题，并取得了较好的效果。

1.5.3.2 群搜索优化算法

群搜索算法[18](group search optimizer，GSO) 是基于动物在觅食过程中对食物的扫描机制和 PS 模型 (Producer-Scrounger model) 设计搜寻策略。在 GSO 中，

一个群体由三部分组成,分别为最佳个体 (producer)、追随者 (scrounger) 和随机游荡者 (ranger),其中最佳个体和追随者采取 PS 模型中的策略,随机游荡者则采取随机游荡策略。为了提高收敛速度,将 PS 模型简化为在每一次搜索过程中只有一个最佳个体,其他成员均为追随者和游荡者。追随者也采用了一个最为简单的追随策略:在每一次搜索过程中,所有追随者只简单地去分享最佳个体的搜索成果。同时假定整个种群中的每个成员在生物特性上没有差别,因此,它们之间的角色可以转换。

在 GSO 算法中,第 k 次搜寻最优个体 X_p 的行为表现如下:

在三维空间中,使用最大搜索角度 $\theta_{\max} \in \mathbf{R}^{n-1}$ 和最大搜索距离 $l_{\max} \in \mathbf{R}^1$ 来度量一个扫描区域,如图 1.5 所示。

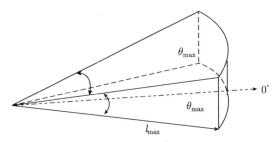

图 1.5   三维空间中的视觉扫描

(1) 最优个体先扫描 $0°$,然后再随机扫描区域,并按照下述方式采样:一点在 $0°$,一点在 $0°$ 右端,一点在 $0°$ 左端。具体公式如下:

$$
\begin{cases}
X_z = X_p^k + r_1 l_{\max} D_p^k(\phi^k) \\
X_r = X_p^k + r_1 l_{\max} D_p^k\left(\phi^k + \dfrac{r_2 \theta_{\max}}{2}\right) \\
X_l = X_p^k + r_1 l_{\max} D_p^k\left(\phi^k - \dfrac{r_2 \theta_{\max}}{2}\right)
\end{cases}
\tag{1.5}
$$

其中 r_1 是均值为 0,方差为 1 的正态分布的随机数,r_2 是 $[0,1]$ 之间均匀分布的随机数。

(2) 如果最优个体找到比当前位置更优的位置,则它就移动到那里;否则,就待在原来的位置,但将移动搜索角度为

$$
\psi^{k+1} = \psi^k + r_2 \alpha_{\max}
\tag{1.6}
$$

其中 $\alpha_{\max}$ 为设置的最大转向角度。

(3) 如果最佳个体经过 a 次搜寻都没有找到比当前位置更优的位置,则它将返回原来的角度,

$$
\psi^{k+\alpha} = \psi^k
\tag{1.7}
$$

其中 a 为一个固定值。而大量追随者 (80%) 在搜索空间中不断寻找机会来分享最佳个体寻找到的食物。

$$X_i^{k+1} = X_i^k + r_3(X_p^k - X_i^k) \tag{1.8}$$

其中 r_3 为 [0,1] 之间均匀分布的随机数。

剩余的被种群驱逐出的个体 (20%) 离开当前位置。在自然界中，生物个体的能力往往存在一定差异，一些能力较弱的个体常常被抛弃[18,19]。这些个体往往在环境中随机游荡找寻食物和新的居住地。在所选空间中，对于随机分布的食物源，采取随机游荡策略寻找食物被认为是最为有效的策略[20]。GSO 算法中随机游荡者采取如下策略：在第 k 次寻找时，它随机产生一个角度

$$\psi_i^{k+1} = \psi^k + r_2\alpha_{\max} \tag{1.9}$$

其中 $\alpha_{\max}$ 为可以转动的最大角度。它会随机选择一个距离

$$l_i = \alpha \cdot r_1 l_{\max} \tag{1.10}$$

然后，它就朝这个方向移动，

$$X_i^{k+1} = l_i D_i^k(\phi^{k+1}) \tag{1.11}$$

1.5.3.3 拟态物理学优化算法

拟态物理学优化[6](artificial physics optimization, APO) 算法 (图 1.6) 是最新出现的一种有效的、基于群体的随机搜索算法。受牛顿第二定律启发，该算法通过物体之间的虚拟力作用改变物体的状态，朝着优化方向移动，最终收敛于全局最优解附近。

APO 算法框架包括三个部分：初始化种群、计算每个个体所受合力以及按该合力的大小和方向运动。

1) 初始化种群

设 $X_i(t) = (x_{i,1}(t), x_{i,2}(t), \cdots, x_{i,n}(t))$ 为个体 i 在 t 时刻的位置，$v_i(t) = (v_{i,1}(t), v_{i,2}(t), \cdots, v_{i,n}(t))$ 为个体 i 在 t 时刻的速度，$F_{ij,k}$ 为个体 j 对个体 i 在 k 维的作用力。初始状态下，个体在问题的可行域内随机分布，其初始速度在其约束范围 $[v_{\min}, v_{\max}]$ 内随机产生，个体间的作用力为零，个体所受合力也为零。同时计算初始状态下，每个个体的适应值大小 $f(x_i)$，并选出最优个体 X_{best}。

2) 计算合力

在计算个体间虚拟作用力之前，首先需计算每个个体的质量。个体质量函数的计算表达式为

$$m_i = \exp\frac{f(x_{\text{best}}) - f(x_i)}{f(x_{\text{worst}}) - f(x_{\text{best}})}, \quad \forall i \tag{1.12}$$

其中 m_i 表示个体 i 的质量，x_{best} 为适应值最优个体 ($= \arg\{\min f(x_i), i \in s\}$)，$x_{\text{worst}}$ 为适应值最差个体 ($= \arg\{\max f(x_i), i \in s\}$)。个体的质量随算法迭代过程中其适

应值的变化而变化。显然，个体适应值越小，其质量就越大。然后，计算个体间虚拟作用力。个体间的作用力的计算表达式为

```
Algorithm1.APO()

Begin

初始化种群 ();

计算各个体的适应值;

X_best←argmin{f(X_i),∀i};

While (终止条件没有满足)

Do

计算各个体所受的合力;

移动各个体;

计算各个体的适应值;

X_best←argmin{f(X_i),∀i};

End Do (循环条件满足)

End
```

图 1.6 拟态物理学优化算法

$$F_{ij,k} = \begin{cases} Gm_im_jr_{ij,k}, & f(X_j) < f(X_k) \\ -Gm_im_jr_{ij,k}, & f(X_j) \geqslant f(X_k) \end{cases} \quad (1.13)$$

其中 $r_{ij,k} = x_{j,k} - x_{i,k}$ 为个体 i 到个体 j 在第 k 维上的距离。若个体 j 的适应值优于个体 i 的适应值，则 $F_{ij,k}$ 表现为引力，即个体 j 吸引个体 i；反之，则 $F_{ij,k}$ 表现为斥力，即个体 j 排斥个体 i。从式 (1.12) 还可以看出，最优个体不受其他个体的吸引及排斥。

最后，计算种群中个体 (除最优个体外) 所受其他个体作用力的合力，具体表达式如下：

$$F_{i,k} = \sum_{j=1,j\neq i}^{m} F_{ij,k}, \quad \forall i \neq \text{best} \quad (1.14)$$

其中 $F_{ij,k}$ 为个体在第 k 维所受的合力。

3) 个体运动

除最优个体外，任意个体在时刻 t 每一维的速度和位移的进化方程如下：

$$v_{i,k}(t+1) = wv_{i,k}(t) + \frac{\lambda F_{i,k}}{m_i}, \quad \forall i \neq \text{best} \quad (1.15)$$

$$x_{i,k}(t+1) = v_{i,k}(t) + v_{i,k}(t+1), \quad \forall i \neq \text{best} \quad (1.16)$$

在式 (1.15) 中，w 为惯性权重且 $w \in (0,1)$。个体运动限制在问题的可行域内，即 $x_{i,k} \in [x_{\min}, x_{\max}]$ 和 $v_{i,k} \in [v_{\min}, v_{\max}]$。

1.5.3.4 人工鱼群算法

在一片水域中，鱼往往能自行或尾随其他鱼找到营养物质多的地方，因而鱼生存数目最多的地方一般就是本水域中营养物质最丰富的地方。人工鱼群算法[19] 就是根据这一特点，通过构造人工鱼来模仿鱼群觅食、聚群及追尾行为，从而实现寻优过程。该算法模拟了鱼的如下几种典型行为。

(1) 觅食行为：一般情况下，鱼在水中随机游动，当发现食物时，则会向食物逐渐增多的方向快速游去；

(2) 聚群行为：鱼在游动过程中为了保证自身的生存和躲避危害会自然聚集成群，鱼聚群时所遵守的规则有三条：① 分隔规则 —— 尽量避免与临近伙伴过于拥

挤；② 对准规则 —— 尽量与临近伙伴的平均方向一致；③ 内聚规则 —— 尽量朝临近伙伴的中心移动。

(3) 追尾行为：当鱼群中一条或几条鱼发现食物时，其临近伙伴会尾随其快速到达食物点。

1.6 本书的篇章结构

人工智能的发展分为符号智能、计算智能以及群体智能等几个阶段，微粒群算法是目前群体智能领域的研究前沿之一。本书全面展示了作者近年来在微粒群算法的理论与应用方面所取得的工作进展，是一本总结研究成果的学术专著。

在对微粒群算法进行简要介绍之后，本书论述了微粒群算法的研究现状，进而分别从生物学及控制角度出发，详细介绍了崔志华和曾建潮的工作。这些研究工作充实和发展了微粒群算法的研究范畴，可为更好地利用微粒群算法解决工程实际中诸多复杂问题提供可靠的理论支撑和有效的方法指导。为此，本书中还介绍了作者采用微粒群算法在混沌系统控制、不确定规划、约束布局优化等类型问题求解方面取得的应用成果。全书内容共分为 9 章，其篇章结构如图 1.7 所示。

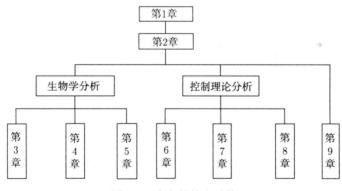

图 1.7 本书的篇章结构

第 1 章作为全书的绪论，依据理解问题的思路，从大到小分别介绍了智能计算概述、常见的智能计算算法、人工生命以及群体智能的相关内容，从而为了解群体智能的本质及产生机理提供了必要材料。第 2 章详细介绍了微粒群算法的概念、基本方程以及相关社会行为分析等，并给出了一个较为详细的综述。第 3～5 章从生物学背景出发，分别从个体的觅食时间、觅食行为、觅食决策等方面探讨了微粒群算法的改进模式，其中第 3 章将微粒群算法的差分模型视为一个等间距采样过程，依据动物觅食时间的不均衡现象提出一种微分进化模型，进而利用数值方法设计了几种不同的实现形式。第 4 章则引入生物学中的最优觅食理论，分别从觅食行为所需要考虑的觅食效率及躲避天敌等角度出发, 提出了相应的改进微粒群算法。第 5 章将个体的决策机制引入微粒群算法, 并考虑了两种决策机制以提高算法性能。第 6 ~ 8 章的研究内容则从控制角度出发探讨微粒群算法的相关控制方式。第 6 章通过引入 z 变换, 将 PSO 算法的进化方程转化为一个双输入单输出的反馈系统, 进而引入控制器来动态调整个体的搜索模式。在此基础上, 第 7 章利用种群多样性为控制方式, 提出了自组织微粒群算法, 而第 8 章则利用多元化群体信息来控制和指导微粒行为。在现实世界中, 许多复杂的优化问题由于目标函数计算困难或计算时间较长等因素, 难以利用微粒群算法进行优化。为此, 第 9 章利用适应值预测方式来提高算法性能, 从而为解决相关应用问题提供了参考。这些工作都是崔志华和曾建潮自身研究成果的结晶, 因此, 材料掌握充分, 内容讲解细致, 讨论比较深入, 便于读者理解并举一反三, 进行亲身实践。

参 考 文 献

[1] 施光燕, 董加礼. 最优化方法. 北京：高等教育出版社, 2000

[2] Engelbrecht A P. Computational Intelligence—An Introduction. 2nd ed. New York: John Wiley & Sons Ltd, 2007

[3] Konar A. Computational Intelligence: Principles, Techniques and Applications. Berlin: Springer-Verlag, 2005

[4] Formato R A. Central force optimisation: A new gradient-like metaheuristic for multidimensional search and optimisation. International Journal of Bio-Inspired Computation, 2009, 1(4): 217–238

[5] Birbil S, Fang S. An electromagnetism-like mechanism for global optimization. Journal of Global Optimization, 2003, 25(3): 263–282

[6] Xie L, Zeng J C, Cui Z H. On mass effects to artificial physics optimization algorithm for global optimization problems. International Journal of Innovative Computing and Applications, 2009, 2(2): 69–76

[7] Zhang D, Zuo W M. Computational intelligence-based biometric technologies. IEEE Computational Intelligence Magazine, 2007, 2(2): 26–36

[8] Kennedy J, Eberhart R C, Shi Y H. Swarm Intelligence. San Francisco: Morgan Kaufmann, 2001

[9] Lee R S T, Loai V. Computational Intelligence for Agent-Based Systems. Berlin: Springer-Verlag, 2007

[10] Holland J. Adaptation in Natural and Artificial Systems: An Introductory Analysis with Application to Biology, Control, and Artificial Intelligence. 2nd ed. Cambridge: MIT Press, 1992

[11] Fogel L J, Owens A J, Walsh M J. Artificial Intelligence Through Simulated Evolution. New York: Wiley Publishing, 1966

[12] Beyer H G, Schwefel H P. Evolution strategies: A comprehensive introduction. Natural Computing, 2002, 1(1): 3–52

[13] Dorigo M, Birattari M, Stutzle T. Ant colony optimization-artificial ants as a computational intelligence technique. IEEE Computational Intelligence Magazine, 2006, 1(4): 28–39

[14] 吴启迪, 汪镭. 智能微粒群算法研究及应用. 南京: 江苏教育出版社, 2005

[15] Karaboga D, Basturk B. On the performance of artificial bee colony (ABC) algorithm. Applied Soft Computing, 2008, 8(1): 687–697

[16] 焦李成, 刘静, 钟伟. 协同进化计算与多智能体系统. 北京: 科学出版社, 2006

[17] Dai C H, Chen W R, Zhu Y F, et al. Seeker optimization algorithm for optimal reactive power dispatch. IEEE Transactions on Power Systems, 2009, 24(3): 1218–1231

[18] He S, Wu Q, Saunders J. Group search optimizer: An optimization algorithm inspired by animal searching behaviour. IEEE Transaction on Evolutionary Computation, 2009, 13(5), 973–990

[19] 肖人彬, 曹鹏林, 刘勇. 工程免疫计算. 北京: 科学出版社, 2007

[20] 阎平凡, 张长水. 人工神经网络与模拟进化计算. 北京: 清华大学出版社, 2000

[21] Vapnik V N. 统计学习理论的本质. 北京: 清华大学出版社, 2000

[22] Wolpert D H, Macready W G. No free lunch theorems for optimization. IEEE Transactions on Evolutionary Computation, 1997, 1(1): 67–82

[23] Christensen S, Oppacher F. What can we learn from No Free Lunch? A First Attempt to Characterize the Concept of a Searchable Function. Proc of GECCO, Morgan Kaufmann, 2001: 1219–1226

[24] 曾建潮, 介婧, 崔志华. 微粒群算法. 北京: 科学出版社, 2004

[25] James W. Psychology(Briefer Course). New York: Holt, 1890

[26] McCulloch W S, Pitts W. A logic calculus of the ideas immanent in nervous activity. Bulletin of Mathematical Biophysics, 1943, 5: 115–133

[27] Minsky M, Papert S. Perceptions. Cambridge: MIT Press, 1969

[28] Hopfield J, Tank D. 'Neural' computation of decisions in optimization problems. Biological Cybernetics, 1985, 52: 141–152

[29] McClelland J, Rumelhart D. Explorations in Parallel Distributed Processing. Cambridge: MIT Press, 1988

[30] Zadeh L A. Fuzzy sets. Information and Control, 1965, 8(1): 338–353

[31] Dasgupta D. Artificial neural networks and artificial immune systems: Similarities and differences. IEEE International Conference on System, Man and Cybernetics, 1997: 873–878

[32] Levy S. Artificial Life: A Report from the Frontier Where Computers Meet Biology.

New York: Vintage Books, 1992

[33]　孟宪宇, 涂序彦. 广义人工生命概述. 计算机应用研究, 2006, 23(11): 4–6

[34]　李建会. 数字创世纪. 人工生命的新科学. 北京: 科学出版社, 2006

[35]　李建会. 走向计算主义: 数字时代人工创造生命的科学. 北京: 中国书籍出版社, 2004

[36]　史忠植, 莫纯欢. 人工生命. 计算机研究与发展, 1995, 32(12): 1–3

[37]　Watts J M. Animats: Computer-simulated animals in behavioral research. Journal of Animal Science, 1998, 76(10): 2596–2604

[38]　Meyer J A. From natural to artificial life: Biomimetic mechanisms in animat designs. Robotics and Autonomous Systems, 1997, 22(1): 3–21

[39]　Reynolds C W. Flocks, herds, and schools: A distributed behavioral model. Computer Graphics, 1987, 21(4): 25–34

[40]　涂晓媛. 人工鱼. 北京: 清华大学出版社, 2001

[41]　Bonabeau E, Dorigo M, Theraulaz G. Swarm Intelligence: From Natural to Artificial Systems. New York: Oxford University Press, 1999

第2章 微粒群算法概要

2.1 标准微粒群算法

2.1.1 生物学背景

2.1.1.1 群体生活中的动物

自然界中动物寻找的食物一般并非呈现均匀分布,有的呈簇状分布,有的呈斑块分布,但不管食物如何分布与总量多少,群体生活中的成员更容易发现食物丰富的区域。由于群体成员众多,个体通过群体可以捕获其单独无法发现或处理的食物,同时处于群体中的个体平均觅食效率也比单独的个体大。

在群体移动过程中,当其中某个成员发现捕食者时,能快速通过信息传递通知其他个体,这样可以有效地躲避天敌。即使在与捕食者正面相遇时,群体中的个体由于形态、行为的相似性,也能有效地迷惑捕食者,减小被捕食的危险。对于警戒和觅食是互相排斥的那些物种,如鸟类,因为个体保持警惕的平均时间会随着群体规模的增大而减小,所以,群体成员会保持很高的觅食速度。

求偶交配是动物群体形成的原因之一。在繁殖期,群体聚集为成员提供了更多与异性接触的机会,从而在群体中尽可能多地同步产卵受精。这对于那些依靠大量产卵 (如鱼类、蛙类) 才能存活的个体而言,作用更加明显。

生活在群体 (特别是鸟群) 中的个体在运动中借助群体优势,与单独个体相比,在一定程度上能降低运动过程中的能量消耗,提高能量利用率。例如,以 V 形编队飞行的鸟群中,所有鸟类并肩排成一排,翼尖对翼尖地飞行,所消耗的能量比单独飞行时消耗的少。这个节约率,经研究是 22%~70%[1]。

许多恒温的物种 (如南极帝企鹅、美洲野牛) 在寒冷的季节聚集有利于保持一定的体温。一些昆虫聚集对保持温度也是很重要的,如蜜蜂聚集在一起可将白天的热量一直保持到晚上。聚集还可减少水分的流失,如潮湿区内的无脊椎动物的聚集。动物聚集形成群体还有其他优势,在此不再赘述。

群体中的个体在享受群体优势的同时,也在付出代价,其中包括资源 (食物、氧气、阳光等) 的同伴竞争;个体自由度 (如运动、捕食、避敌) 的减小;群体内个体必须忍受代谢废物和病原体,还有群体同伴的寄生效应;而且在大型群体中,群体成员至少在一个方向上遮挡了其相邻个体的视野,这样个体可能不能及时发现捕食者或食物资源。

　　既然群体生活有利有弊，那么为什么群体现象如此普遍？总的来说，个体聚集在一起形成群体，在一定程度上还是利大于弊：群体促进了其成员的生存与繁衍。而动物群体生活的大部分优势是通过便利的信息共享与处理选择机制实现的。

2.1.1.2　动物群体成员间的信息交互与处理机制

　　动物都有自身的多种感觉器官 (眼、鼻、口、耳、侧线、皮肤等)，各感觉器官感知刺激的种类有异，感知距离、强度不同。同时，动物大脑也具有一定的记忆功能。因此，群体成员从外部环境、群体其他成员，还有自身与群体经验三方面获取信息。

　　Partridge 对鱼群的空间关系进行研究[2] 发现，与鱼群中的远距离成员相比，一条鱼受其近邻个体的影响更强烈。群体中的一个成员受到其他成员影响的程度与它和其他成员距离的平方或者立方成反比，所以群体中成员对其近邻个体关注较多。在群体动物感知中，不管采取哪种感知形态，相邻者都是个体感知外界信息的重要来源。因此，相邻个体间的信息共享普遍存在于群体之中，其有助于群体感知环境变化，及时调整自身状态。

　　鱼群通常被看成是一种自私的种群，其中的个体总是想方设法地获取群体生活的大部分优势，而不关心邻近个体的相关利益。这是因为动物具有趋利避害的本能，总是趋向以更小的代价获得更大的利益。动物群体成员与其近邻个体的信息共享交互越频繁，则它越会被附近的优秀个体所吸引，并趋向于对其来说利益代价比值更高的优秀个体。所谓优秀个体在觅食动物群体中指的是占据食物更丰富位置的个体。群体中的个体一旦占据了此优越位置，将会一直占据下去，除非它发现了其他更好的位置或者被迫离开。

　　总之，在动物群体的觅食过程中，个体会与其近邻同伴进行频繁的信息交互，并趋向于对它来说利益代价较高的优秀个体位置。这对群体动物具有重要的生存意义。

2.1.2　基本概念及进化方程

　　本书讨论如下数值优化问题：

$$\min f(\boldsymbol{x}),\quad \boldsymbol{x}\in[x_{\min},x_{\max}]^D \tag{2.1}$$

其中，D 表示问题维数。本书后续章节如没有特别声明，则都使用该模型。

　　微粒群算法 (particle swarm optimization，PSO) 最早是在 1995 年由美国社会心理学家 Kennedy 和电气工程师 Eberhart 共同提出的，其基本思想是受他们早期对许多鸟类的群体行为进行建模与仿真研究结果的启发。而他们的模型及仿真算法主要利用了生物学家 Heppner 的模型。

Heppner 的鸟类模型在反映群体行为方面与其他类模型有许多相同之处, 所不同之处在于: 鸟类被吸引飞向栖息地。在仿真中, 一开始每一只鸟均无特定目标进行飞行, 直到有一只鸟飞到栖息地, 当设置期望栖息比期望留在鸟群中具有较大的适应值时, 每一只鸟都将离开群体而飞向栖息地, 随后就自然地形成了鸟群。

由于鸟类使用简单的规则确定自己的飞行方向与飞行速度 (实质上, 每一只鸟都试图停在鸟群中, 而又不相互碰撞), 当一只鸟飞离鸟群而飞向栖息地时, 将导致它周围的其他鸟也飞向栖息地。这些鸟一旦发现栖息地, 将降落在此, 驱使更多的鸟落在栖息地, 直到整个鸟群都落在栖息地。鸟类寻找栖息地与对一个特定问题寻找解很类似, 已经找到栖息地的鸟引导它周围的鸟飞向栖息地的方式, 增加了整个鸟群都找到栖息地的可能性, 也符合信念的社会认知观点。

微粒群算法将每个个体看成 D 维搜索空间中的一个没有质量和体积的微粒, 并以一定的速度飞行。该飞行速度由个体的飞行经验和群体的飞行经验进行动态调整。标准微粒群算法[4,5] 的速度进化方程为

$$v_j(t+1) = wv_j(t) + c_1 r_1(p_j(t) - x_j(t)) + c_2 r_2(p_g(t) - x_j(t)) \tag{2.2}$$

其中

$v_j(t)$ 为微粒 j 在第 t 代的速度;

w 为惯性权重;

c_1 为认知系数;

r_1, r_2 为服从均匀分布的随机数;

$p_j(t)$ 为微粒 j 的个体历史最优位置;

$x_j(t)$ 为微粒 j 在第 t 代的位置;

c_2 为社会系数;

$p_g(t)$ 为群体历史最优位置。

个体历史最优位置 $p_j(t)$ 表示微粒 j 在前 t 代搜索到的最优位置, 对于最小化问题而言, 目标函数值越小, 对应的适应值越好, 其更新规则为

$$p_j(t) = \begin{cases} p_j(t-1), & f(p_j(t)) > f(p_j(t-1)) \\ x_j(t), & \text{其他} \end{cases} \tag{2.3}$$

而群体历史最优位置 $p_g(t)$ 则定义为

$$p_g(t) = \arg\min\{f(p_j(t))|j = 1, 2, \cdots, n\} \tag{2.4}$$

式 (2.4) 中的 n 表示种群所含微粒的个数。为了保证算法的稳定性, 算法定义了一个最大速度上限 $v_{\max}$, 用以限制微粒移动速度的大小, 即

$$|v_{jk}(t+1)| \leqslant v_{\max} \tag{2.5}$$

相应地, 微粒 j 的位置进化方程为

$$\boldsymbol{x}_j(t+1) = \boldsymbol{v}_j(t+1) + \boldsymbol{x}_j(t) \tag{2.6}$$

2.1.3 算法流程

标准微粒群算法流程如下:

(1) 种群初始化: 各微粒的初始位置在定义域中随机选择, 速度向量在 $[-v_{\max}, v_{\max}]^D$ 中随机选择, 个体历史最优位置 $\boldsymbol{p}_j(t)$ 等于各微粒初始位置, 群体最优位置 $\boldsymbol{p}_g(t)$ 为适应值最好的微粒所对应的位置, 进化代数 t 置为 0;

(2) 参数初始化: 设置惯性权重 w, 认知系数 c_1, 社会系数 c_2 及最大速度上限 $v_{\max}$;

(3) 由式 (2.2) 计算微粒下一代的速度;

(4) 根据式 (2.5) 调整各微粒的速度;

(5) 由式 (2.6) 计算微粒下一代的位置;

(6) 计算每个微粒的适应值;

(7) 更新各微粒的个体历史最优位置与群体历史最优位置;

(8) 如果没有达到结束条件, 则返回步骤 (3); 否则, 停止计算, 并输出最优结果。

2.1.4 社会行为分析

标准微粒群算法的速度进化公式 (2.2) 可以分成如下三个部分[6]:

$$\boldsymbol{v}_j(t+1) = \boldsymbol{T}_1 + \boldsymbol{T}_2 + \boldsymbol{T}_3 \tag{2.7}$$

其中

$$\boldsymbol{T}_1 = w\boldsymbol{v}_j(t), \quad \boldsymbol{T}_2 = c_1 r_1(\boldsymbol{p}_j(t) - \boldsymbol{x}_j(t)), \quad \boldsymbol{T}_3 = c_2 r_2(\boldsymbol{p}_g(t) - \boldsymbol{x}_j(t))$$

第一部分表示微粒先前速度所起的惯性作用, 若速度进化方程仅保留这一部分, 则微粒将会保持原速度方向不变 (速度越来越小), 沿该方向一直 "飞" 下去, 直至到达边界。因此, 在这种情形下, 微粒很难搜索到较优解。

第二部分为个体的 "认知" 部分, 因为它仅考虑微粒自身的经验, 表示微粒本身的思考。如果标准微粒群算法的速度进化方程仅包含认知部分 (称为 cognitive-only 模型), 这样不同的微粒间缺乏信息交流, 并且没有社会信息共享, 则一个规模为 n 的群体等价于运行了 n 次单个微粒, 降低了得到最优解的概率。

第三部分为 "社会" 部分, 表示微粒间的社会信息共享。若速度进化方程中仅包含社会部分 (称为 social-only 模型), 则微粒缺乏个体的认识能力。虽然微粒在相互作用下, 有能力到达新的搜索空间, 但对于复杂问题, 容易陷入局部最优点。因此, 标准微粒群算法的速度进化方程由认识和社会两部分组成。虽然目前有些研

究表明，对于某些问题，模型的社会部分比认知部分更重要，但两部分的相对重要性还没有从理论上给出结论。

若速度进化方程仅保留第二、三部分，由于微粒的速度将取决于其历史最优位置与群体历史最优位置，从而导致速度的无记忆性，即先前速度的影响为 0。假设在开始时，微粒处于群体历史最优位置，则它将停止进化直到群体发现更优位置，而其他微粒将收敛于群体历史最优位置。因此，若群体在收敛时没有发现更优位置，则整个群体的搜索区域将会收缩到当前历史最优位置附近，从而表明此进化方程具有很强的局部搜索能力。总之，微粒速度进化方程的第一项 T_1 用于保证算法具有一定的全局搜索能力，而 T_2 与 T_3 两项则用于保证微粒群算法具有局部搜索能力。

2.1.5 与其他进化算法的比较

微粒群算法与其他进化算法有许多共同之处。首先，微粒群算法和其他进化算法相同，均使用“群体”概念，用于表示一组解空间中的个体集合。如果将微粒所经历的最优位置 $p_g(t)$ 看成是群体的组成部分，则微粒的每一步进化都呈现出弱化形式的“选择”机制。在 $(\mu + \lambda)$ 进化策略算法中，子代与父代竞争，若子代具有更好的适应值，则用来替换父代，而 PSO 的个体历史最优位置的更新方程具有与此相类似的机制，其唯一的差别在于，只有当微粒的当前位置 $p_j(t)$ 与所经历的最好位置 $p_g(t)$ 相比具有更好的适应值时，其微粒所经历的最好位置 (父代) 才会被该微粒的当前位置 (子代) 所替换。总之，PSO 隐喻着一定形式的“选择”机制。

其次，式 (2.2) 所描述的速度进化方程与实数编码遗传算法的算术交叉算子相类似，通常，算术交叉算子由两个父代个体的线性组合产生两个子代个体，而在 PSO 的速度进化方程中，假如不考虑 T_1 项，就可以将该方程理解为由两个父代个体产生一个子代个体的算术交叉运算。从另一个角度来看，在不考虑 T_2 项的情况下，速度进化方程也可以看成是一个变异算子，其变异的强度 (大小) 取决于两个父代微粒间的距离，即代表个体最好位置和全局最好位置的两个微粒的距离。至于 T_1 项，也可以理解为一种变异的形式，其变异的大小与微粒在前代进化中的位置相关。

通常在进化类算法的分析中，人们习惯将每一步进化迭代理解为用新个体 (即子代) 代替旧个体 (即父代)。如果将 PSO 的进化迭代理解为一个自适应过程，则微粒的位置 $x_j(t)$ 就不是被新的微粒所代替，而是根据速度向量 $v_j(t)$ 进行自适应变化。这样，PSO 与其他进化类算法的最大不同点在于，PSO 算法在进化过程中同时保留和利用位置与速度 (即位置的变化程度) 信息，而其他进化类算法仅保留和利用位置信息。

另外，如果将位置进化方程看成一个变异算子，则 PSO 与进化规划很相似。

所不同之处在于，在每一代，PSO 中的每个微粒只朝群体的经验给出的方向飞行，而在进化规划中可通过一个随机函数变异到任何方向。也就是说，PSO 执行一种有"意识"(conscious) 的变异。从理论上讲，进化规划具有更多的机会在优化点附近进行开发，而 PSO 则有非常多的机会更快地飞到更好解的区域。

由以上分析可以看出，基本 PSO 也呈现出一些其他进化类算法所不具有的特性。特别是 PSO 同时将微粒的位置与速度模型化，给出一组显式的进化方程，是其不同于其他进化类算法的最显著之处，也是该算法所呈现出许多优良特性的关键点。

2.2　微粒群算法的系统学特征

2.2.1　微粒群算法的系统观点

系统学创始人 Bertalanffy 曾给出"系统"的如下定义：所谓系统，就是指处于一定相互关系中，并与环境发生关系的各组成部分 (要素) 的综合体。这个定义强调的不是功能，而是系统元素之间的相互作用以及系统对于元素的整体作用[7]。

显然，微粒群算法的自然模拟原型是鸟群、鱼群等群居性生物系统，这些系统具有多元性、相关性和整体性，其产生的映射自然也是一种人工系统。与所有的自然计算方法相同，微粒群算法的运行基础是由一定数目的个体构成的群体，而采用群体搜索机制的优化结果要明显优于单个微粒个体的优化结果，因此，系统不具有加和性。从优化的角度来看，微粒群算法采用群体搜索方式；从信息处理的角度来看，群体中的个体之间均存在着信息感知和交互。通过个体元素的信息交互和相互作用，系统能够有效地实现优化目标。这充分体现了系统的完整性和整体突现原理。因此说，微粒群算法本身就是一个系统，而算法中的微粒元素也可视为一个个子系统，应该采用系统的方法和观点来对其加以研究。

2.2.2　算法的自组织性和涌现特性

自组织性是自然系统或生物系统的本质属性，因此，自组织性是微粒群算法、蚁群算法、遗传算法、人工免疫系统、人工神经网络等仿生类算法的基本特征之一。

与其他自然计算方法一样，微粒群算法中的群体系统是自组织群体，其中的个体间存在着相互作用和信息交互。在寻优过程中，个体逐渐会从无序的随机搜索慢慢趋向于全局最优解方向，从无序到有序，体现了系统的自组织演化。

自组织理论主要包括耗散结构理论、协同学、超循环理论等，它们在一定程度上揭示了生物及社会领域的有序现象[8]。

根据自组织理论，从无序向有序转化，必须具备下列条件[9]：

(1) 开放性。产生有序结构的系统必须是一个开放系统，能不断与外界进行交互作用，从而使外部输入负熵大于内部增加的熵，进而使系统熵减少，或至少保持熵不变，这样才能维持自身的有序结构，或者使系统更趋向复杂化。

(2) 非平衡。系统从无序走向有序，必须处于远离热平衡态。在热平衡态附近，不会出现新的有序结构。系统中的交互作用只能在远离均衡态时发生，从而有可能从杂乱无序的初态跃迁到新的有序状态。

(3) 非线性。形成有序结构的系统内部各要素之间要有非线性的相互作用。这种相互作用使系统内各要素间产生相干效应与协同动作，从而变无序为有序。非线性的相互作用，会导致系统有序化的多方向性。

(4) 随机涨落。一个系统从无序向有序转化的过程中，偶然性、随机涨落起着十分重要的作用，即通过涨落才能导致有序。

在自组织系统中，低层次局部单元在没有中心控制的情况下，仅通过简单的交互作用就能产生宏观形态或秩序。与还原论不同的是，自组织系统的设计是一个"自下而上"的过程[10]。设计者只需要规定各个个体行为的"局部规则"，不需要预先设定群体行为的"全面规则"，而系统的宏观形态或秩序可以由低层次的个体之间局部地相互作用，随着时间发展而表现出来。系统科学把这种整体具有而部分不具有的性质，即那些高层次具有而还原到低层次就不复存在的属性、特征、行为、功能等，称为涌现。

自组织系统中的涌现性质具有以下特性：

(1) 适应性。适应性使得一个生物系统可以对环境的变化作出调整，在环境中生存下来。自组织系统的状态处于完全的秩序与完全的混沌之间，是具有最大适应性的系统。

(2) 行为规则的简洁性。不需要复杂的行为规则，就可以适应变动的环境。

涌现的性质阐明了整体为何大于部分之和。只把部分特性累加起来的整体特性不是涌现性，只有那些依赖于部分之间特定关系的特征才是涌现性。涌现是作为总体系统行为从多个系统元素的相互作用中产生出来的，从系统的各个组成部分的孤立行为中无法预测，甚至无法想象。如果从物质世界的最深层次，即基本粒子谈起，则一切整体涌现性都是组成整体的各部分相互作用、相互制约的结果。一切涌现现象归根结底都是结构效应、组织效应，即系统的组成部分相互作用造成的整体效应。也可以将涌现理解成一种群体协作：生物群体内部的每个个体都只有解决简单问题的局部性知识和目标，以及约束各个个体行为的若干规则，没有统一的整体性知识和目标，但整个群体却表现出了巧妙解决复杂问题的强大能力。

例如，社会性生物，如蚁群、蜂群、鸟群和人类等，在这些生物的群体行为中存在一种自然智能协作机制，它能保证生物群体的能力高于任何单一个体的能力，使整个群体能够更好地生存繁衍下去。涌现性是自组织的基本问题，也是复杂系统的重要特征之一。自然计算方法摈弃了传统还原论的设计思想,重点研究自组织的生物、物理和社会现象中的涌现性质,并致力于发展适于大规模并行且具有自组织、自适应和自学习等能力的智能系统,为解决人类社会各个领域的复杂问题提供了卓有成效的方法和途径。

2.2.3　微粒群算法的反馈控制机制

控制论是一门以数学为纽带,把研究自动调节、通信工程、计算机和计算技术以及生物科学中的神经生理学和病理学等学科共同关心的共性问题联系起来而形成的边缘学科。它揭示了机器中的通信和控制机能与人的神经、感觉机能之间的共同规律;为现代科学技术研究提供了较新的科学方法;它从多方面突破了传统思想的束缚,有力地促进了现代科学思维方式和当代哲学观念的一系列变革。

1948 年维纳《控制论》(*Cybernetics*) 的出版,宣告了控制科学这门学科的诞生。维纳对控制论定义如下:设有两个状态变量,其中一个可由我们进行调节,而另一个则不能控制。这时我们面临的问题是如何根据那个不可控制变量的信息来确定可调节变量的最优值,以实现对于我们来说最为合适、最有利的状态。

控制论研究表明,无论自动机器,还是神经系统、生命系统,以至经济系统、社会系统,撇开各自的质态特点,都可以看成是一个自动控制系统。整个控制过程就是一个信息流通的过程,控制就是通过信息的传输、变换、加工、处理来实现的。反馈对系统的控制和稳定起着决定性作用,无论是生物体保持自身的动态平稳 (如温度、血压),或是机器自动保持自身功能的稳定,都是通过反馈机制实现的。反馈是控制论的核心问题。控制论就是研究如何利用控制器,通过信息的变换和反馈作用,使系统能自动按照人们预定的程序运行,最终达到最优目标的学问。控制论是具有方法论意义的科学理论。它的理论、观点可以成为研究各门科学问题的科学方法,即撇开各门科学质的特点,把它们看成是一个控制系统,分析它的信息流程、反馈机制和控制原理。控制论的主要方法还有信息方法、反馈方法、功能模拟方法和黑箱方法等,其中信息方法把研究对象看成一个信息系统,通过分析系统的信息流程来把握事物的规律。反馈方法则是利用反馈控制原理来分析和处理问题。

反馈控制是控制论中的一个重要概念,系统学认为:反馈就是用系统现在的行为去影响其未来的行为。通常反馈可分为正反馈和负反馈两种,前者是以现在的行为去加强未来的行为,而后者则是以现在的行为去削弱未来的行为[11]。单一的正反馈或负反馈无法实现系统的自组织性,因此,自组织群体中存在着大量正负反馈,正是通过各种正负反馈机制,才使得个体间存在丰富的信息交互,从而影响个体行为,继而促使群体智能的涌现。因此,反馈控制是群智能计算中的一个重要概念,如蚁群算法中,用于指导蚂蚁正确觅食的信息素,其堆积过程就是一个正反馈过程,正是这种正反馈作用使得个体获得正确的信息以指导后继行为。

微粒群算法中同样隐含着正负反馈机制。一方面，微粒群体中的所有个体均以群体历史最佳位置为社会信念，并且在搜索过程中不断加强这种社会信念，从而引导所有微粒不断飞向群体所经历的最佳位置，以更大的概率在该最佳位置的邻域内找到问题的更好解，这个过程体现了算法的正反馈作用；另一方面，微粒同时总是记忆自身的历史最佳位置，使得个体的成功经验在后续行为中不断加强，这又阻碍了个体不断向群体最佳位置的聚集，保持了群体的多样性。正是通过社会信念和个体经验这两种信息的正、负反馈作用，算法的全局探测和局部开采才得以平衡，微粒群体才得以自组织地进化，最终得到问题一定程度的满意解。

2.2.4　微粒群算法的分布式特点

生物系统或生命系统均是分布式系统，它能够使生物个体具有更强的适应能力。例如，自然界的蚁群、鸟群或生命体中的细胞群，其中每个个体独立于整体目标而单独工作，当其中一个个体停止工作后，整体的效能并不会受到影响，这正是分布式给群体所带来的强适应性。

微粒群算法可以视为一种系统，由于采用种群搜索方式以及多个体单元协同寻优方式，微粒群算法在更大意义上属于一种分布式多智能体系统，具有本质的并行性。算法可视为开放的系统，具有综合性。

"一个体系抵抗组织程度衰变的重要方法就是保持开放"，这是维纳的结论。不断地与外界交换信息 (和能量)，调节体系内部变量之间的综合，抗拒组织解体的自然趋势，是保持体系充满活力的重要途径。

在智能计算以及群集智能计算体系中，每种算法均可视为一个开放系统，能够和其他算法系统产生融合，从而构造更完备的算法系统。微粒群算法也不例外，算法本身可以视为一个开放系统，因此，具有良好的可扩充性，从系统优化的总目标出发，将各种有关经验和知识予以有机结合、协调运用，从而开发出全新的系统概念，产生全新的混合智能系统，实现 "$1 + 1 > 2$" 的系统综合效果。

2.3　参数选择策略

2.3.1　惯性权重

惯性权重是微粒群算法的一个重要参数，一般认为较大的惯性权重能增强算法的全局搜索能力，而较小的惯性权重则增强算法的局部搜索能力。Shi 和 Eberhart在 1998 年讨论了惯性权重的选择，结果表明当 w 取 $[0.8, 1.2]$[12] 时，算法收敛速度较快，而当 $w > 1.2$ 时，算法较易陷入局部极值，这一点 Bergh 已从理论上给出了解释[13]。通过进一步实验，他们提出惯性权重取 0.8 且最大速度上限 $v_{\max}$ 取定义域上限时性能较优[14]，进而又提出了惯性权重的线性递减策略，并建议 w 从 0.9

线性递减至 0.4[15]。通过分析，Zheng 等[16] 提出了惯性权重线性递增的算法，但其实验较为简单，缺乏进一步研究工作。

从线性递减策略出发，许多学者均对惯性权重进行了研究，以进一步提高算法性能。Jiang 等[17] 提出了惯性权重的指数方式调整策略，即 $w = w_{\max} \cdot \exp\left(-\rho \cdot \dfrac{t}{T}\right)$，其中 ρ 为控制参数，t 为当前进化代数，而 T 则表示算法的最大进化代数。在此基础上，Lei 等[18] 提出了以下调整策略：$w = w_{\max} \cdot \exp\left(-30 \cdot \left(\dfrac{t}{T}\right)^b\right)$。显然，若参数 b 取 1，ρ 取 30，则这两种策略相同。从不同的角度出发，陈贵敏和贾建援[19] 提出另一种调整策略：$w = w_{\max} \cdot \left(\dfrac{w_{\max}}{w_{\min}}\right)^{\frac{1}{1+k\frac{t}{T}}}$。

与上述探讨指数角度拓展惯性权重的方式不同，Chatterjee 和 Siarry[20] 提出了一类抛物线形式的惯性权重调整策略：$w = w_{\min} + \left(1 - \dfrac{t}{T}\right)^b \cdot (w_{\max} - w_{\min})$。与此同时，陈贵敏和贾建援[19] 也提出了抛物线形式的 w 调整策略，并且讨论了开口向上与开口向下两种情形。而 Huang 等[21,22] 则进一步将上述形式推广为 $w = w_{\min} + (w_{\max} - w_{\min}) \cdot \left[1 - \left(\dfrac{t}{T}\right)^{b_1}\right]^{b_2}$，在他的实验中，当参数 b_1 取 2.0，b_2 取 5.0 时，效果最优。

上述两种拓展方式均没有考虑到算法性能与惯性权重的联系，因此，惯性权重的调整没有很好地利用算法所提供的信息。从这个思想出发，Arumugam 和 Rao[23,24] 利用个体历史最优位置及群体历史最优位置的信息，提出了下述调整策略：$w_k(t) = 1.1 - \dfrac{p_{gk}(t)}{\overline{p_k}(t)}$，进而通过引入个体搜索能力 (ISA) 这一指标，Qin 等[25] 将惯性权重设置为 $w_{ij} = 1 - \dfrac{\alpha}{1 + \exp(-\mathrm{ISA}_{ij})}$。张选平等[26] 通过引入进化速度因子与聚集度因子，将惯性权重视为这两个指标的函数。在此基础上，Yang 等[27] 对这两个指标进行了改进，在一定程度上提高了算法效率。而 Jie 等[28] 则将种群多样性引入惯性权重设计，通过控制器来动态调整惯性权重选择。Gao 等的文献中也有类似的想法[29]。通过引入平均速度指标，Yasuda 等[30,31] 对惯性权重进行了适当的控制。通过建立理想状态的速度轨迹，若当前的平均速度指标低于理想状态，则选择发散的惯性权重；否则，选择收敛的惯性权重。

由于优化问题的复杂性，有些学者认为确定的惯性权重策略虽然容易实现，但难以得到较优结果。因此，他们利用其他方式来研究惯性权重的调整策略。Shi 和 Eberhart[32] 利用模糊规则来设计惯性权重，Bajpai 和 Singh[33] 将其应用于经济问题方面的研究。与此同时，Saber 等[34] 也提出了一类惯性权重的模糊规则。受模糊系统中 Sugeno 公式的启发，Lei 等[35] 提出如下的调整策略：$w = \dfrac{1 - \dfrac{t}{T}}{1 + s \cdot \dfrac{t}{T}}$，其中参数 s 按照给出的模糊规则进行调节。

Eberhart 和 Shi[36] 提出了一种随机调整惯性权重的方法，即 $w = 0.5 + \dfrac{\text{rand}(0,1)}{2.0}$ (其中 rand(0,1) 为一个满足均匀分布的随机数)。受该思想的启发，Shen 等[37] 直接将惯性权重取为随机数来处理背包问题，而胡建秀和曾建潮[38] 则将惯性权重与认知系数和社会系数联系在一起，给出了惯性权重 w 的随机化策略：$w_j(t) = 1.0 - c_1 r_{1j}(t) - c_2 r_{2j}(t)$。Jiang 等[39] 通过引入 Logistic Map 混沌映射，提出一种新的惯性权重方式，首先将惯性权重限制在区间 $(0,1)$ 内，然后调用 Logistic Map 映射，获得了较为满意的结果。

2.3.2　认知系数与社会系数

与惯性权重的研究成果比较而言，认知系数与社会系数的成果要少些。Shi 和 Eberhart[14] 认为这两个系数应该相同，并建议取 2.0。但 Ozcan 和 Mohan[40] 通过分析，提出了不同的看法，他认为这两个系数应取 1.494。学者 Venter 和 Sobieszczanski-Sobieski[41,42] 通过实验进一步发现较小的认知系数与较大的社会系数能增加算法性能。在此基础上，Ratnaweera 等[43] 提出了认知系数与社会系数随时间动态调整的策略，其中认知系数从 2.5 线性递减至 0.5，而社会系数则从 0.5 线性递增至 2.5。

Arumugam 和 Rao[23,24] 通过将个体历史最优位置及群体历史最优位置引入加速度常数设置。根据前一代加速度常数的效果，Yamaguchi 和 Yasuda[44] 给出认知系数与社会系数的递推模型：$c_1(t+1) = c_1(t) + \alpha \cdot (b - c_1(t))$(社会系数与此类似)，其中参数 α 用于控制前一代认知系数的影响，参数 b 用于表示前一代信息的某个统计量。Jiang 和 Etorre[17] 通过将 Logistic Map 混沌映射引入加速度常数，得出了一类不同的社会与认知系数调整策略。

通过引入生物学的情感模型，Ge 和 Rubo[45] 提出了带情感的认知与社会系数调整策略，通过引入刺激反应函数，每个微粒的认知系数与社会系数都随着情感的变化而变化。

2.3.3　其他参数的调整

其他参数，如种群规模、最大速度上限等，也有一些相关成果。Yen 和 Lu[46] 在微粒群算法中引入了动态种群策略，能有效地提高算法计算效率。Shi 和 Eberhart[14] 发现对于最大速度上限 $v_{\max}$ 可以设为一个固定常数，如 $k \cdot x_{\max}$，其中参数 k 满

足 $0 < k < 1$。2002 年，Fourie 提出了最大速度上限的一个动态调整策略[48]。通过与进化规划类比，崔志华等[50,51] 提出了最大速度上限的随机选择策略，实验结果表明其性能有较大幅度的提高。

2.4   常见的改进微粒群算法

自从微粒群算法提出以来，学者们已经提出了许多改进方法。总的来说，这些方法可以分为两类：一类是增强算法的全局收敛性能；另一类则是提高算法的计算速度。

理论上已经证明，标准微粒群算法既不是局部收敛算法，也不是全局收敛算法。因此，可以通过增加种群多样性来提高算法的全局收敛性能。Clerc[52] 提出收缩因子的概念，该方法通过引入收缩因子 χ，可以有效地控制参数 w，c_1 与 c_2，以确保算法收敛。如能正确选择收缩因子 χ，就可以不考虑最大速度上限对速度的影响。此外，Riget 和 Vesterstrom[53] 提出一种吸引扩散微粒群算法。该算法引入"吸引"(attractive) 和"扩散"(repulsive) 两个算子，动态调整"勘探"与"开发"比例，从而能更好地提高算法效率。标准微粒群算法中所有微粒将收敛于个体历史最优位置与群体历史最优位置的加权平均，为了提高多样性，减慢算法的收敛速度，Mendes 和 Kennedy 提出了 FIPSO[54]，这个算法中微粒的极限位置将为邻域内所有个体的加权组合。受该思想启发，Liang 等[55] 将收敛中心替换成任意个体的历史最优位置，有效地增强了种群多样性。从生物学背景出发，赫然等[56] 通过引入群体逃逸行为来提高多样性。

从算法的收敛性出发，Bergh[13] 设计了具有局部收敛性能的改进微粒群算法。在此基础上，曾建潮等[57,58] 于 2004 年提出了保证全局收敛的随机微粒群算法，该算法将惯性权重设置为 0，由于没有原有速度的惯性，当某一微粒的当前位置恰好是群体历史最优位置时，该微粒将不再移动。此时令该微粒的位置重新在定义域内随机产生，就能保证算法的全局收敛性能。

此外，拓扑结构的改变也是提高算法收敛性能的一个重要手段。根据直接相互作用的微粒数目可以构造微粒群算法的两种不同版本：Gbest 模型 (全局最好模型) 与 Lbest 模型 (局部最好模型)。在 Gbest 模型中，整个算法以群体最优位置为吸引子，将所有微粒拉向它，使所有微粒将最终收敛于该位置。这样，如果在进化过程中，该最好解得不到有效更新，则微粒群将出现类似于遗传算法中的早熟现象。为了防止 Gbest 模型可能出现早熟现象，Lbest 模型采用多吸引子代替 Gbest 模型中的单一吸引子。首先将整个微粒群分解为若干个子群，在每一子群中保留局部最优微粒，并在速度进化方程中替换式 (2.2) 的群体历史最优位置。本书中一般考虑 Gbest 模型，如有特殊情况考虑 Lbest 模型，将会专门说明。Kennedy[59] 提出几种基本的邻域结构,即环形结构 (ring topology)、轮形结构 (wheel topology)、von Neumann 结构及它们的推广。已有实验结果表明,相比较其他几个结构而言,von Neumann 结构具有较好的算法性能[60]。受小世界模型启发,王芳[61] 提出了基于小世界模型的拓扑结构,并将其应用于微粒群算法,类似的思想也可见穆华平等的文献[62]。为了保证进化速度,Kennedy 和 Mendes[60] 提出邻域的动态选择策略,同时引入社会信念以增加邻域间的信息交流,而李宁等提出了邻域的自适应调整方案[63]。

许多学者通过增加信息利用率来提高算法的计算效率。Monson 和 Seppi[64] 借鉴 Kalman 滤波形式,提出一种 Kalman 微粒群算法。该算法通过对位置及速度的信息进行过滤,得到一些隐含的信息,并利用该信息来调整微粒的移动方向,从而能很好地提高算法性能。基于同样的想法,Monson 和 Seppi[65] 提出了贝叶斯网络微粒群算法,该算法利用贝叶斯网络分析获得的信息,能有效地提高信息利用率。借助于量子表示,Sun 等提出量子微粒群算法[66],该算法通过引入吸引子的概念,能有效地提高计算效率。而曾建潮和王丽芳[67] 提出的广义微粒群算法则从生物学的角度对微粒群算法进行了有益的扩充。在标准微粒群算法中,微粒历史最好位置的确定相当于隐含的选择机制,因此,Angeline[68] 引入了具有明显选择机制的改进微粒群算法。Krink 和 Lovbjerg[69] 提出了杂交微粒群算法,每个微粒被赋予一个杂交概率,这个杂交概率由用户确定,与微粒的适应值无关。此外,混合策略可以提高标准微粒群算法局部搜索能力较差这一缺陷,从而能较好地提高算法的计算效率。已有的混合策略包括与微分进化算法的混合策略[70]、与单纯形法的混合策略[71]、与混沌搜索的混合策略[72]、与模拟退火算法的混合策略[73] 以及与蚁群法的混合策略[74] 等。鉴于微粒群算法的通用性和有效性,用微粒群算法解决实际问题已成为一个热点。目前,微粒群算法已经成功地应用于约束优化、离散优化、动态环境优化、神经元网络训练、图像处理、调度问题以及大量的工业应用问题[75~80],在此就不一一阐述了。

2.5 微粒群算法的行为及收敛性分析

Ozcan 和 Mohan 初次给出了微粒群算法的行为分析,他们采用代数方法对一个极端简化模型 (维数为 1,惯性权重 $w = 1$,无随机项,$p_j(t)$,$p_g(t)$ 都为常数) 进行了分析[40],并给出了如下收敛公式:

$$x_j(t) = A_j \sin(\vartheta_j t) + \Gamma_j \cos(\vartheta_j t) + \kappa_j \tag{2.8}$$

其中 A_j,Γ_j,ϑ_j,κ_j 等均为各参数的函数。

针对上述简化模型,Clerc 和 Kennedy[81] 分别采用代数方法、解析分析和状态

空间模型对微粒群算法的运行轨迹进行分析, 结果表明各微粒都将收敛于点

$$p = \frac{\varphi_1 \boldsymbol{p}_j + \varphi_2 \boldsymbol{p}_g}{\varphi_1 + \varphi_2} \tag{2.9}$$

Bergh[13] 在上述简化模型的基础上考虑了惯性权重的影响, 得到如下位置公式:

$$\boldsymbol{x}_j(t) = k_1 + k_2 \alpha^t + k_3 \beta^t \tag{2.10}$$

此外, Yasuda 等[83], Trelea[84] 与李宁等[85] 的工作均对此作出贡献, 但所有这些工作都假设了一个简化的确定模型, 没有考虑个体运动的随机性。因此, 其结果对微粒的实际运行轨迹只能进行粗略描述, 难以提供一个较优的参数选择方案。最近, Jiang 等[86] 将微粒群算法中每个微粒运行轨迹看成一个随机过程, 得到了较为完整的结果。Jiang 考虑的算法模型为

$$v_{jk}(t+1) = w v_{jk}(t) + c_1 r_{1j}(p_{jk}(t) - x_{jk}(t)) + c_2 r_{2j}(p_{gk}(t) - x_{jk}(t)) \tag{2.11}$$

$$x_{jk}(t+1) = \alpha x_{jk}(t) + v_{jk}(t+1) \tag{2.12}$$

在满足一定条件下, 标准 PSO 算法中微粒运行轨迹的期望为

$$E\boldsymbol{x}_j = \frac{c_1 \boldsymbol{p}_j + c_2 \boldsymbol{p}_g}{2(1-w)(1-\alpha) + c_1 + c_2} \tag{2.13}$$

对应的方差为

$$\begin{aligned} D\boldsymbol{x}_j = \frac{\frac{1}{12}(1+w)}{f(1) \cdot [2(1-\alpha)(1-w) + c_1 + c_2]} \cdot \{ & 2c_1^2 c_2^2 (\boldsymbol{p}_g - \boldsymbol{p}_j)^2 \\ & + 4(1-\alpha)(1-w)c_1 c_2 (c_2 \boldsymbol{p}_g - c_1 \boldsymbol{p}_j)(\boldsymbol{p}_g - \boldsymbol{p}_j) \\ & + (c_2^2 \boldsymbol{p}_g^2 + c_1^2 \boldsymbol{p}_j^2)[2(1-\alpha)(1-w)]^2 \} \end{aligned} \tag{2.14}$$

虽然这一结果对微粒群算法的分析更加深入, 但仍无法直接应用于参数选择。

Bergh 首先提出微粒群算法的收敛性证明, 他利用 Solis 和 Wets 对随机优化算法的研究结果, 证明了标准微粒群算法既不是局部收敛算法, 也不是全局收敛算法, 并设计了具有局部收敛性能的改进微粒群算法。进而, 曾建潮和崔志华[57] 利用 Solis 和 Wets 的结果, 给出了保证全局收敛性的随机微粒群算法。

2.6　小　　结

微粒群作为一种典型的群体智能优化算法, 由于其优越的优化性能, 现已得到广泛应用, 并成为许多著名学术期刊的重要议题, 如 *IEEE Transaction on Evolutionary Computation*, *Evolutionary Computation* (MIT Press), *IEEE Transactions on System*,*Man & Cybernetics - Part B*,*Swarm Intelligence* (Springer)，*Applied Soft Computing* (Elsevier)，*Information Science* (Elsevier)，*Neural Computing & Applications* (Springer) 等，此外，*IEEE Transactions on Evolutionary Computation*还在 2004 年专门出版了微粒群算法专辑 (更多的相关专辑信息可参见附录A)。在国际会议方面，目前绝大多数相关国际会议，如 IEEE WCCI(World Congress on Computational Intelligence)、GECCO(Genetic and Evolutionary Computation Conference)、PPSN(Parallel Problem Solving from Nature) 等陆续将 PSO 作为主题之一或组织了相关专题讨论。

虽然国内关于微粒群算法的研究较晚，但随后国内研究人员做了大量的工作，其中一些典型的成果发表在《自然科学进展》、《计算机学报》、《软件学报》、《自动化学报》等国内知名期刊，并于 2004 年出版了国内第一部关于微粒群算法方面的专著《微粒群算法》。

为了使读者能方便地了解作者的工作，本章首先简单介绍了微粒群算法的流程及相关概念，并从系统科学的观点出发，讨论了微粒群算法所具有的系统学特征，加深和提高读者在整体上对微粒群算法的认识和理解。最后，给出了微粒群算法较为详细的研究成果综述，从而为后面几章的分析提供必要的背景材料。

参 考 文 献

[1] Parrish J K, Hamner W M. Animal Groups in Three Dimensions. Cambridge: Cambridge University Press, 1997

[2] Partridge B L. The structure and function of fish schools. Scientific American, 1982, 246(6): 114–123

[3] Reynolds C W. Flocks, herds and schools: A distributed behavioral model. Computer Graphics，1987, 21(4): 25–34

[4] Eberhart R, Kennedy J. New optimizer using particle swarm theory. MHS'95 Proceedings of the Sixth International Symposium on Micro Machine and Human Science. IEEE, Piscataway, NJ, USA, 1995: 39–43

[5] Kennedy J, Eberhart R C. Particle swarm optimization. Proceedings of ICNN'95 - IEEE International Conference on Neural Networks. IEEE, Piscataway, NJ, USA, 1995: 1942–1948

[6] Kennedy J. The particle swarm: Social adaptation of knowledge. Proceedings of 1997 IEEE International Conference on Evolutionary Computation, 1997: 303–308

[7] Fan S K S, Liang Y C, Zahara E. Hybrid simplex search and particle swarm optimization for the global optimization of multimodal functions. Engineering Optimization, 2004, 36(4): 401–418

[8]   Boettcher S, Percus A G. Nature's way of optimization. Artificial Intelligence, 2000, 119: 275–286

[9]   Chuanwen J, Bompard E. A hybrid method of chaotic particle swarm optimization and linear interior for reactive power optimisation. Mathematics and Computers in Simulation, 2005，68(1): 57–65

[10] Hou Z X, Zhou Y C, Li H Q. Multimodal function optimization based on multi-grouped mutation particle swarm optimization. Icnc 2007: Third International Conference on Natural Computation Proceedings, Lecture Notes in Computer Science. Berlin: Springer-Verlag, 2007: 554–557

[11] Paterlini S, Krink T. Differential evolution and particle swarm optimisation in partitional clustering. Computational Statistics & Data Analysis，2006, 50(5): 1220–1247

[12] Shi Y, Eberhart R. A modified particle swarm optimizer. Proceedings of 1998 IEEE International Conference on Evolutionary Computation IEEE, Piscataway, NJ, USA, 1998: 69–73

[13] van den Bergh F. An analysis of particle swarm optimizers. PhD thesis, Department of Computer Science, University of Pretoria, Pretoria, South Africa, 2002

[14] Shi Y, Eberhart R C. Parameter selection in particle swarm optimization. *In*: Porto V W, Saravanan N，Waagen D, et al. Proceedings of 7th International Conference-Evolutionary Programming VII. Berlin: Springer-Verlag, 1998: 591–600

[15] Shi Y, Eberhart R C. Empirical study of particle swarm optimization. Proceedings of the 1999 Congress on Evolutionary Computation. IEEE, Piscataway, NJ, USA, 1999, 1943: 1945–1950

[16] Zheng Y L, Ma L H, Zhang L Y, et al. Empirical study of particle swarm optimizer with an increasing inertia weight. Proceedings of 2003 Congress on Evolutionary Computation. IEEE, Piscataway, NJ, USA, 2003: 221–226

[17] Jiang C W, Etorre B. A self-adaptive chaotic particle swarm algorithm for short term hydroelectric system scheduling in deregulated environment. Energy Conversion and Management, 2005, 46 (17): 2689–2696

[18] Lei K Y, Qiu Y H, Wang X F, et al. High dimension complex functions optimization using adaptive particle swarm optimizer.*In:* Wang G, Peters J F, Skowron Y Y, et al. Proceedings of Rough Sets and Knowledge Technology, Lecture Notes in Artificial Intelligence. Berlin：Springer-Verlag, 2006: 321–326

[19] 陈贵敏, 贾建援. 粒子群优化算法的惯性权值递减策略研究. 西安交通大学学报，2006, 40(1): 53–56

[20] Chatterjee A, Siarry P. Nonlinear inertia weight variation for dynamic adaptation in particle swarm optimization. Computers & Operations Research, 2006, 33 (3): 859–871

[21] Huang C P, Zhang Y L, Jiang D G, et al. On some non-linear decreasing inertia weight

strategies in particle swarm optimization. *In:* Cheng D Z, Wu M. Proceedings of the 26th Chinese Control Conference. Beijing: Beijing Univ Aeronautics & Astronautics Press, 2007: 750–753

[22] Huang C P, Xiong W L, Xu B G. Study on strategies of non-linear decreasing inertia weight in particale swarm optimization algorithm. *In:* Zhang S Y, Wang F. Proceedings of the 2007 Chinese Control and Decision Conference. Boston: Northeastern University Press, 2007: 481–484

[23] Arumugam M S, Rao M V C. On the improved performances of the particle swarm optimization algorithms with adaptive parameters, cross-over operators and root mean square (RMS) variants for computing optimal control of a class of hybrid systems. Applied Soft Computing, 2008, 8(1): 324–336

[24] Arumugam M S, Rao M V C. On the optimal control of single-stage hybrid manufacturing systems via novel and different variants of particle swarm optimization algorithm. Discrete Dynamics in Nature and Society, 2005, (3): 257–279

[25] Qin Z, Yu F, Shi Z W, et al. Adaptive inertia weight particle swarm optimization. *In:* Rutkowski L, Tadeusiewicz R, Zadeh L A, et al. Proceedings of Artificial Intelligence and Soft Computing—Icaisc 2006, Lecture Notes in Computer Science. Berlin: Springer-Verlag, 2006: 450–459

[26] 张选平，杜玉平，秦国强等. 一种动态改变惯性权的自适应粒子群算法. 西安交通大学学报，2005，39(10): 1039–1042

[27] Yang X, Yuan J, Yuan J, et al. A modified particle swarm optimizer with dynamic adaptation. Applied Mathematics and Computation, 2007, 189(2): 1205–1213

[28] Jie J, Zeng J C, Han C Z. Adaptive particle swarm optimization with feedback control of diversity. *In:* Li K, Irwin G W. Proceedings of Computational Intelligence and Bioinformatics, Lecture Notes in Computer Science. Berlin: Springer-Verlag, 2006: 81–92

[29] Gao L Q, Wang K, Li D, et al. Adaptive particle swarm optimization algorithm for reactive power optimization of power system. Dynamics of Continuous Discrete and Impulsive Systems-Series B-Applications & Algorithms, 2006, 13E: 1312–1315

[30] Iwasaki N, Yasuda K. Adaptive particle swarm optimization using velocity feedback. International Journal of Innovative Computing Information and Control, 2005, 1(3): 369–380

[31] Ueno G, Yasuda K, Iwasaki N. Robust adaptive particle swarm optimization. Proceedings of International Conference on Systems, Man and Cybernetics. IEEE, Piscataway, NJ, USA, 2005: 3915–3920

[32] Shi Y H, Eberhart R C. Fuzzy adaptive particle swarm optimization. Proceedings of the 2001 Congress on Evolutionary Computation. IEEE, Piscataway, NJ, USA, 2001: 101–106

[33] Bajpai P, Singh S N. Fuzzy adaptive particle swarm optimization for bidding strategy in uniform price spot market. IEEE Transactions on Power Systems, 2007, 22(4): 2152–2160

[34] Saber A Y, Senjyu T, Urasaki N, et al. Unit commitment computation—A novel fuzzy adaptive particle swarm optimization approach. 2006 IEEE Power Systems Conference and Exposition. IEEE, Piscataway, NJ, USA, 2006: 1820–1828

[35] Lei K Y, Qiu Y H, He Y. A new adaptive well-chosen inertia weight strategy to automatically harmonize global and local search ability in particle swarm optimization. Proceedings of 1st International Symposium on Systems and Control in Aerospace and Astronautics. IEEE, Piscataway, NJ, USA, 2006: 977–980

[36] Eberhart R C, Shi Y H. Tracking and optimizing dynamic systems with particle swarms. Proceedings of the 2001 Congress on Evolutionary Computation. IEEE，Piscataway, NJ, USA, 2001: 94–100

[37] Shen X J, Li Y X, Wang W W, et al. A dynamic adaptive particle swarm optimization for knapsack problem. Proceedings of Wcica 2006: Sixth World Congress on Intelligent Control and Automation. IEEE, 2006: 3183–3187

[38] 胡建秀, 曾建潮. 二阶微粒群算法. 计算机研究与发展, 2007, 44(11): 1825–1831

[39] Jiang C W, Etorre B. A hybrid method of chaotic particle swarm optimization and linear interior for reactive power optimisation. Mathematics and Computers in Simulation, 2005, 68(1): 57–65

[40] Ozcan E, Mohan C K. Particle swarm optimization: Surfing the waves. Proceedings of IEEE Congress on Evolutionary Computation. IEEE, Piscataway, NJ, USA, 1999: 1944–1949

[41] Venter G, Sobieszczanski-Sobieski J. Particle swarm optimization. Collection of Technical Papers - AIAA/ASME/ASCE/AHS/ASC Structures, Structural Dynamics and Materials Conference. American Inst, Aeronautics and Astronautics Inc. 2002: 282–290

[42] Venter G, Sobieszczanski-Sobieski J. Multidisciplinary optimization of a transport aircraft wing using particle swarm optimization. Structural and Multidisciplinary Optimization, 2004, 26(1-2): 121–131

[43] Ratnaweera A, Halgamuge S K，Watson H C. Self-organizing hierarchical particle swarm optimizer with time-varying acceleration coefficients. IEEE Transactions on Evolutionary Computation, 2004, 8(3): 240–255

[44] Yamaguchi T, Yasuda K. Adaptive particle swarm optimization—Self-coordinating mechanism with updating information. Proceedings of 2006 IEEE International Conference on Systems, Man, and Cybernetics. IEEE，Piscataway, NJ, USA, 2006: 2303–2308

[45] Ge Y, Rubo Z. An emotional particle swarm optimization algorithm. *In:* Advances in

Natural Computation, Lecture Notes in Computer Science. Berlin: Springer-Verlag, 2005, 3612: 553–561

[46] Yen G G, Lu H M. Dynamic population strategy assisted particle swarm optimization. Proceedings of the 2003 IEEE International Symposium on Intelligent Control. IEEE, Piscataway, NJ, USA, 2003: 697–702

[47] Schutte J F, Groenwold A A. Sizing design of truss structures using particle swarms. Structural and Multidisciplinary Optimization, 2003, 25(4): 261–269

[48] Fourie P C, Groenwold A A. The particle swarm optimization algorithm in size and shape optimization. Structural and Multidisciplinary Optimization, 2002, 23(4): 259–267

[49] Fan H. A modification to particle swarm optimization algorithm. Engineering Computations (Swansea, Wales), 2002, 19(7-8): 970–989

[50] Cui Z H, Zeng J C, Sun G J. Levy velocity threshold particle swarm optimization. ICIC Express Letters, 2008, 2(1): 23–28

[51] Cui Z H, Cai X J, Zeng J C. Stochastic velocity threshold inspired by evolutionary programming. Proceedings of 2009 World Congress on Nature & Biologically Inspired Computing (NaBIC2009), 2009: 626–631

[52] Clerc M. The swarm and the queen: towards a deterministic and adaptive particle swarm optimization. Proceedings of the 1999 IEEE Congress on Evolutionary Computation, 1999: 1951–1957

[53] Riget J, Vesterstrom J S. A diversity-guided particle swarm optimizer—the ARPSO. Department of Computer Science, University of Aarhus, Denmark, 2002

[54] Mendes R, Kennedy J. The fully informed particle swarm: simpler, maybe better. IEEE Transactions of Evolutionary Computation, 2004, 8(3): 204–210

[55] Liang J J, Qin A K, Suganthan P N, et al. Comprehensive learning particle swarm optimizer for global optimization of multimodal functions. IEEE Transactions on Evolutionary Computation, 2006, 10(3): 281–295

[56] 赫然, 王永吉, 王青等. 一种改进的自适应逃逸微粒群算法及实验分析. 软件学报, 2005, 16(12): 2036–2044

[57] 曾建潮, 崔志华. 一种保证全局收敛的 PSO 算法. 计算机研究与发展, 2004, 41(8): 1333–1338

[58] Cui Z H, Zeng J C, Cai X J. A new stochastic particle swarm optimizer. Cec2004: Proceedings of the 2004 Congress on Evolutionary Computation. IEEE, Piscataway, NJ, USA, 2004: 316–319

[59] Kennedy J. Stereotyping: Improving particle swarm performance with cluster analysis. Proceedings of the 2000 Congress on Evolutionary Computation. IEEE, Piscataway, NJ, USA, 2000: 1507–1512

[60] Kennedy J, Mendes R. Population structure and particle swarm performance. Cec'02:

Proceedings of the 2002 Congress on Evolutionary Computation. IEEE, Piscataway, NJ, USA, 2002: 1671–1676

[61] 王芳. 粒子群算法的研究. 重庆: 西南大学博士学位论文, 2006

[62] 穆华平, 曾建潮. 基于小世界模型动态演化邻域的微粒群算法. 系统仿真学报, 2008, 20(15)：3940–3943

[63] 李宁, 刘飞, 孙德宝. 基于带变异算子粒子群优化算法的约束布局优化研究. 计算机学报, 2004, 27(7): 891–897

[64] Monson C K, Seppi K D. The Kalman swarm—a new approach to particle motion in swarm optimization. Genetic and Evolutionary Computation—Gecco 2004, Pt 1, Proceedings, 2004: 140–150

[65] Monson C K, Seppi K D. Bayesian optimization models for particle swarms. Beyer HG, Gecco 2005: Genetic and Evolutionary Computation Conference, 2005: 193–200

[66] Sun J, Feng B, Xu W. Particle swarm optimization with particles having quantum behavior. Cec2004: Proceedings of the 2004 Congress on Evolutionary Computation. IEEE, Piscataway, NJ, USA, 2004: 325–331

[67] 曾建潮, 王丽芳. 一种广义微粒群算法模型. 模式识别与人工智能, 2005, 18(6): 685–688

[68] Angeline P J. Using selection to improve particle swarm optimization. 1998 IEEE International Conference on Evolutionary Computation—Proceedings. IEEE，Piscataway, NJ, USA, 1998: 84–89

[69] Krink T, Lovbjerg M. The LifeCycle model: combining particle swarm optimisation，genetic algorithms and Hill Climbers. In: Guervos J J M, Adamidis P, Beyer H G, et al, Parallel Problem Solving from Nature-PPSN VII 7th International Conference Proceedings Lecture Notes in Computer Science. Berlin: Springer-Verlag, 2002,2439: 621–630

[70] Xu R, Venayagamoorthy G K, Wunsch D C. Modeling of gene regulatory networks with hybrid differential evolution and particle swarm optimization. Neural Networks, 2007, 20 (8): 917–927

[71] Fan S K S, Liang Y C, Zahara E. A genetic algorithm and a particle swarm optimizer hybridized with Nelder-Mead simplex search. Computers & Industrial Engineering, 2006，50(4): 401–425

[72] Chuanwen J, Bompard E. A self-adaptive chaotic particle swarm algorithm for short term hydroelectric system scheduling in deregulated environment. Energy Conversion and Management, 2005, 46(17): 2689–2696

[73] 王丽芳, 曾建潮. 基于微粒群算法与模拟退火算法的协同进化方法. 自动化学报, 2006, 32(4): 630–635

[74] Meng Y, Kazeem O, Juan M. A hybrid ACO/PSO control algorithm for distributed swarm robots. Proceedings of IEEE Swarm Intelligence Symposium. IEEE, Piscataway, NJ, USA, 2007: 273–280

[75] Zhang B, Teng H F, Shi Y J. Layout optimization of satellite module using soft computing techniques. Applied Soft Computing, 2008, 8(1): 507–521

[76] Jeon J Y, Okuma M. Acoustic radiation optimization using the particle swarm optimization algorithm. Jsme International Journal Series C-Mechanical Systems Machine Elements and Manufacturing, 2004, 47(2): 560–567

[77] Shawn M L, Rabideau A J. Calibration of subsurface batch and reactive-transport models involving complex biogeochemical processes. Advances in Water Resources, 2008, 31(2): 269–286

[78] Sivanandam S N, Visalakshi P. Dynamic task scheduling with load balancing using parallel orthogonal particle swarm optimization. International Journal of Bio-inspired Computation, 2009, 1(4): 276–286

[79] Lu J G, Zhang L, Yang H, et al. Improved strategy of particle swarm optimization algorithm for reactive power optimisation. International Journal of Bio-inspired Computation, 2010, 2(1): 27–33

[80] Chung T S, Lau T W. Hybrid PSO and DE approach for dynamic economic dispatch with non-smooth cost functions. International Journal of Modelling, Identification and Control, 2009, 8(4): 317–326

[81] Clerc M, Kennedy J. The particle swarm—explosion, stability, and convergence in a multidimensional complex space. IEEE Transactions on Evolutionary Computation, 2002, 6(1): 58–73

[82] van den Bergh F, Engelbrecht A P. A study of particle swarm optimization particle trajectories. Information Sciences, 2006, 176(8): 937–971

[83] Yasuda K, Ide A, Iwasaki N. Adaptive particle swarm optimization. 2003 IEEE International Conference on Systems, Man and Cybernetics, Proceedings. IEEE, Piscataway, NJ, USA, 2003: 1554–1559

[84] Trelea I C. The particle swarm optimization algorithm: convergence analysis and parameter selection. Information Processing Letters, 2003, 85 (6): 317–325

[85] 李宁, 孙德宝, 邹彤等. 基于差分方程的 PSO 算法粒子运动轨迹分析. 计算机学报, 2006, 29(11): 2052–2061

[86] Jiang M, Luo Y P, Yang S Y. Stochastic convergence analysis and parameter selection of the standard particle swarm optimization algorithm. Information Processing Letters, 2007, 102(1): 8–16

第3章 微分进化微粒群算法

3.1 引 言

自从微粒群算法提出以来，许多学者通过不同的角度来改善其性能：从数学的角度提出了惯性权重、收缩因子、带时间加速常数的微粒群算法与理解学习微粒群算法及随机微粒群算法等；从生物学的角度提出了带有逃逸行为的微粒群算法；从信息论的角度提出了带有 Kalman 滤波的微粒群算法以及贝叶斯网络微粒群算法等；从物理学的角度提出了量子微粒群算法。面对如此众多的改进算法，如何分析这些算法并吸收它们的优点、进一步提高算法的性能便成为一个比较棘手的问题。

De Jong 教授在 2006 年 [1] 就指出智能计算领域需要建立一个统一的算法模型，对已经提出的各种智能算法进行有效的分析，而这一研究领域尚属空白。当然，智能算法统一模型的建立与研究，首先需要对各个算法本身进行有效的整合，建立各自的统一模型，并在此基础上建立所有智能算法的统一模型。微粒群算法由于提出的时间较晚，各种理论体系尚未建立，急需建立这样一个统一模型。吴启迪在 2005 年的中国人工智能学会第 11 届全国学术年会作的报告也认为智能算法的统一模型是一个急需研究的领域，并且从软件实现的角度给出了微粒群算法的一个初步的统一模型[2]。

利用简单的分析可以发现这些算法都是利用差分模型来进行各种改进的。而微粒群算法模拟的鸟群觅食、鱼群游动等生物群体社会行为实际上是一个连续过程，因此，可以建立微粒群算法的微分模型来对已有的改进微粒群算法进行分析。本章首先尝试利用一个统一的模型，对 4 种典型的微粒群算法进行统一分析。在此基础上，进一步从微分模型与差分模型之间的转换入手，提出了微分进化微粒群算法模型，并给出了三种具体的实现形式。高维数值优化问题的仿真结果表明，仅通过增加步长参数，利用不同的转换方式就可以大幅提高算法的性能，从而为进一步提高算法性能提供了一条可行的思路。

3.2 微粒群算法的统一模型

3.2.1 统一模型

考察下列微分方程组[3~5]：

$$\begin{cases} \dfrac{\mathrm{d}v_{jk}(t)}{\mathrm{d}t} = \chi\left[\left(w - \dfrac{1}{\chi}\right)v_{jk}(t) + c_1 r_1(p_{jk}(t) - x_{jk}(t)) + c_2 r_2(p_{gk}(t) - x_{jk}(t))\right] \\ \dfrac{\mathrm{d}x_{jk}(t)}{\mathrm{d}t} = v_{jk}(t+1) \end{cases}$$

$$(3.1)$$

(1) 当 $w = 1, \chi = 1$ 时, 采用步长为 1 的 Euler 法即可得到基本微粒群算法[6]进化方程;

(2) 当 $w \neq 1, \chi = 1$ 时, 采用步长为 1 的 Euler 法即可得到标准微粒群算法[7]进化方程;

(3) 当 $w = 1, \chi \neq 1$ 时, 采用步长为 1 的 Euler 法即可得到带收缩因子的微粒群算法[8] 进化方程;

(4) 当 $w = 0, \chi = 1$ 时, 采用步长为 1 的 Euler 法即可得到随机微粒群算法[9]进化方程。

也就是说, 当参数 χ, w 取不同值时, 方程组 (3.1) 代表了不同的 PSO 算法进化方程。因此, 方程 (3.1) 可以作为以上 4 种典型 PSO 进化方程的统一描述模型。以下为分析方便起见, 定义 $\varphi_1 = c_1 r_1$, $\varphi_2 = c_2 r_2$, $\varphi = \varphi_1 + \varphi_2$, $\varphi_p = \varphi_1 p_{jk}(t) + \varphi_2 p_{gk}(t)$, 则上述微分方程组可写为

$$\begin{cases} \dfrac{\mathrm{d}v_{jk}(t)}{\mathrm{d}t} = \chi\left[\left(w - \dfrac{1}{\chi}\right)v_{jk}(t) - \varphi x_{jk}(t) + \varphi_p\right] \\ \dfrac{\mathrm{d}x_{jk}(t)}{\mathrm{d}t} = v_{jk}(t+1) \end{cases}$$

$$(3.2)$$

3.2.2 基于统一描述模型的 PSO 算法进化行为分析

将 $v_{jk}(t+1)$ 作一阶近似, 即 $v_{jk}(t+1) = v_{jk}(t) + \dfrac{\mathrm{d}v_{jk}(t)}{\mathrm{d}t}$, 代入式 (3.2) 并整理得到

$$\begin{cases} \dfrac{\mathrm{d}v_{jk}(t)}{\mathrm{d}t} = (w\chi - 1)v_{jk}(t) - \chi\varphi x_{jk}(t) + \chi\varphi_p \\ \dfrac{\mathrm{d}x_{jk}(t)}{\mathrm{d}t} = w\chi v_{jk}(t) - \chi\varphi x_{jk}(t) + \chi\varphi_p \end{cases}$$

$$(3.3)$$

定义

$$\boldsymbol{y}(t) = \begin{bmatrix} v_{jk}(t) \\ x_{jk}(t) \end{bmatrix}, \quad \boldsymbol{u}(t) = \begin{bmatrix} p_{jk}(t) \\ p_{gk}(t) \end{bmatrix}, \quad \boldsymbol{A} = \begin{bmatrix} w\chi - 1 & -\chi\varphi \\ w\chi & -\chi\varphi \end{bmatrix}, \quad \boldsymbol{B} = \begin{bmatrix} \chi\varphi_1 & \chi\varphi_2 \\ \chi\varphi_1 & \chi\varphi_2 \end{bmatrix}$$

则有

$$\boldsymbol{y}'(t) = \boldsymbol{A}\boldsymbol{y}(t) + \boldsymbol{B}\boldsymbol{u}(t)$$

$$(3.4)$$

求解即得

$$\boldsymbol{y}(t) = \mathrm{e}^{\boldsymbol{A}(t-t_0)}\boldsymbol{y}(t_0) + \int_{t_0}^{t} \mathrm{e}^{\boldsymbol{A}(t-\tau)}\boldsymbol{B}\boldsymbol{u}(\tau)\mathrm{d}\tau$$

$$(3.5)$$

从式 (3.5) 可以看出，当矩阵的特征根具有负的实部时，方程 (3.4) 收敛[10]，其特征方程为

$$|\lambda \boldsymbol{I} - \boldsymbol{A}| = \lambda^2 + (1 - w\chi + \chi\varphi)\lambda + \chi\varphi = 0 \tag{3.6}$$

求出特征根为

$$\lambda_{1,2} = \frac{w\chi - \chi\varphi - 1 \pm \sqrt{(1 - w\chi + \chi\varphi)^2 - 4\chi\varphi}}{2} \tag{3.7}$$

由于 $\chi, \varphi > 0$，所以只要 $w\chi - \chi\varphi - 1 < 0$，就可以保证矩阵 $\boldsymbol{A}$ 的特征根为负的实部，也就是说，只要 $w\chi - \chi\varphi - 1 < 0$，由 (3.3) 描述的 PSO 进化方程收敛。而

$$\lim_{t \to +\infty} \boldsymbol{y}(t) = \lim_{t \to +\infty} \mathrm{e}^{\boldsymbol{A}(t-t_0)} \boldsymbol{y}(t_0) + \int_{t_0}^{t} \mathrm{e}^{\boldsymbol{A}(t-\tau)} \boldsymbol{B}\boldsymbol{u}(\tau)\mathrm{d}\tau = \begin{bmatrix} 0 \\ \dfrac{\varphi_p}{\varphi} \end{bmatrix} \tag{3.8}$$

即

$$\lim_{t \to +\infty} v_{jk}(t) = 0, \quad \lim_{t \to +\infty} x_{jk}(t) = \frac{\varphi_p}{\varphi} \tag{3.9}$$

也就是说，

$$\lim_{t \to +\infty} (\varphi_1 + \varphi_2) x_{jk}(t) = \varphi_1 p_{jk} + \varphi_2 p_{gk} \tag{3.10}$$

由于 φ_1, φ_2 为随机变量，所以要使上式成立，当且仅当 $\lim\limits_{t \to +\infty} x_{jk}(t) = p_{jk} = p_{gk}$。

由上述分析可以看出，当 $w\chi - \chi\varphi - 1 < 0$ 时，所有微粒都将收敛于全局最优位置 $\boldsymbol{p}_g$。也就是说，当 $\boldsymbol{p}_g$ 固定不变时，$\boldsymbol{x}_j(t)$ 收敛于 $\boldsymbol{p}_g$。因此，在 PSO 算法的进化过程中，只要能探索到全局最优位置 $\boldsymbol{p}_g = \boldsymbol{x}^*$，就能保证所有微粒将最终收敛于 $\boldsymbol{p}_g = \boldsymbol{x}^*$。

另外，由方程 (3.4) 及 $\boldsymbol{u}(t) = \begin{bmatrix} p_{jk}(t) \\ p_{gk}(t) \end{bmatrix}$ 知，微粒群算法实际上是在阶跃信号输入下的线性系统，并且其输入阶跃信号的幅值随进化而变化。

下面给出方程 (3.4) 收敛的上界估计。定义李雅普诺夫函数

$$V(\boldsymbol{y}) = \boldsymbol{y}^{\mathrm{T}} \boldsymbol{P} \boldsymbol{y} \tag{3.11}$$

$$V'(\boldsymbol{y}) = -\boldsymbol{y}^{\mathrm{T}} \boldsymbol{Q} \boldsymbol{y} \tag{3.12}$$

其中 $\boldsymbol{P}$ 为正定矩阵，$\boldsymbol{Q}$ 为正定对称矩阵，并且满足下列李雅普诺夫方程

$$\boldsymbol{A}^{\mathrm{T}} \boldsymbol{P} + \boldsymbol{P} \boldsymbol{A} = -\boldsymbol{Q} \tag{3.13}$$

系统的收敛性能可用

$$\eta = -\frac{V'(\boldsymbol{y})}{V(\boldsymbol{y})} \tag{3.14}$$

来表征。显然，$V(\boldsymbol{y})$ 越小且 $V'(\boldsymbol{y})$ 的绝对值越大，则 η 越大，从而系统收敛越快；反之，则 η 越小，相应的系统收敛越慢。

进一步，对上式积分，可得

$$-\int_0^t \eta \mathrm{d}t = \int_0^t \frac{V'(\boldsymbol{y})}{V(\boldsymbol{y})}\mathrm{d}t = \ln \frac{V(\boldsymbol{y})}{V(\boldsymbol{y}_0)} \tag{3.15}$$

从而

$$V(\boldsymbol{y}) = V(\boldsymbol{y}_0)\mathrm{e}^{-\int_0^t \eta \mathrm{d}t} \tag{3.16}$$

取

$$\eta_{\min} = \min_{\boldsymbol{y}} \left\{ -\frac{V'(\boldsymbol{y})}{V(\boldsymbol{y})} \right\} \tag{3.17}$$

为常数，则有

$$V(\boldsymbol{y}) \leqslant V(\boldsymbol{y}_0)\mathrm{e}^{-\int_0^t \eta_{\min}\mathrm{d}t} = V(\boldsymbol{y}_0)\mathrm{e}^{-\eta_{\min}t} \tag{3.18}$$

这表明，一旦确定出 $\eta_{\min}$，就可以定出 $V(\boldsymbol{y})$ 随时间收敛的上界。而

$$\eta_{\min} = \min_{\boldsymbol{y}} \left\{ -\frac{V'(\boldsymbol{x})}{V(\boldsymbol{x})} \right\} = \min_{\boldsymbol{y}} \left\{ \frac{\boldsymbol{y}^{\mathrm{T}}\boldsymbol{Q}\boldsymbol{y}}{\boldsymbol{y}^{\mathrm{T}}\boldsymbol{P}\boldsymbol{y}} \right\} = \min_{\boldsymbol{y}}\{\boldsymbol{y}^{\mathrm{T}}\boldsymbol{Q}\boldsymbol{y}, \boldsymbol{y}^{\mathrm{T}}\boldsymbol{P}\boldsymbol{y} = 1\} \tag{3.19}$$

当 χ, w 与 φ 为常数时，系统 (3.4) 为线性定常系统，则有

$$\eta_{\min} = \lambda_{\min}(\boldsymbol{Q}\boldsymbol{P}^{-1}) \tag{3.20}$$

其中 $\lambda_{\min}(\cdot)$ 表示 $(\cdot)$ 的最小特征值。

3.2.3 收敛性分析

下面给出几种典型 PSO 算法的收敛条件。由式 (3.7) 知，PSO 进化方程渐近收敛的条件为

$$\begin{cases} w\chi - \chi\varphi - 1 < 0 \\ (1 - w\chi + \chi\varphi)^2 - 4\chi\varphi \geqslant 0 \end{cases} \tag{3.21}$$

(1) 对于基本 PSO 进化方程，当 $\chi = w = 1$ 时，代入 (3.21) 可得渐近收敛条件为[11]

$$\begin{cases} \varphi \geqslant 0 \\ \varphi^2 \geqslant 4\varphi \end{cases} \tag{3.22}$$

即当 $\varphi \geqslant 4$ 时，基本 PSO 进化方程渐近收敛，而当 $0 \leqslant \varphi < 4$ 时，系统有两个具有负实部的复根，基本 PSO 进化方程震荡收敛。

(2) 对于标准 PSO 进化方程，当 $\chi = 1$ 时，代入 (3.21) 可得渐近收敛条件为

$$\begin{cases} w - \varphi - 1 < 0 \\ (1 - w + \varphi)^2 - 4\varphi \geqslant 0 \end{cases} \tag{3.23}$$

(3) 对于带收缩因子的 PSO 进化方程，将 $w = 1$，$\chi = \dfrac{2}{|2 - \varphi - \sqrt{\varphi^2 - 4\varphi}|}$ 代入 (3.21)，则当 $\varphi > 4$ 时有

$$\begin{cases} \chi - \chi\varphi - 1 < 0 \\ (1 - \chi + \chi\varphi)^2 - 4\chi\varphi \geqslant 0 \end{cases} \tag{3.24}$$

因而系统渐近收敛。

3.3　标准微粒群算法的数值算法分析

上述统一模型表明，不同的差分模型可以利用同一个微分模型进行分析。换句话说，同一个微分模型的不同差分化具有不同的性能，而已有的算法都是差分模型，均可视为在相应的微分模型中取步长 1 转换而成。因此，从本节开始，将对微分模型的不同差分方式进行讨论，考察其性能是否有较大差异。

3.3.1　标准微粒群算法的微分方程模型

设 $\varphi_1 = c_1 r_1$，$\varphi_2 = c_2 r_2$，$\varphi = \varphi_1 + \varphi_2$，则标准微粒群算法可改写为

$$\begin{cases} v_{jk}(t+1) = w v_{jk}(t) - \varphi x_{jk}(t) + (\varphi_1 p_{jk}(t) + \varphi_2 p_{gk}(t)) \\ x_{jk}(t+1) = w v_{jk}(t) + (1 - \varphi) x_{jk}(t) + (\varphi_1 p_{jk}(t) + \varphi_2 p_{gk}(t)) \end{cases} \tag{3.25}$$

进化方程 (3.25) 为差分模型，其相应的微分模型可通过统一模型 (3.3) 得到，

$$\begin{cases} \dfrac{\mathrm{d}v_{jk}(t)}{\mathrm{d}t} = (w - 1) v_{jk}(t) - \varphi x_{jk}(t) + (\varphi_1 p_{jk}(t) + \varphi_2 p_{gk}(t)) \\ \dfrac{\mathrm{d}x_{jk}(t)}{\mathrm{d}t} = w v_{jk}(t) - \varphi x_{jk}(t) + (\varphi_1 p_{jk}(t) + \varphi_2 p_{gk}(t)) \end{cases} \tag{3.26}$$

其中

$$\dfrac{\mathrm{d}v_{jk}(t)}{\mathrm{d}t} = v_{jk}(t+1) - v_{jk}(t), \quad \dfrac{\mathrm{d}x_{jk}(t)}{\mathrm{d}t} = x_{jk}(t+1) - x_{jk}(t)$$

显然，微分模型 (3.26) 采用步长为 1 的 Euler 法即可得到标准微粒群算法。

3.3.2　生物学背景

众所周知，鸟群凭借其自身独特的觅食经验，总能在领地内找到食物。这种对食物的搜寻能力正是微粒群算法模拟的关键所在。一般来说，绝大多数鸟类一生的大部分时间都在觅食。因此，它们在一次成功进食后，往往需要依赖自身经验继续有效地寻找食物[12]。

事实上，鸟群觅食行为是一个连续行为，它们在觅食过程中不断调整下一步的觅食方向及相应速度。当鸟没有发现食物时，它保持某种正常速度。但当它们发现

某种食物的线索时，其速度将发生一定变化，如加速以进一步探查是否该线索准确。一旦鸟发现了食物，则会开始捕食行为。这个从寻找食物源，到探查线索，进而捕食的过程就是鸟的一个完整觅食过程。显然，将它们对应于微粒群算法，则觅食过程应遵循微分模型 (3.26)，而不是差分模型 (3.25)。此时，若每隔一个固定单位时间片段，记录下各鸟当前的速度与位置，才能得到差分模型 (3.25)(即步长为 1)。从这个观点来看，标准微粒群算法没有完整准确地模拟鸟的整个觅食过程，因为鸟的捕食时间一般较短，而寻找食物的时间则远远长于捕食时间，但这种时间上的差别被标准微粒群算法忽略了，导致标准 PSO 算法使用均匀时间间隔进行采样 (鸟的当前位置与速度)。这使得仅能观察到鸟在觅食过程中某些特定时刻的位置与速度，而真正的食物源 (全局极值点) 有可能因为不在采集时间内而没有被采集，从而影响算法的全局搜索能力，增加算法陷入过早收敛的概率。

从这个角度出发，为完整准确地刻画鸟的觅食行为，找到真正的食物源 (全局极值点) 所在的位置，不应该均匀采样，而应当进行有差别的时间间隔采样。这个时间间隔在数值计算方法中就是所谓的步长概念。这样，当微分模型 (3.26) 能较为真实地反映鸟的觅食行为时，差分模型 (3.25) 就需要正确的步长才能够探测到鸟所发现的食物源位置。

下面利用求解微分方程组现有的数值方法来求解微分模型 (3.26)。例如，对于微分方程组 (3.26)，取步长为 h，使用 Euler 法可以得到

$$\begin{cases} v_{jk}(t+1) = [1+h(w-1)]v_{jk}(t) - h\varphi x_{jk} + h(\varphi_1 p_{jk} + \varphi_2 p_{gk}) \\ x_{jk}(t+1) = hwv_{jk} + (1-h\varphi)x_{jk} + h(\varphi_1 p_{jk} + \varphi_2 p_{gk}) \end{cases} \tag{3.27}$$

显然，式 (3.27) 与 (3.25) 的最大不同在于步长 h 的引入，因此，在使用进化方程 (3.27) 求解问题时，需要确定 4 个参数，即惯性权重 w，认知系数 c_1，社会系数 c_2 及步长 h。

3.3.3 常见的微分方程数值方法介绍

常用的求解常微分方程初值问题的数值计算方法[13] 可分为单步法与多步法。单步法主要有 Euler 法、Runge-Kutta 法，而多步法则有 Adams 法等。为了方便应用，将对常用的数值计算方法作一简单介绍。

一阶常微分方程的初值问题可表述为

$$\begin{cases} y' = f(x,y) \\ y(x_0) = y_0 \end{cases} \tag{3.28}$$

常用的数值优化方法有以下几种：

1) Euler 方法

$$y_{n+1} = y_n + hf(x_n, y_n) \tag{3.29}$$

此外, 还有如下方法:

(1) 隐式 Euler 法

$$y_{n+1} = y_n + hf(x_{n+1}, y_{n+1}) \tag{3.30}$$

(2) 梯形 Euler 法

$$y_{n+1} = y_n + \frac{h}{2}[f(x_{n+1}, y_{n+1}) + f(x_n, y_n)] \tag{3.31}$$

(3) 改进 Euler 法

$$\begin{cases} y_p = y_n + hf(x_n, y_n) \\ y_c = y_n + hf(x_{n+1}, y_p) \\ y_{n+1} = \frac{1}{2}(y_p + y_c) \end{cases} \tag{3.32}$$

2) Runge-Kutta 法

从改进的 Euler 法出发, 通过增加加权平均需要的点, 可以得到 Runge-Kutta 法. 常见的 Runge-Kutta 法系列有如下几个:

(1) 二阶 Runge-Kutta 法 (中点法)

$$\begin{cases} y_{n+1} = y_n + hK_2 \\ K_1 = f(x_n, y_n) \\ K_2 = f\left(x_{n+\frac{1}{2}}, y_n + \frac{h}{2}K_1\right) \end{cases} \tag{3.33}$$

(2) 三阶 Runge-Kutta 法

$$\begin{cases} y_{n+1} = y_n + \frac{h}{6}(K_1 + 4K_2 + K_3) \\ K_1 = f(x_n, y_n) \\ K_2 = f\left(x_{n+\frac{1}{2}}, y_n + \frac{h}{2}K_1\right) \\ K_3 = f(x_{n+1}, y_n + h(2K_2 - K_1)) \end{cases} \tag{3.34}$$

(3) 四阶 Runge-Kutta 法

$$\begin{cases} y_{n+1} = y_n + \frac{h}{6}(K_1 + 2K_2 + 2K_3 + K_4) \\ K_1 = f(x_n, y_n) \\ K_2 = f\left(x_{n+\frac{1}{2}}, y_n + \frac{h}{2}K_1\right) \\ K_3 = f\left(x_{n+\frac{1}{2}}, y_n + \frac{h}{2}K_2\right) \\ K_4 = f(x_{n+1}, y_n + hK_3) \end{cases} \tag{3.35}$$

3) Adams 法

Adams 法是一个典型的多步法。常见的有二阶、四阶等形式。为简单起见，这里只给出二阶形式。

(1) 二阶显式 Adams 法

$$
\begin{cases}
y_{n+1} = y_n + \dfrac{h}{2}(3y_n^{'} - y_{n-1}^{'}) \\
y_n^{'} = f(x_n, y_n) \\
y_{n-1}^{'} = f(x_{n-1}, y_{n-1})
\end{cases}
\tag{3.36}
$$

(2) 二阶隐式 Adams 法

$$
\begin{cases}
y_{n+1} = y_n + \dfrac{h}{2}(y_{n+1}^{'} + y_n^{'}) \\
y_n^{'} = f(x_n, y_n) \\
y_{n+1}^{'} = f(x_{n+1}, y_{n+1})
\end{cases}
\tag{3.37}
$$

对于一阶微分方程组，可以类似地得到相应的公式，在此不再赘述。在数值计算领域，判断不同数值算法优劣的一个标准就是局部截断误差。它的含义是假设直到第 n 步时，计算结果 $\{y_k | k = 1, 2, \cdots, n\}$ 均与理论结果 $\{y(x_k) | k = 1, 2, \cdots, n\}$ 相同，则在第 $n+1$ 步时的误差为局部截断误差，其计算公式为 $T_{n+1} = y(x_{n+1}) - y_{n+1}$。若 $T_{n+1} = O(h^{p+1})$，则称 p 为单步法的阶，含 h^{p+1} 的项为局部截断误差主项。对于上述给出的算法，已经得到它们的局部截断误差的阶，如表 3.1 所示。

表 3.1   不同数值算法的局部截断误差的阶

算法	局部截断误差的阶
Euler 法	1
隐式 Euler 法	1
梯形 Euler 法	2
改进 Euler 法	2
二阶 Runge-Kutta 法	2
三阶 Runge-Kutta 法	3
四阶 Runge-Kutta 法	4

由于 k 阶多步法 (如 Adams 法) 计算时必须先用其他方法求出前面的 k 个初值，然后才能按给定的公式算出后面各点的值。这样一来，虽然它每步只计算一个新的值，但改变步长时前面的 k 个初值需要重新计算，因而不但比单步法编程复杂，而且还极大地增加了计算量，因此，本章只考虑单步法。

3.4   微分进化微粒群算法

本节将主要讨论步长 h 的选择方式，并通过数值仿真验证 3.3 节提出的几种微分进化微粒群算法的计算效率。

3.4.1 基于不同数值计算方法的微分进化微粒群算法

标准微粒群算法 (3.26) 可视为含有两个微分方程的一阶微分方程组。应用不同的数值计算方法，可以得到不同差分形式的微粒群算法，由于这些算法都是利用微分模型 (3.26) 进行差分的，因此，称它们为微分进化微粒群算法 (differential evolutionary PSO, DPSO)[14~16]。按照局部截断误差的阶的差别，选择了如下三个典型的数值计算方法作为代表，以便对相应的微分进化微粒群算法进行分析。

微分模型 (3.26) 可简单视为

$$
\begin{cases}
\dfrac{\mathrm{d}v_{jk}(t)}{\mathrm{d}t} = f_1(t, v_{jk}, x_{jk}) \\[2mm]
\dfrac{\mathrm{d}x_{jk}(t)}{\mathrm{d}t} = f_2(t, v_{jk}, x_{jk})
\end{cases} \tag{3.38}
$$

1) Euler 法

它是一种最基本的微分数值计算方法，局部截断误差的阶为 1，将其应用于微分方程组 (3.38)，可得到相应的微粒群算法进化公式 (3.27)。

2) 改进 Euler 法

它也是一个二阶 Runge-Kutta 法，局部截断误差的阶为 2，将其应用于微分方程组 (3.38)，可以得到相应的进化公式为

$$
\begin{cases}
v_{jk}^{p}(t+1) = [1 + h(w-1)]v_{jk}(t) - h\varphi x_{jk}(t) + h(\varphi_1 p_{jk} + \varphi_2 p_{gk}) \\[2mm]
x_{jk}^{p}(t+1) = hwv_{jk}(t) + (1 - h\varphi)x_{jk}(t) + h(\varphi_1 p_{jk} + \varphi_2 p_{gk}) \\[2mm]
v_{jk}^{c}(t+1) = [1 + h(w-1)]v_{jk}^{p}(t+1) - h\varphi x_{jk}^{p}(t+1) + h(\varphi_1 p_{jk} + \varphi_2 p_{gk}) \\[2mm]
x_{jk}^{c}(t+1) = hwv_{jk}^{p}(t+1) + (1 - h\varphi)x_{jk}^{p}(t+1) + h(\varphi_1 p_{jk} + \varphi_2 p_{gk}) \\[2mm]
v_{jk}(t+1) = \dfrac{1}{2}(v_{jk}^{p}(t+1) + v_{jk}^{c}(t+1)) \\[2mm]
x_{jk}(t+1) = \dfrac{1}{2}(x_{jk}^{p}(t+1) + x_{jk}^{c}(t+1))
\end{cases} \tag{3.39}
$$

3) 四阶 Runge-Kutta 法

它的局部截断误差的阶为 4，将其应用于微分方程组 (3.38)，可得到如下进化公式：

$$
\begin{cases}
v_{jk}(t+1) = v_{jk}(t) + \dfrac{h}{6}(K_1 + 2K_2 + 2K_3 + K_4) \\[2mm]
x_{jk}(t+1) = x_{jk}(t) + \dfrac{h}{6}(L_1 + 2L_2 + 2L_3 + L_4)
\end{cases} \tag{3.40}
$$

其中

$$
K_1 = (w-1)v_{jk}(t) - \varphi x_{jk}(t) + (\varphi_1 p_{jk} + \varphi_2 p_{gk}) \tag{3.41}
$$

$$
L_1 = wv_{jk}(t) - \varphi x_{jk}(t) + (\varphi_1 p_{jk} + \varphi_2 p_{gk}) \tag{3.42}
$$

$$K_2 = (w-1)\left(v_{jk}(t) + \frac{h}{2}K_1\right) - \varphi\left(x_{jk}(t) + \frac{h}{2}L_1\right) + (\varphi_1 p_{jk} + \varphi_2 p_{gk}) \tag{3.43}$$

$$L_2 = w\left(v_{jk}(t) + \frac{h}{2}K_1\right) - \varphi\left(x_{jk}(t) + \frac{h}{2}L_1\right) + (\varphi_1 p_{jk} + \varphi_2 p_{gk}) \tag{3.44}$$

$$K_3 = (w-1)\left(v_{jk}(t) + \frac{h}{2}K_2\right) - \varphi\left(x_{jk}(t) + \frac{h}{2}L_2\right) + (\varphi_1 p_{jk} + \varphi_2 p_{gk}) \tag{3.45}$$

$$L_3 = w\left(v_{jk}(t) + \frac{h}{2}K_2\right) - \varphi\left(x_{jk}(t) + \frac{h}{2}L_2\right) + (\varphi_1 p_{jk} + \varphi_2 p_{gk}) \tag{3.46}$$

$$K_4 = (w-1)(v_{jk}(t) + hK_3) - \varphi(x_{jk}(t) + hL_3) + (\varphi_1 p_{jk} + \varphi_2 p_{gk}) \tag{3.47}$$

$$L_4 = w(v_{jk}(t) + hK_3) - \varphi(x_{jk}(t) + hL_3) + (\varphi_1 p_{jk} + \varphi_2 p_{gk}) \tag{3.48}$$

3.4.2 参数的选择

为了验证前面提出的三种不同的微分进化微粒群算法性能, 需要给出惯性权重 w, 认知系数 c_1, 社会系数 c_2 及步长 h 的选择方式。由于步长 h 是在微分模型 (3.38) 差分化后才产生的, 因此, 首先考虑微分方程组 (3.38) 稳定时需要满足的条件。

为了进一步简化模型, 令

$$y_{jk}(t) = x_{jk}(t) - \frac{\varphi_1 p_{jk} + \varphi_2 p_{gk}}{\varphi} \tag{3.49}$$

从而将微分模型 (3.38) 转化为

$$\begin{cases} \dfrac{\mathrm{d}v_{jk}(t)}{\mathrm{d}t} = (w-1)v_{jk}(t) - \varphi y_{jk}(t) \\ \dfrac{\mathrm{d}y_{jk}(t)}{\mathrm{d}t} = wv_{jk}(t) - \varphi y_{jk}(t) \end{cases} \tag{3.50}$$

其奇点为

$$(w-1)v_{jk}(t) - \varphi y_{jk}(t) = 0, \quad wv_{jk}(t) - \varphi y_{jk}(t) = 0 \tag{3.51}$$

计算可得

$$v_{jk}(t) = y_{jk}(t) = 0 \tag{3.52}$$

系数行列式为

$$\begin{vmatrix} w-1 & -\varphi \\ w & -\varphi \end{vmatrix} = \varphi$$

由于随机数 r_1, r_2 只能在 $(0,1)$ 选择, 因此, 上式中, $\varphi = c_1 r_1 + c_2 r_2 \neq 0$。计算特征方程

$$\begin{bmatrix} \lambda - (w-1) & \varphi \\ -w & \lambda + \varphi \end{bmatrix} = 0$$

整理可得

$$\lambda^2 + (1 + \varphi - w)\lambda + \varphi = 0 \tag{3.53}$$

特征根 λ 为

$$\lambda_{1,2} = \frac{-(1 + \varphi - w) \pm \sqrt{(1 + \varphi - w)^2 - 4\varphi}}{2} \tag{3.54}$$

常微分方程稳定性理论[10] 表明,若特征根的实部为负数,则零解 $(v_{jk}(t), y_{jk}(t))$ $= (0,0)$ 为渐近稳定的。

按照通常的参数选择方式,惯性权重 $0 < w \leqslant 1$,$\varphi = c_1 r_1 + c_2 r_2 > 0$,即 $1 + \varphi - w > 0$,于是

(1) 若 $(1 + \varphi - w)^2 - 4\varphi \geqslant 0$,则由于 $1 + \varphi - w > \sqrt{(1 + \varphi - w)^2 - 4\varphi}$,从而有 $\mathrm{Re}(\lambda_{1,2}) < 0$;

(2) 若 $(1 + \varphi - w)^2 - 4\varphi < 0$,则 $\mathrm{Re}(\lambda_{1,2}) = \dfrac{-(1 + \varphi - w)}{2} < 0$。

总之,零解 $(v_{jk}(t), y_{jk}(t)) = (0,0)$ 为渐近稳定的,而

$$\lim_{t \to +\infty} y_{jk}(t) = \lim_{t \to +\infty} \left(x_{jk}(t) - \frac{\varphi_1 p_{jk} + \varphi_2 p_{gk}}{\varphi} \right) = 0 \Rightarrow \lim_{t \to +\infty} x_{jk}(t) = \frac{\varphi_1 p_{jk} + \varphi_2 p_{gk}}{\varphi} \tag{3.55}$$

这点与已有的理论结果是相同的[17],该结果表明,标准微粒群算法中已有的参数选择方式能保证微分模型 (3.38) 稳定。因此,只需要对步长的选择方式进行讨论,其他参数的选择方式则参考标准微粒群算法的参数设置。

3.4.3　绝对稳定性

用单步法求初值问题的微分模型 $\begin{cases} y' = f(x, y) \\ y(x_0) = y_0 \end{cases}$ 时,由于原始数据及计算过程中舍入误差的影响,其误差在不停地改变。若误差不随着进化代数增长,则称该单步法稳定;否则,称之为不稳定。由于稳定性与方法及初值问题中的 f_y' 有关,因此,在研究算法的稳定性时,通常可直接针对模型方程 $y' = \lambda y (\mathrm{Re}(\lambda) < 0)$ 进行研究,其中 $\lambda = f_y'(x, y)$。因此,用单步法求解模型方程 (3.26) 可得到[13]

$$y_{n+1} = E(h\lambda)y_n \tag{3.56}$$

其中,$E(h\lambda)$ 依赖于所选择的方法。若 $|E(h\lambda)| < 1$,则称该方法为绝对稳定的。在复平面上复变量 $h\lambda$ 满足 $|E(h\lambda)| < 1$ 的区域,称为绝对稳定域,它与实轴的交点称为绝对稳定区间。常见的单步法的绝对稳定区间如下:

Euler 法:$-2 < h\lambda < 0$;

二阶 Runge-Kutta 法:$-2 < h\lambda < 0$;

三阶 Runge-Kutta 法:$-2.51 < h\lambda < 0$;

四阶 Runge-Kutta 法:$-2.785 < h\lambda < 0$。

3.4.4 步长 h 的选择方式

下面考虑满足绝对稳定性的步长的选择策略。

3.4.4.1 Euler 法的步长选择范围

首先考虑速度向量的绝对稳定性所需要满足的条件, 由 Euler 法的绝对稳定性可知, 其绝对稳定区间满足

$$|1 + \lambda h| < 1 \tag{3.57}$$

其中 h 为算法步长, $\lambda = \dfrac{\partial f_1}{\partial v_{jk}}$。由 $f_1(v_{jk}, x_{jk})$ 的定义可知

$$\lambda = \frac{\partial f_1}{\partial v_{jk}} = w - 1 \tag{3.58}$$

代入绝对稳定区间可知, 步长 h 满足

$$0 < h < \frac{2}{1 - w} \tag{3.59}$$

按照绝对稳定性的定义, 参数 $\lambda = \dfrac{\partial f_1}{\partial v_{jk}} < 0$, 此即要求 $w < 1$。因此, 对于速度向量而言, 其绝对稳定性的条件为

$$w < 1, \ 0 < h < \frac{2}{1 - w} \tag{3.60}$$

下面继续考虑位置向量的绝对稳定性。由定义有

$$\frac{\mathrm{d}x_{jk}}{\mathrm{d}t} = f_2(t, v_{jk}, x_{jk}) \tag{3.61}$$

其中 $f_2(t, v_{jk}, x_{jk}) = wv_{jk} - \varphi x_{jk} + (\varphi_1 p_{jk} + \varphi_2 p_{gk})$, 则参数 λ 满足

$$\lambda = \frac{\partial f_2}{\partial x_{jk}} = -\varphi < 0 \tag{3.62}$$

按照绝对稳定性的定义, 得到步长 h 的绝对稳定区间为

$$0 < h < \frac{2}{\varphi} \tag{3.63}$$

因此, 对于步长为 h 的 Euler 法而言, 为了保证速度向量与位置向量进化方程的绝对稳定性, 步长 h 需满足

$$0 < h < \min\left\{\frac{2}{1 - w}, \frac{2}{\varphi}\right\} \tag{3.64}$$

3.4.4.2　改进 Euler 法的步长选择范围

由于改进 Euler 法属于一种二阶 Runge-Kutta 法, 其绝对稳定区间与 Euler 法相同, 因此, 得到的步长 h 也为式 (3.64)。

3.4.4.3　四阶 Runge-Kutta 法的步长选择范围

首先考虑速度进化方程, 对于四阶 Runge-Kutta 法来说, 其绝对稳定区间为

$$-2.785 < h\lambda < 0 \tag{3.65}$$

将 $\lambda = \dfrac{\partial f_1}{\partial v_{jk}} = w - 1$ 代入可得

$$0 < h < \frac{2.785}{1-w} \tag{3.66}$$

同样, 对于位置进化方程可得

$$0 < h < \frac{2.785}{\varphi} \tag{3.67}$$

综合以上结果, 可以得到保证四阶 Runge-Kutta 法绝对稳定性的步长 h 应满足

$$0 < h < \min \left\{ \frac{2.785}{1-w}, \frac{2.785}{\varphi} \right\} \tag{3.68}$$

3.4.4.4　标准微粒群算法的局限性

下面针对标准微粒群算法中步长固定为 1 的情形进行分析。当步长为 1 时, 若算法为绝对稳定, 则当且仅当

$$1 < \frac{2}{1-w} < \frac{2}{\varphi} \tag{3.69}$$

或

$$1 < \frac{2}{\varphi} < \frac{2}{1-w} \tag{3.70}$$

对于式 (3.69) 来说, $1 < \dfrac{2}{1-w}$, 可推出

$$-1 < w < 1 \tag{3.71}$$

即 $|w| < 1$。而 $\dfrac{2}{1-w} < \dfrac{2}{\varphi}$ 则表明

$$w + \varphi < 1 \tag{3.72}$$

即式 (3.69) 等价于

$$\begin{cases} w + \varphi < 1 \\ 0 < w < 1 \end{cases} \tag{3.73}$$

对于式 (3.70) 来说，$1 < \dfrac{2}{\varphi} < \dfrac{2}{1-w}$ 相当于

$$\begin{cases} \varphi < 2 \\ w + \varphi > 1 \end{cases} \tag{3.74}$$

总之，步长为 1 的标准微粒群算法绝对稳定当且仅当 $\varphi < 1 - w$ 或 $1 - w < \varphi < 2$。在标准微粒群算法的参数设置中，认知系数 c_1 与社会系数 c_2 为 1.414 或 2.0，它们和的期望均大于 2。这样上述条件只能以某一概率 (<1) 成立。由于算法无法保证绝对稳定性，从而有可能随着迭代次数的增加而增加误差，导致算法无法搜索到全局极值点。

3.4.4.5 微分进化微粒群算法中步长的选择方式

为了建立微分进化微粒群算法框架，需要建立步长 h 的选择方式。从前一节可知，步长相当于对鸟群觅食行为的一种动态采样。为了能尽可能找到真正的食物源，步长需要随着鸟的觅食行为动态调整，但鸟的觅食行为具有随机性，无法事先设定何时搜寻食物，何时捕食。因此，为了满足这种觅食行为的随机特征，本节将步长定为一个随机数，其具体的选择方式如下：

(1) 对于 Euler 法和改进 Euler 法来说，步长满足

$$0 < h < \min\left\{ \frac{2}{1-w}, \frac{2}{\varphi} \right\} \tag{3.75}$$

整理可得

$$\begin{cases} 0 < h < \dfrac{2}{1-w}, & w + \varphi < 1 \\ 0 < h < \dfrac{2}{\varphi}, & \text{其他} \end{cases} \tag{3.76}$$

因此，可按照下面的方式来确定步长：

$$h = \begin{cases} \dfrac{2}{1-w} \cdot \mathrm{rand}(0,1), & w + \varphi < 1 \\ \dfrac{2}{\varphi} \cdot \mathrm{rand}(0,1), & \text{其他} \end{cases} \tag{3.77}$$

(2) 对于四阶 Runge-Kutta 法来说，步长 h 满足

$$0 < h < \min \left\{ \frac{2.785}{1-w}, \frac{2.785}{\varphi} \right\} \tag{3.78}$$

因此，步长可按照下式选择：

$$h = \begin{cases} \dfrac{2.785}{1-w} \cdot \mathrm{rand}(0,1), & w + \varphi < 1 \\[3mm] \dfrac{2.785}{\varphi} \cdot \mathrm{rand}(0,1), & \text{其他} \end{cases} \tag{3.79}$$

其中 $\mathrm{rand}(0,1)$ 表示 $0 \sim 1$ 中满足均匀分布的随机数。步长 h 的取值公式 (3.77) 与 (3.79) 表明，由于步长为一个随机数，不仅每个微粒的步长不相同，而且同一个微粒的不同分量，步长也不一定相同。

3.4.5　算法流程

(1) 种群初始化：各微粒的初始位置在定义域中随机选择，速度向量在 $[-v_{\max}, v_{\max}]^D$ 中随机选择，个体历史最优位置 $\boldsymbol{p}_j(t)$ 等于各微粒初始位置，群体最优位置 $\boldsymbol{p}_g(t)$ 为适应值最好的微粒所对应的位置，进化代数 t 置为 0；

(2) 参数初始化：设置惯性权重 w，认知系数 c_1 与社会系数 c_2；

(3) 对每个微粒的每一维分量，选择步长 h；

(4) 计算微粒下一代的速度，并进行调整；

(5) 计算微粒下一代的位置；

(6) 计算每个微粒的适应值；

(7) 更新各微粒的个体历史最优位置与群体历史最优位置；

(8) 如果没有达到结束条件，返回步骤 (2)；否则，停止计算，并输出最优结果。

3.4.6　实例仿真

通过对 F_8 函数、$F_{10} \sim F_{13}$ 函数等典型测试函数[18]（具体定义可参阅附录 B）的性能比较 (图 3.1，其中横坐标表示进化代数，纵坐标表示平均最优适应值)，基于 Runge-Kutta 法的微分进化 PSO 算法 (differential PSO with Runge-Kutta method, DPSO-RK) 要优于基于 Euler 法的微分进化 PSO 算法 (differential PSO with Euler, DPSO-E) 及基于改进 Euler 法的微分进化 PSO 算法 (differential PSO with modified Euler, DPSO-ME)。这一点从数值方法上非常容易理解，由于 4 阶 Runge-Kutta 方法具有 4 阶的局部截断误差，因此，它能更准确地跟踪微分模型 (3.26) 的解。

为了进一步验证算法 DPSO-RK 的性能，选择了三个其他的算法：标准 PSO 算法 (standard particle swarm optimization, SPSO)、带时间加速常数的微粒群算法 (modified time-varying accelerator coefficients particle swarm optimization, MPSO-TVAC)[19]、理解学习微粒群算法 (comprehensive learning particle swarm optimization, CLPSO)[20] 与 DPSO-RK 比较。在测试函数的维数较高 (维数为 $100 \sim 300$)

时，基于 Runge-Kutta 法的微分进化微粒群算法效果非常好，远优于其他三个算法 (图 3.2)。显然，步长的绝对稳定性选择使得算法具有较强的全局搜索能力，从而能较好地跳出局部极值点。

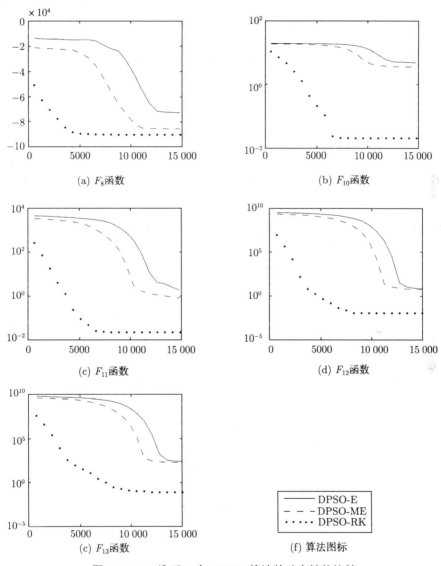

(a) F_8函数

(b) F_{10}函数

(c) F_{11}函数

(d) F_{12}函数

(c) F_{13}函数

(f) 算法图标

图 3.1　300 维下 3 个 DPSO 算法的动态性能比较

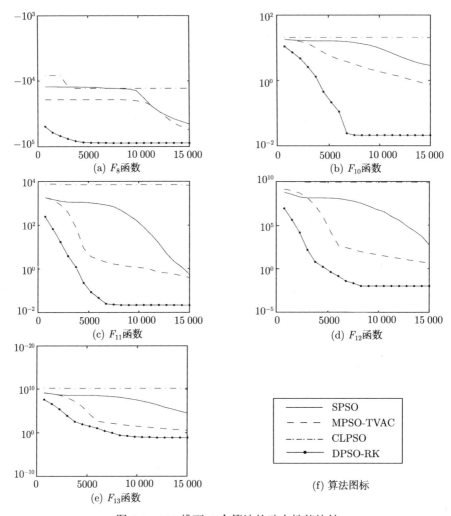

图 3.2　300 维下 4 个算法的动态性能比较

3.5　小　　结

随着微粒群算法的迅速发展，大量的改进算法被开发出来，但如何分析它们的优缺点，并将它们整合在一起，从而为进一步的改进提供一个统一的思路就成为一个需要考虑的问题。本章从这个问题入手，首先建立一个包含基本微粒群算法、标准微粒群算法、带收缩因子的微粒群算法以及随机微粒群算法的统一微分模型，进而讨论了它们的稳定性。该工作表明同一个微分模型的不同差分化方式对算法的性能有较大影响，如标准微粒群算法一般都优于基本微粒群算法等。

从这个结论出发，本章讨论了标准微粒群算法微分模型的不同转换方式，并从生物学的角度讨论了步长这个参数的重要性，进而利用绝对稳定性理论，给出了步长的选择方式，从而建立了微分进化微粒群算法模型。借助几种不同的数值方法，本章建立了基于 Euler 法、改进 Euler 法及 Runge-Kutta 法的微分进化微粒群算法。仿真结果表明基于 Runge-Kutta 法的微分进化微粒群算法能有效地避免过早收敛，提高算法的计算效率。本章工作首次分析了微分模型不同差分化对微粒群算法性能的影响，进而提供了一个新的思路 —— 微分模型的差分化，从而为已经发表的大量改进算法提供了进一步提高性能的途径。

参 考 文 献

[1] De Jong K A. Evolutionary Computation: A Unified Approach. Cambridge: MIT Press，2006

[2] 吴启迪. 自然计算. 中国人工智能进展//中国人工智能学会第 11 届全国学术年会论文集, 2005

[3] 曾建潮, 崔志华. 微粒群算法的统一描述模型及分析. 计算机研究与发展, 2006, 43(1): 96–100

[4] Zeng J C, Cui Z H, Wang L F. A differential evolutionary particle swarm optimization with controller. Natural Computation: First International Conference (Vol III), ICNC 2005: 467–476

[5] Zeng J C, Cui Z H. A differential meta-model for particle swarm optimization. Progress in Interlligence Computation and Applications (ISICA2005): 159–164

[6] Eberhart R，Kennedy J. New optimizer using particle swarm theory. MHS'95 Proceedings of the Sixth International Symposium on Micro Machine and Human Science. IEEE，Piscataway，NJ, USA，1995: 39–43

[7] Shi Y，Eberhart R. A modified particle swarm optimizer. Proceedings of 1998 IEEE International Conference on Evolutionary Computation IEEE, Piscataway, NJ, USA, 1998: 69–73

[8] Clerc M. The swarm and the queen: towards a deterministic and adaptive particle swarm optimization. Proceedings of the 1999 IEEE Congress on Evolutionary Computation，1999: 1951–1957

[9] 曾建潮, 崔志华. 一种保证全局收敛的 PSO 算法. 计算机研究与发展, 2004, 41(8): 1333–1338

[10] 夏德钤. 自动控制理论. 北京: 机械工业出版社, 1990

[11] Tan Y, Zeng J C, Gao H M. Analysis of partical swarm optimization based on discrete time linear system theory. Proceedings of the 5th World Congress on Intelligent Control and Automation: 2210–2213

[12] 尚玉昌. 行为生态学. 北京: 北京大学出版社, 1998

[13] 李庆扬, 王能超, 易大义. 数值分析. 第 4 版. 北京: 清华大学出版社, 2001

[14] Cui Z H, Cai X J, Zeng J C, et al. Particle swarm optimization with dynamic step length. Proceedings of the Third International Conference on Intelligent Computing(ICIC2007), Lecture Notes in Artificial Intelligence, Qingdao, China, 2007, 4682: 770–780

[15] Cai X J, Cui Z H, Tan Y. Stochastic dynamic step length particle swarm optimization. Proceedings of the 4th International Conference on Innovativa Computing, Information and Control (ICICIC09), December 7-9, Kaohsiung, China, 2009

[16] Cai X J, Cui Z H. Using stochastic dynamic step length particle swarm optimization to direct orbits of chaotic systems. Proceedings of the 9th IEEE International Conference on Cognitive Informatics (ICCI2010): 194–198

[17] Clerc M, Kennedy J. The particle swarm—explosion，stability, and convergence in a multidimensional complex space. IEEE Transactions on Evolutionary Computation, 2002, 6(1): 58–73

[18] Yao X, Liu Y, Lin G M. Evolutionary programming made faster. IEEE Transactions on Evolutionary Computation, 1999, 3(3): 82–102

[19] Ratnaweera A, Halgamuge S K, Watson H C. Self-organizing hierarchical particle swarm optimizer with time-varying acceleration coefficients. IEEE Transactions on Evolutionary Computation, 2004, 8(3): 240–255

[20] Liang J J, Qin A K, Suganthan P N, et al. Comprehensive learning particle swarm optimizer for global optimization of multimodal functions. IEEE Transactions on Evolutionary Computation, 2006, 10(3): 281–295

第4章 模拟觅食行为的微粒群算法

4.1 最优觅食微粒群算法

动物群体 (鸟群、鱼群、昆虫群等) 行为具有稳定的群体组织和时空完整性：群体作为一个整体不断活动，并在活动过程中保持一定的形状和密度[1]。自然选择产生的群体行为模式强调群体个体形态的相似性、行为上的一致性，而且都遵循相同的规则[2]。

自然界中的鱼群是自发形成的，其成员之间可能没有基因关系，因此，它们的成员对群体的忠实度很低[3]。鱼群中的个体总是想方设法获得群体生活的最大优势，而不关心近邻者的相关利益[4,5]。因此，鱼在觅食过程中总是倾向于如何减少自身能量的消耗，并获取更多的食物资源。而微粒群算法作为对动物群体觅食行为的仿真，虽然已经出现了大量改进方式，但均未考虑这种最优觅食规则，因此，本节结合微粒群算法的生物学基础 (个体间信息传递) 与动物最优觅食理论[6,7]，将群体成员间的适应值差别与其距离的比值作为个体觅食能量效率的衡量引入算法，以提高算法的计算效率。

4.1.1 最优觅食理论

在动物界中，食物是生命物质和能量的来源，是动物赖以生存的基本条件。动物通过觅食行为寻找并摄取食物以获得能量，维持自身的生存、生长及种族延续[8]。但在自然界中，动物的食物一般并非均匀分布，而且也不总是充足。此外，由于觅食过程中存在被捕食的风险，所以从进化论的观点来看，动物会选择一种能够使代价最低，收益最高的觅食行为方式[8~11]，即动物在觅食行为中，总是趋向于耗费更低的能量而获得更多的能量，以达到能效最好，从而提高生存概率，这就是最优觅食理论的生物学背景。

从时间效率上看，动物总是尽可能地提高觅食的时间效率 (foraging time efficiency, fte)，力求以最少的能量投入 (energy cost, ec) 和时间消耗 (foraging time, ft) 获取最大的净收益 (net-value, nv)：

$$nv = f - ec \tag{4.1}$$

$$fte = \frac{nv}{ft} \tag{4.2}$$

其中 f 为通过觅食获得的能量。

从能量消耗的结果来看，最优觅食理论可表述为动物觅食能量效率 (foraging energy efficiency, fee, 简称为能效) 越高越有利于生存。觅食能效等于觅食获取食物的总能量 (f) 与所消耗的能量 (ec) 的比值，

$$\text{fee} = \frac{f}{\text{ec}} \tag{4.3}$$

在觅食区域中，每一动物个体所处的位置不同，其可获取的食物的质与量自然有所差别。在不考虑诸如捕食者攻击、时间限制、单位食物提供的能量值差异、觅食地各位置食物量差异等约束情况时，个体获取食物的外部代价就是它到食物地点所消耗的能量，该能量正比于个体从当前位置到食物地点所通过的路程。本节以觅食能效为衡量标准，对于个体来说，觅食能效高的食物点对它的吸引力越大，个体趋向此点的概率越大。

不管食物资源是如何分布的，觅食群体中的个体成员会从群体中所有其他成员的当前发现和先前经验中受益[12,13]。在觅食过程中，个体成员为减少觅食时间，会首先考虑同伴的信息，即同伴位置食物量多少，对其来说，觅食能效更高的同伴位置更具有吸引力。微粒群算法是对动物群体觅食行为的模拟，微粒的适应值反映了该微粒当前所占据位置上食物量的多寡，而个体适应值的差别则代表不同个体的能量获取量的差异。因此，每个个体会选择使其觅食能效较高的方向移动，以提高生存概率。

4.1.2　速度更新方程

受最优化觅食理论公式 (4.2) 的启发，可定义微粒群中某一微粒受到的能效吸引为它和其他个体的适应值差别与两个体之间距离的比值，即

$$F_{jk} = \frac{f(\boldsymbol{x}_j) - f(\boldsymbol{x}_k)}{d_{jk}} \tag{4.4}$$

且

$$F_{jk} = -F_{kj} \tag{4.5}$$

其中 F_{jk} 为微粒 j 对微粒 k 的能效作用力，$F_{jk} > 0$ 说明微粒 j 受到微粒 k 的能效吸引，$F_{jk} < 0$ 说明微粒 j 能效排斥微粒 k，$F_{jk} = 0$ 说明微粒 j 与微粒 k 之间处于能效平衡状态。在此，只考虑 $F_{jk} \geqslant 0$ 的情况，也就是微粒 j 趋向适应值更优秀位置的情况。$\boldsymbol{x}_j$，$\boldsymbol{x}_k$ 分别为微粒 j，k 的位置；$f(\boldsymbol{x}_j)$，$f(\boldsymbol{x}_k)$ 分别为微粒 j，k 的适应值；d_{jk} 为微粒 j，k 之间的距离且 $d_{jk} \neq 0$。

称其他微粒对微粒 j 的最大能效作用力为 $F_{j,\max}$，即

$$F_{j,\max}(t) = \arg\max\{F_{js}(t)|s = 1, 2, \cdots, n\} \tag{4.6}$$

为了引入最优觅食理论, 在标准微粒群算法基础上, 提出了如下的速度进化方程[14~16]:

$$v_{jk}(t+1) = wv_{jk}(t) + c_1r_1(a_{jk}(t) - x_{jk}(t)) + c_2r_2(p_{gk}(t) - x_{jk}(t)) \tag{4.7}$$

其中 c_1 为能效吸引系数, $a_{jk}(t)$ 为对微粒 j 产生最大能效作用力的微粒所处的位置。

4.1.3 基于几何速度稳定性的参数选择

考虑如下离散时变动态系统

$$\boldsymbol{x}(t+1) = \boldsymbol{f}(t, \boldsymbol{x}(t)), \quad t = 0, 1, 2, \cdots \tag{4.8}$$

其中 $\boldsymbol{x}(0) \in \mathbf{R}^D$。

定义 4.1[17] 设 $L \subseteq \mathbf{R}^m$ 是一有界集, $\{\boldsymbol{f}_t(t, \boldsymbol{x}(0)), t \geqslant 1\}$ 是某动态系统所产生的迭代序列, $r_n(\boldsymbol{x}(0), L)$ 表示 $\{\boldsymbol{f}_t(t, \boldsymbol{x}(0)), t \geqslant 1\}$ 到集合 L 的欧氏空间的距离, 即

$$r_n(\boldsymbol{x}(0), L) = \inf_{y \in L} ||x(t) - y|| \tag{4.9}$$

(1) 如果 $\lim\limits_{t \to +\infty} r_n(\boldsymbol{x}(0), L) = 0 (\forall \boldsymbol{x}(0) \in \mathbf{R}^m)$, 则称该动态系统在 L 处为整体稳定的。

(2) 如果收敛具有指数速度, 即存在正数 $\vartheta < 1$ 和 K_1, K_2, 使得

$$r_n(\boldsymbol{x}(0), L) \leqslant \vartheta^n[K_1r(\boldsymbol{x}(0), L) + K_2], \quad \forall \boldsymbol{x}(0) \in \mathbf{R}^m \tag{4.10}$$

其中 $r(\boldsymbol{x}(0), L)$ 表示 $\boldsymbol{x}(0)$ 到 L 的距离, 则称该动态系统在 L 处为几何速度稳定的。

定理 4.1[17] 如果动态系统 $\boldsymbol{x}(t+1) = \boldsymbol{f}(t, \boldsymbol{x}(t))$ 的变换 $\boldsymbol{f}(t, \boldsymbol{x}(t))$ 在某向量范数 $||\cdot||_v$ 之下, 满足

$$||\boldsymbol{f}(t, \boldsymbol{x}(t))||_v \leqslant \vartheta(t)||\boldsymbol{x}(t)||_v + c, \quad t = 0, 1, \cdots \tag{4.11}$$

其中 $c \geqslant 0$ 为常数, $0 \leqslant \vartheta(t) \leqslant \vartheta < 1$, 则该动态系统在有界集 $L = \left\{ \boldsymbol{x} \mid ||\boldsymbol{x}||_v \leqslant \dfrac{c}{1-\vartheta} \right\}$ 处为几何速度稳定的。

经过整理, 最优觅食微粒群算法的速度与位置更新方程为

$$\begin{cases} v_{jk}(t+1) = wv_{jk}(t) - \varphi x_{jk}(t) + \varphi_1 a_{jk}(t) + \varphi_2 p_{gk}(t) \\ x_{jk}(t+1) = wv_{jk}(t) + (1-\varphi)x_{jk}(t) + \varphi_1 a_{jk}(t) + \varphi_2 p_{gk}(t) \end{cases} \tag{4.12}$$

写成矩阵形式为

$$\begin{bmatrix} v_{jk}(t+1) \\ x_{jk}(t+1) \end{bmatrix} = \begin{bmatrix} w & -\varphi \\ w & 1-\varphi \end{bmatrix} \begin{bmatrix} v_{jk}(t) \\ x_{jk}(t) \end{bmatrix} + \begin{bmatrix} \varphi_1 & \varphi_2 \\ \varphi_1 & \varphi_2 \end{bmatrix} \begin{bmatrix} a_{jk}(t) \\ p_{gk}(t) \end{bmatrix}$$

令

$$\boldsymbol{y}(t+1) = \begin{bmatrix} v_{jk}(t+1) \\ x_{jk}(t+1) \end{bmatrix} \tag{4.13}$$

则可以写成

$$\boldsymbol{y}(t+1) = \boldsymbol{f}(t, \boldsymbol{y}(t)), \quad t = 1, 2, \cdots \tag{4.14}$$

考虑欧氏空间的 ∞ 范数, 则有

$$\|\boldsymbol{y}(t+1)\|_\infty = \left\| \begin{bmatrix} w & -\varphi \\ w & 1-\varphi \end{bmatrix} \boldsymbol{y}(t) + \begin{bmatrix} \varphi_1 & \varphi_2 \\ \varphi_1 & \varphi_2 \end{bmatrix} \begin{bmatrix} a_{jk}(t) \\ p_{gk}(t) \end{bmatrix} \right\|_\infty$$

$$\leqslant \left\| \begin{bmatrix} w & -\varphi \\ w & 1-\varphi \end{bmatrix} \boldsymbol{y}(t) \right\|_\infty + \left\| \begin{bmatrix} \varphi_1 & \varphi_2 \\ \varphi_1 & \varphi_2 \end{bmatrix} \begin{bmatrix} a_{jk}(t) \\ p_{gk}(t) \end{bmatrix} \right\|_\infty$$

$$\leqslant \left\| \begin{bmatrix} w & -\varphi \\ w & 1-\varphi \end{bmatrix} \right\|_\infty \cdot \|\boldsymbol{y}(t)\|_\infty + \left\| \begin{bmatrix} \varphi_1 & \varphi_2 \\ \varphi_1 & \varphi_2 \end{bmatrix} \begin{bmatrix} a_{jk}(t) \\ p_{gk}(t) \end{bmatrix} \right\|_\infty \tag{4.15}$$

而

$$\left\| \begin{bmatrix} \varphi_1 & \varphi_2 \\ \varphi_1 & \varphi_2 \end{bmatrix} \begin{bmatrix} a_{jk}(t) \\ p_{gk}(t) \end{bmatrix} \right\|_\infty = \left\| \begin{bmatrix} \varphi_1 a_{jk}(t) + \varphi_2 p_{gk}(t) \\ \varphi_1 a_{jk}(t) + \varphi_2 p_{gk}(t) \end{bmatrix} \right\|_\infty$$

$$= |\varphi_1 a_{jk}(t) + \varphi_2 p_{gk}(t)|$$

$$\leqslant (c_1 + c_2) \max\{x_{\max}, -x_{\min}\} \tag{4.16}$$

取 $c = (c_1 + c_2) \max\{x_{\max}, -x_{\min}\}$($x_{\max}$ 为定义域上限, $x_{\min}$ 为定义域下限), 则定理中的 c 存在且非负。

另外, 只要

$$\begin{bmatrix} w & -\varphi \\ w & 1-\varphi \end{bmatrix} = \max\{w + \varphi, w + |1 - \varphi|\} < \theta < 1 \tag{4.17}$$

那么就可满足定理中的条件,

可以假设 $\theta = 0.9$, 此时, 可进行如下讨论:

(1) 当 $0 < \varphi < 0.5$ 时有 $w + \varphi < w + 1 - \varphi < 0.9 < 1$, 即 $0 < w < \varphi - 0.1$;

(2) 当 $0.5 \leqslant \varphi < 1$ 时有 $w + 1 - \varphi < w + \varphi < 0.9 < 1$, 即 $0 < w < 0.9 - \varphi$;

(3) 当 $\varphi > 1$ 时, 不成立。

综上所述, w 和 φ 的参数选择为

$$w = \begin{cases} (\varphi - 0.1) \cdot \mathrm{rand}(0, 1), & 0 < \varphi < 0.5 \\ (0.9 - \varphi) \cdot \mathrm{rand}(0, 1), & 0.5 \leqslant \varphi < 1 \end{cases} \tag{4.18}$$

其中, rand(0.1) 表示一满足均匀分布的随机数, 此时, 在上述条件下, 可以保证最优觅食微粒群算法在区域 $L = \left\{ x \mid ||x||_v \leqslant \dfrac{c}{1-\theta} = \dfrac{(c_1 + c_2)x_{\max}}{1 - 0.9} = 10c \right\}$ 内几何速度稳定。

4.1.4 仿真结果

为了能提供更加准确的分析, 考虑两种距离度量, 分别为欧氏距离和逻辑距离, 其欧氏距离定义为

$$d_{jk} = \sqrt{\sum_{s=1}^{n} (x_{js} - x_{ks})^2}$$

相应地, 逻辑距离为

$$d_{jk} = |j - k|$$

在算法比较中, 考虑欧氏距离为度量标准的最优觅食算法 (optimal foraging PSO with Euclid distance, OFPSOED)、逻辑距离为度量的最优觅食算法 (optimal foraging PSO with logical distance, OFPSOLD)、标准微粒群算法、带时间加速常数的微粒群算法[18] 及理解学习微粒群算法[19] 并进行比较, 选择了 7 个测试函数[20] 分别在 30, 50, 100, 150, 200, 250, 300 维下的运行结果, 种群数量为 100, 30, 50 维分别运行 30 次, 100, 150, 200, 250, 300 分别运行 10 次, 实验结果 (表 4.1) 表明对于高维多峰优化问题 (维数 > 100), 两种最优觅食微粒群算法都优于其他三种算法, 并且欧氏距离为度量标准的最优觅食算法性能更佳。

表 4.1　300 维算法性能比较

函数	算法	均值	方差
Rosenbrock	OFPSOLD	6.0269×10^2	1.2073×10^2
	OFPSOED	6.1288×10^2	1.2249×10^2
	SPSO	2.3307×10^4	1.9726×10^4
	PSOPC	8.1941×10^3	8.1042×10^3
	MPSO-TVAC	1.4921×10^3	3.4571×10^2
Schwefel Problem 2.26	OFPSOLD	-7.0625×10^4	8.3257×10^3
	OFPSOED	-7.8001×10^4	6.9553×10^3
	SPSO	-4.6205×10^4	6.0073×10^3
	PSOPC	-1.9468×10^4	8.8080×10^2
	MPSO-TVAC	-5.6873×10^4	3.5129×10^3
Rastrigin	OFPSOLD	3.5819	1.4226
	OFPSOED	2.2234	1.8221
	SPSO	3.5449×10^2	1.9825×10^1
	PSOPC	6.3577×10^2	3.7636×10^1
	MPSO-TVAC	2.7093×10^2	3.7639×10^1

函数	算法	均值	方差
Ackley	OFPSOLD	3.2347×10^{-8}	3.9616×10^{-8}
	OFPSOED	1.7512×10^{-8}	3.2185×10^{-8}
	SPSO	2.8959	3.1470×10^{-1}
	PSOPC	1.1897×10^{1}	4.6597×10^{-1}
	MPSO-TVAC	7.6695×10^{-1}	3.1660×10^{-1}
Griewank	OFPSOLD	6.4786×10^{-2}	9.0459×10^{-2}
	OFPSOED	2.9465×10^{-2}	7.2466×10^{-2}
	SPSO	5.5838×10^{-1}	2.1158×10^{-1}
	PSOPC	2.3266	7.6277×10^{-1}
	MPSO-TVAC	3.9988×10^{-1}	2.4034×10^{-1}
Penalized Function1	OFPSOLD	9.8468×10^{-17}	1.1288×10^{-16}
	OFPSOED	1.4962×10^{-17}	1.3504×10^{-17}
	SPSO	5.3088×10^{2}	9.0264×10^{2}
	PSOPC	2.3649×10^{1}	2.8936
	MPSO-TVAC	4.2045	3.0387
Penalized Function2	OFPSOLD	9.9610×10^{-15}	1.5304×10^{-14}
	OFPSOED	3.8268×10^{-15}	8.0777×10^{-15}
	SPSO	3.2779×10^{4}	4.4431×10^{4}
	PSOPC	4.4007×10^{2}	4.2937×10^{1}
	MPSO-TVAC	3.7343	2.6830

4.2　食物引导的微粒群算法

　　从生物学的角度来看，群体中的个体由于其自身饥饿程度不同，在相同的时刻可能会作出不同决策。例如，一个处于饥饿状态的动物，假设一次获得 250g 以上的食物就可生存下来，否则，动物将会因饥饿而死亡。如果给定两个取食区域，一个区域内 250g 的食物堆放在一起，另一区域内同样质量的食物分别平均放于 5 个不同的地点 (即每一地点放置 50g 食物)，则前一区域内动物虽然寻找食物相对困难，但一旦找到食物后动物就会存活下来；而在后一区域内动物容易找到食物，但是找到一个地点的食物后仍然不能存活，因此，动物将会倾向于在前一区域寻找食物[21,22]。这表明动物的决策受自身能量需求的制约，由于这一特性在标准微粒群算法中没有考虑，因此，本节将个体自身饥饿压力引入微粒群算法，提出一种基于食物引导的微粒群算法[23]。

4.2.1　内部饥饿函数

　　由于内部饥饿感与微粒体内剩余的食物量有关，故下面首先给出食物消化函数。基本假设如下，微粒 j 的消化速率只与时间有关，若 t_0 时刻前未进食，而在 t_0 时刻进食量为 F_j 的微粒，经过没有再进食时间段 $[t_0, t]$ 后，它体内所剩余的食物量可用下式表达：

$$M_j(t) = F_j - k(t - t_0) \tag{4.19}$$

其中 k 为单位时间内所消耗的食物数量，即微粒的食物消化速度。在后面的仿真过程中，F_j 设置为 1，k 设置为 0.1。

根据上面的食物消化函数，可以得出内部饥饿函数[24] 如下：

$$U_j(t) = 1 - \frac{F_j - k(t - t_0)}{F_j} = \frac{k(t - t_0)}{F_j} \tag{4.20}$$

显然，$U_j(t) \in [0, 1]$，当 $U_j(t) = 0$，即体内剩余的食物量等于进食量时，内部饥饿感最弱；当 $U_j(t) = 1$ 时，内部饥饿感达到最大值 1。因此，在 t_0 时刻吃饱，到 t 时刻食物全部消化完，其曲线如图 4.1 所示。

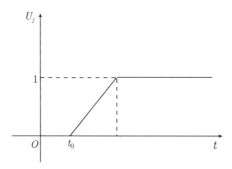

图 4.1　内部饥饿函数曲线图

4.2.2　算法思想

基于内部饥饿函数定义，赋予每个微粒一个饥饿度 $U_j(t)$，并通过设定两个饥饿阈值 m_1, m_2 来引导微粒的进化方式，从而提出了食物引导的微粒群算法 (food-guided particle swarm optimization，FGPSO)。在算法的每一代，微粒都判断是否找到新的事物源 (即个体历史最优位置是否更新)，若微粒 j 找到了新的个体历史最优位置 (食物源)，则该微粒将处于无饥饿状态，即 $U_j(t) = 0$，这时微粒的能量需求很小，故更倾向于在它自己发现的食物源 (个体历史最优位置) 附近活动，否则，随着微粒能量需求 (饥饿程度) 的增大，群体所发现的食物源 (群体历史最优位置) 对它的吸引增大，其向群体历史最优位置靠近的动机将更加强烈，当能量需求很大时，它将忽略个体历史最优位置对它的影响，只考虑向群体历史最优位置靠近。

4.2.3　进化方程构造

根据上面的算法思想，构造进化方程如下：

当 $U_j(t) < m_1$ 时，微粒按照

$$v_{jk}(t) = wv_{jk}(t) + c_1 r_1(p_{jk}(t) - x_{jk}(t)) \tag{4.21}$$

运动。这时微粒的能量需求很小，更倾向于在它自己发现的食物源 (个体历史最优位置) 附近活动。

当 $m_1 \leqslant U_j(t) < m_2$ 时，微粒按照

$$v_{jk}(t) = wv_{jk}(t) + c_1 r_1 (p_{jk}(t) - x_{jk}(t)) + c_2 r_2 (p_{gk}(t) - x_{jk}(t)) \qquad (4.22)$$

运动。这时微粒的能量需求增大，群体所发现的食物源 (群体历史最优位置) 对它的吸引增大，其向群体历史最优位置靠近的动机更加强烈。

当 $U_j(t) \geqslant m_2$ 时，微粒按照

$$v_{jk}(t) = wv_{jk}(t) + c_2 r_2 (p_{gk}(t) - x_{jk}(t)) \qquad (4.23)$$

运动。这时微粒的能量需求很大，它将忽略个体历史最优位置对它的影响，只考虑向群体历史最优位置靠近。

4.2.4　速度变异策略

为了避免算法过早收敛，将以下的速度变异策略引入以增加种群多样性。速度变异策略为

$$v_{jk}(t) = \begin{cases} 0.5 \cdot v_{\max} \cdot \mathrm{rand}(0,1), & r < 0.5 \\ -0.5 \cdot v_{\max} \cdot \mathrm{rand}(0,1), & \text{其他} \end{cases} \qquad (4.24)$$

其中 j 为随机选择的某个微粒，k 为随机选择的某维分量，D 是搜索空间的维数，$r, \mathrm{rand}(0,1)$ 为两个 $0 \sim 1$ 的随机数，$v_{\max}$ 为最大速度常数。

4.2.5　算法步骤

(1) 种群初始化：各微粒的初始位置在定义域中随机选择，速度向量在 $[-v_{\max}, v_{\max}]^D$ 中随机选择，个体历史最优位置 $\boldsymbol{p}_j(t)$ 等于各微粒初始位置，群体最优位置 $\boldsymbol{p}_g(t)$ 为适应值最好的微粒所对应的位置，进化代数 t 置为 0；

(2) 设定饥饿阈值：参数 m_1 和 m_2(具体设置方式见后面的仿真过程)，根据式 (4.20) 计算各微粒的饥饿度 $U_j(t)$；

(3) 当 $U_j(t) < m_1$ 时，根据式 (4.21) 计算微粒下一代的速度；当 $m_1 \leqslant U_j(t) < m_2$ 时，根据式 (4.22) 计算微粒下一代的速度；当 $m_1 \leqslant U_j(t) < m_2$ 时，根据式 (4.24) 计算微粒下一代的速度；

(4) 利用变异策略 (4.24) 修改速度；

(5) 计算微粒下一代的位置；

(6) 计算每个微粒的适应值；

(7) 对于每个微粒，将其适应值与个体的历史最优位置的适应值进行比较，若更优，则将其作为该微粒的历史最优位置；

(8) 对于每个微粒，将其历史最优适应值与群体所经历的最优位置的适应值进行比较，若更优，则将其作为当前的群体历史最优位置；

(9) 如果没有达到结束条件，则返回步骤 (2)；否则，输出最优结果。

4.2.6　实例仿真

4.2.6.1　算法参数设置

所有实验的种群规模均为 100，最大进化代数均为维数的 50 倍，并且 30，50 维的运行次数均为 20，其他维数均运行 10 次。传统理论分析显示，惯性系数随进化代数的增加，从 0.9 线性递减到 0.4，FGPSO 的加速度常数与微粒内部饥饿状态相关，具体参数值如表 4.2 所示。

表 4.2　FGPSO 的加速度常数设置

参数	吃饱	略饥	极饥
c_1	2.0	2.0	0.0
c_2	0.0	2.0	2.0

4.2.6.2　参数 m_1 及 m_2 的选择

饥饿阈值 m_1 及 m_2 的取值范围为 $[0, 1]$，并且 $m_1 < m_2$，如果用常规的实验方法，为了找到一组最优参数组合需要做近百次实验，显然工作量很大，为了减少实验次数，下面通过均匀设计进行实验。

均匀设计[25] 是 1978 年中国科学院应用数学研究所的方开泰和数学家王元提出的一种全新的最优实验设计方法。它将实验点均匀地散布在其实验范围内，具有实验次数少、代表性强等特点。与正交设计类似，均匀设计也是通过一套精心设计的表 —— 均匀表来进行实验设计的。对于每一个均匀设计表都有一个使用表，可指导如何从均匀设计表中选用适当的列来安排实验。每一个均匀设计表有一个代号 $U_n(q^s)$ 或 $U_n^*(q^s)$，其中 U 表示均匀设计，n 表示要做 n 次实验，q 表示每个因素有 q 个水平，s 表示该表有 s 列，U 的右上角加 "*" 和不加 "*" 代表两种不同类型的均匀表。通常加 "*" 的均匀表有更好的均匀性。此外，由于均匀设计只考虑实验点在实验范围内充分 "均匀散布" 而不考虑 "整齐可比"，因此，实验的结果没有正交实验结果的整齐可比性，其实验结果的处理多采用回归分析方法。

实验步骤如下：

(1) 由于 $0 < m_1, m_2 < 1$，假设参数 m_1 位于 $(0.1, 0.6)$，m_2 位于 $(0.6, 1.0)$；以 30 维 Griewank 函数为例进行试验。

(2) 两个参数在各自取值范围内均匀取 10 个点，即 m_1 取 0.1，0.16，0.21，0.27，0.32，0.38，0.43，0.49，0.54，0.6；m_2 取 0.6，0.64，0.69，0.73，0.78，0.82，0.86，0.91，

0.95，1.0。

(3) 两个参数，每个参数有 10 种可能，故可选均匀设计表 $U_{10}(10^8)$，其中下标 10 表示有 10 次实验，括号里的 10 表示有 10 种可能，括号里的 8 表示最多有 8 个参数。根据 $U_{10}(10^8)$ 的使用表，有两个参数，应该取 1，6 列安排实验 (表 4.3)。

表 4.3　$U_{10}(10^8)$ 设计表

实验号	1	2	3	4	5	6	7	8
1	1	2	3	4	5	7	9	10
2	2	4	6	8	10	3	7	9
3	3	6	9	1	4	10	5	8
4	4	8	1	5	9	6	3	7
5	5	10	4	9	3	2	1	6
6	6	1	7	2	8	9	10	5
7	7	3	10	6	2	5	8	4
8	8	5	2	10	7	1	6	3
9	9	7	5	3	1	8	4	2
10	10	9	8	7	6	4	2	1

(4) 实验结果如表 4.4 所示，在已有的结果中，第 8 组结果 ($m_1 = 0.49, m_2 = 0.6$) 最优，但由于仅做了 10 次实验，最终的最优参数选择方式需要利用多元线性回归方式分析方法[26] 进行处理。经过处理，得到的最优参数组合为 $m_1 = 0.49, m_2 = 0.6$。

表 4.4　10 次实验的结果

实验号	m_1	m_2	平均性能
1	1	7	2.2133×10^2
2	2	3	3.6190×10^{-1}
3	3	10	2.3186×10^2
4	4	6	8.6513
5	5	2	8.7315×10^{-2}
6	6	9	4.1364×10
7	7	5	1.2666×10^{-1}
8	8	1	5.9897×10^{-2}
9	9	8	3.1402
10	10	4	7.8921×10^{-2}

4.2.6.3　实验结果及分析

为了验证算法效率，将食物引导的微粒群算法 (FGPSO) 与标准微粒群算法 (SPSO)、带时间加速常数的微粒群算法 (MPSO-TVAC)[18] 相比较，实验结果表明对于单模态 F_5 函数和多模态 $F_8 \sim F_{13}$ 函数，FGPSO 算法均具有良好的全局搜索性能和较快的搜索速度。此外，利用 T 检验可以发现在显著性水平 0.05 下，FGPSO 在所有多模态函数上的均值都与其他算法有显著性差别，从而表明 FGPSO 算法在求解多模态优化问题时优于其他算法 (图 4.2)。

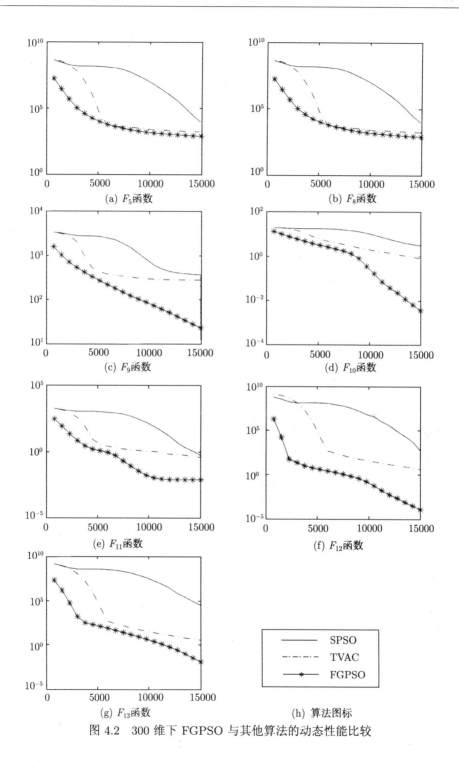

(a) F_5函数

(b) F_8函数

(c) F_9函数

(d) F_{10}函数

(e) F_{11}函数

(f) F_{12}函数

(g) F_{13}函数

(h) 算法图标

图 4.2　300 维下 FGPSO 与其他算法的动态性能比较

4.3 风险效益微粒群算法

4.3.1 生物学基础

对任何一种动物来说, 食物都是其生存和进化的基础, 而动物一般不能直接生产自身所需要的食物, 必须通过觅食行为寻找并摄取食物获得能量才能生存繁衍。但是在动物觅食过程中随时都存在危险, 所以动物觅食时面临如何获得食物和躲避捕食者的捕食, 必然要在效益与风险之间进行权衡, 并最终作出行为上的决定。因此, 研究动物在捕食风险存在下的觅食行为就变得相当重要了。现已有不少学者作了相关研究[27~32], 其中比较典型的有杨生妹通过艾虎所做的实验[31] 以及 Jakobson 等对三刺鱼的研究[32]。为了深入了解捕食风险对不同饥饿状态艾虎取食行为的影响, 杨生妹等通过艾虎在不同饥饿状态和不同捕食风险水平时对不同质量食物斑块的利用这一实验, 以此确定食物斑块、饥饿状态和捕食风险三者之间的关系, 探讨了艾虎对捕食风险和饥饿风险的权衡策略。研究结果表明, 艾虎能够根据自己的能量状态在捕食风险和饥饿风险之间作出权衡。当饥饿风险小于捕食风险时, 艾虎趋于躲避捕食风险; 当饥饿风险大于捕食风险时, 艾虎趋于面对捕食风险。Jakobson 等对于三刺鱼的研究也发现, 三刺鱼只在面临能量压力并感到安全时, 才去浮游动物群体密度较大的地方觅食。当三刺鱼在浮游动物密度高的水域中觅食时, 虽然可以使其觅食效益提高, 但在浓密的浮游动物群体中, 三刺鱼的视野会受到干扰, 从而不能有效地觉察捕食者。因此, 三刺鱼在不是非常饥饿, 或者说, 面临的能量压力较小时, 将尽量选择浮游动物密度低的区域觅食, 以保证有较高水平的警觉性。也就是说, 三刺鱼在觅食过程中需要根据自身面临的能量压力在觉察捕食者与本身死亡率之间进行权衡来作出一个决策, 当面临能量压力较小时, 其行为主要表现为对捕食者的警戒; 反之, 当面临能力压力较大时, 则表现为对食物的需求。

综上所述, 捕食风险在动物的觅食过程中无疑起着重要作用, 而这一特性也正是标准微粒算法所忽略的, 因而可以将这一特性结合到 4.2 节的食物引导微粒群算法中, 对算法进行改进。

4.3.2 进化方程

基于上述生物学背景, 在 4.2 节的基础上, 引入捕食风险因素, 使得微粒在觅食时, 能够根据自身生存压力的不同在饥饿风险和捕食风险之间进行权衡进而作出有效决策, 提出了一种风险效益微粒群算法 (risk-benefit particle swarm optimization, RBPSO)。在算法中, 微粒每进化一代, 首先判断个体历史最优位置是否更新, 若找到了新的个体历史最优位置 (食物源), 则该微粒重新处于饱食状态, 能量需求较小，行为更倾向于躲避捕食风险，否则，当微粒能量需求较小，即饥饿风险小于捕食风险时，其行为主要表现为对捕食者的逃避；随着能量需求的增大，即当饥饿风险大于捕食风险时，其对于食物的需求变得强烈，对于捕食者的逃避变得减弱；当能量需求很大时，将会不考虑捕食风险，冒着被捕食的危险去进食。由上面的算法基本思想，可以构造如下的进化方程：

当 $U_j(t) < m_1$ 时，微粒按照

$$v_{jk}(t) = wv_{jk}(t) + c_1 r_1 (p_{jk}(t) - x_{jk}(t)) - c_3 r_3 \sum_{m=1}^{g} (p_{mk}(t) - x_{jk}(t)) \qquad (4.25)$$

其中 $\boldsymbol{p}_m(t) = (p_{m1}(t), p_{m2}(t), \cdots, p_{mn}(t))$ 为群体历史较差位置，g 为群体历史较差位置的个数。由于这时微粒能量需求较小，饥饿风险小于捕食风险，其行为更倾向于躲避捕食风险，故有 $c_3 > c_1$。

当 $m_1 \leqslant U_j(t) < m_2$ 时，微粒按照

$$v_{jk}(t) = wv_{jk}(t) + c_1 r_1 (p_{jk}(t) - x_{jk}(t)) + c_2 r_2 (p_{gk}(t) - x_{jk}(t))$$
$$- c_3 r_3 \sum_{m=1}^{g} (p_{mk}(t) - x_{jk}(t)) \qquad (4.26)$$

运动。这时能量需求增大，饥饿风险大于捕食风险，微粒的行为更倾向于寻找食物，满足自身能量需求，故 $c_1 > c_3$，而外部环境中的食物也已经开始对它产生影响，不过影响很小，故有 $c_1 > c_3 > c_2$。

当 $U_j(t) \geqslant m_2$ 时，微粒按照

$$v_{jk}(t) = wv_{jk}(t) + c_2 r_2 (p_{gk}(t) - x_{jk}(t)) \qquad (4.27)$$

这时微粒处于极度饥饿状态，能量需求很大，导致它将会冒着被捕食的风险去觅食，即忽略捕食风险，只考虑外部环境中的食物丰富度。

可以认为较优的位置具有较多的食物，因而在微粒群算法中，群体历史最优位置的食物最多，而基于动物趋利避害的本能，捕食风险因素对应于微粒群算法中就是群体曾经搜索到的食物较少的位置 (群体历史较差位置)。又因为在现实生活中捕食者并不是只有一个，故算法中定义了 g 个群体历史较差位置，所有微粒在进化时要规避这些位置。

4.3.3   数值仿真

本节的实验环境与 4.2 节相同，实验结果表明，由于生物学背景较为完善，风险效益微粒群算法在求解高维多峰问题时优于食物引导的微粒群算法 (表 4.5)。

表 4.5　300 维算法性能比较

函数	算法	均值	方差
Rosenbrock	RBPSO	4.0533×10^2	4.7979×10
	SPSO	2.3307×10^4	1.9726×10^4
	FGPSO	6.8717×10^2	8.8556×10
	MPSO-TVAC	1.4921×10^3	3.4571×10^2
Ackley	RBPSO	5.6012×10^{-4}	4.8703×10^{-4}
	SPSO	2.8959	3.1470×10^{-1}
	FGPSO	3.3513×10^{-3}	1.1370×10^{-3}
	MPSO-TVAC	7.6695×10^{-1}	3.1660×10^{-1}
Griewank	RBPSO	3.6955×10^{-3}	6.3865×10^{-3}
	SPSO	5.5838×10^{-1}	2.1158×10^{-1}
	FGPSO	8.0399×10^{-3}	2.5419×10^{-2}
	MPSO-TVAC	3.9988×10^{-1}	2.4034×10^{-1}
Penalized Function2	RBPSO	2.4884×10^{-3}	4.6075×10^{-3}
	SPSO	3.2779×10^4	4.4431×10^4
	FGPSO	1.3283×10^{-2}	1.1007×10^{-2}
	MPSO-TVAC	3.7343	2.6830

4.4　小　　结

　　从标准微粒群算法的生物学背景可知, 微粒的行为仅由外部环境中食物的丰富度来决定, 即所有微粒都趋向于向着食物最多 (群体历史最优位置及个体历史最优位置) 的地方靠近。微粒的行为选择仅受外部环境影响, 而没有考虑微粒自身的内部动机及觅食风险。生物学研究表明, 动物在觅食过程中, 其行为选择除了与外部环境中食物的丰富度有关, 还与动物机体内部的生理需要、个体经验及觅食风险等方面有很大关系, 因而本章在标准微粒群算法的基础上, 将微粒拓展为可以根据自身的内部动机及外部风险进行行为选择的智能体, 分别提出了最优觅食微粒群算法、食物引导微粒群算法及风险效益微粒群算法, 从而更加符合算法的生物学背景。

参　考　文　献

[1]　Parrish J K, Hamner W M. Animal Groups in Three Dimensions. Cambridge: Cambridge University Press, 1997

[2]　He S, Wu Q H, et al. A particle swarm optimizer with passive congregation. BioSystems, 2004, 78: 135–147

[3] Hilborn R. Modelling the stability of fish schools: Exchange of individual fish between schools of skipjack tuna (Katsuwonus pelamis). Canadian Journal of Fisheries and Aquatic Sciences, 1991, 48: 1081–1091

[4] Pitcher T J, Parrish K. Functions of shoaling behavior in teleosts. *In*: Pitcher T J. Behavior of Teleost Fishes. London: Chapman and Hall, 1988: 363–394

[5] Magurran A E, Higham A. Information transfer across fish shoals under predator threat. Ethology, 1988, 78: 153–158

[6] MacArthur R H, Pianka E R. On the optimal use of a patchy environment. American Nature, 1966, 100(4): 603–609

[7] Emlen M.The role of time and energy in food preference. The American Naturalist, 1966, 100(916): 611–617

[8] Niu B, Zhu Y L, Hu K Y, et al. A novel particle swarm optimizer using optimal for aging theory. ICIC. 2006LNBI 4115: 61–71

[9] Li J N, Liu J K. Ecological implication and behavior mechanism of food selection of mammalian herbivores. Chinese Journal of Applied Ecology, 2003, 14(3): 439–442

[10] 孙儒泳. 动物生态学原理. 第 3 版. 北京: 北京师范大学出版社, 2001: 430, 431

[11] Wang G L, Yin H B. Advances on foraging behavioral ecology in nonhuman primates. Journal of Biology, 2008, 25(5): 10–12

[12] Wilson E O. Sociobiology: The New Synthesis. Cambridge: Belknap Press, 1975

[13] Elagr M A. Predator vigilance and group size in mammals and birds: A critical review of the empirical evidence. Biological Review, 1989, 64: 13–33

[14] Chu Y F, Cui Z H. Neighborhood sharing particle swarm optimization. Proceedings of the 8th IEEE International Conference on Cognitive Informatics (ICCI2009), Hong Kong, June 15-17, 2009: 521–526

[15] Chu Y F, Cui Z H, Zeng J C, et al. A modified particle swarm optimization based on a Chinese archaism. Proceedings of the Third International Conference of Innovative Computing Information and Control (ICICIC2008), Dalian, China

[16] Cui Z H, Chu Y F. Nearest neighbor interaction PSO based on small-world model. Proceedings of the 10th International Conference on Intelligent Data Engineering and Automated Learning (IDEAL 09), September 23-26, Spain, 2009: 633–640

[17] 朱伟. 时变离散动态系统的渐近稳定性和几何速度稳定性. 应用科学学报, 2004, 22(2): 252–254

[18] Ratnaweera A, Halgamuge S K, Watson H C. Self-organizing hierarchical particle swarm optimizer with time-varying acceleration coefficients. IEEE Transactions on Evolutionary Computation, 2004, 8(3): 240–255

[19] Liang J J, Qin A K, Suganthan P N, et al. Comprehensive learning particle swarm optimizer for global optimization of multimodal functions. IEEE Transactions on Evolutionary Computation, 2006, 10(3): 281–295

[20] Yao X, Liu Y, Lin G M. Evolutionary programming made faster. IEEE Transactions on Evolutionary Computation, 1999, 3(3): 82–102

[21] Cai X J, Cui Z H. Hungry particle swarm optimization. ICIC Express Letters，2010，4(3B): 1071–1076

[22] McNamara J M, Houston A I. The value of fat reserves and the trade-off between starvation and predation. Acta Biotheoret, 1990, 38: 37–61

[23] Barnard C J, Brown C A J. Rosk-sensitie foraging in common shrews. Behav. Ecol Socioliol, 1985, 16: 161–164

[24] 涂序彦. 广义人工生命及其应用//涂序彦, 尹怡欣. 人工生命及其应用. 北京: 北京邮电大学出版社，2004: 1–13

[25] 杨虎, 刘琼荪, 钟波. 数理统计. 北京: 高等教育出版社, 2004

[26] 刘云雁, 胡传荣. 实验设计与数据处理. 北京: 化学工业出版社，2008

[27] 孙儒泳. 动物生态学原理. 第 3 版. 北京: 北京师范大学出版社, 2001: 259–263

[28] 尚玉昌. 行为生态学. 北京: 北京大学出版社, 1998: 20–49

[29] Bachman G C. 1993. The effect of body condition on the trade-off between vigilance and foraging in Belding. S ground squirrels.Anita Behav, 46(2): 233–244

[30] 魏万红, 曹伊凡, 张堰铭等. 捕食风险对高原鼠兔行为的影响. 动物学报, 2004, 50(3): 319–325

[31] 杨生妹, 魏万红, 殷宝法等. 捕食风险对不同饥饿程度下艾虎取食行为的影响. 兽类学报, 2007, 27(4): 350–357

[32] Jakobson P G, Birkeland K, Johnson F H. Swarm location in zooplankton as an anti-predator defense mechanism. Anim Behav, 47: 175–178

第5章 基于决策思想的微粒群算法

5.1 引 言

考虑标准微粒群算法的速度进化方程

$$v_{jk}(t+1) = wv_{jk}(t) + c_1 r_1(p_{jk}(t) - x_{jk}(t)) + c_2 r_2(p_{gk}(t) - x_{jk}(t)) \qquad (5.1)$$

从微粒 j 的速度进化方程可以看出，该微粒在进化过程中利用了三部分信息：① 自身的速度惯性；② 微粒的历史最优位置对它的吸引；③ 群体的历史最优位置对它的吸引。因此，微粒的速度进化方程仅利用了自身所知道的信息：它自己的个体历史最优位置、第 j 代的位置、第 j 代的速度以及对所有微粒都公开的群体历史最优位置，而没有考虑其他微粒的历史最优位置及相应的适应值 (环境) 信息。换句话说，微粒 j 仅利用了它的记忆能力，并进行简单的决策，即趋向于个体历史最优位置与群体历史最优位置的加权平均。

鱼群通常被看成是一种自私的种群[1]，其中的个体总是想方设法获取群体生活的大部分优势，而不关心临近个体的相关利益[2]。这是因为动物具有趋利避害的本能，总是趋向以更小代价获得更大利益。群体成员与其近邻个体信息共享及信息交互的频繁，导致其易被附近的优秀个体所吸引，并趋向对其来说利益代价比值更高的优秀个体。所谓优秀个体指的是在动物群体中占据食物位置更丰富的个体。群体中的个体一旦占据了此优越位置，除非它发现了其他更好的位置或者被迫离开，否则，将继续占据此位置。这表明，群体中的个体由于其自身条件及所处的环境不同，在相同的时刻可能会作出不同决策。例如，从主观方面 (个体素质) 来看，成年鱼在长期的捕食过程中不断学习，具备很多捕食技巧，而小鱼则缺乏经验，这种差异导致成年鱼更容易捕捉到食物；从客观方面 (所处环境) 来看，由于鱼类在群体中所处的位置及周围的环境不同，也会导致不同的鱼具有不同的决策能力。处于群体边缘的鱼比处于中心的鱼有更大的选择空间，能较为灵活地选择下一步的游动方向，而处于中心的鱼则由于周围鱼群的限制，只能进行有限的选择。图 5.1 是一幅鱼群游动示意图。从图中可以看出，中间的鱼都沿着一个大致相同的方向游动，但边缘的鱼则有的加入这个鱼群，有的脱离该鱼群。这表明为了生存，每条鱼在不同的环境下会采取不同的方式来寻找食物，包括与其他鱼合作以及独自觅食。从分布式人工智能的观点来看，每条鱼都相当于一个独立的智能体 (agent)。然而，从 agent[3] 的观点来看，每个微粒不仅具有记忆能力，而且应具有决策能力。由于该特性在标准微粒群算法中没有考虑, 因而可以从这个方面着手, 来探讨提高算法计算效率的途径。

图 5.1   鱼群游动示意图

5.2   惯性权重的个性化选择策略

目前大多数文献对群体中的不同微粒都采用相同的惯性权重设置方式[4~9], 即群体中的所有微粒在每代中对自己先前的速度保留程度都相同。这就在一定程度上忽略了微粒的不同性能, 从而影响了算法性能。在此, 将从智能体的观点出发, 探讨微粒的决策能力与惯性权重的关系, 并提出可行的个性化选择策略[10~20]。

由于惯性权重的大小影响微粒当前速度及当前位置, 对微粒的历史最优位置没有影响, 因此, 微粒将以当前位置的适应值作为对环境的响应, 当前适应值不同的微粒表示不同的性能。由于本书主要解决数值优化问题 —— 求解函数的最小值, 故适应值越小, 表明当前位置所处的环境越好 (食物越多), 微粒的性能越优, 反之亦然。

决策能力反映微粒对获得信息的分析及利用能力。由于当前位置的适应值反映了食物的多寡, 故决策能力应根据各位置的食物, 分析并搜索全局的最优位置。由于各微粒得到的响应都是一些具体的适应值, 为了区别微粒的不同性能, 需要确定它们的相对优劣。为此, 定义如下的决策规则:

设 $\boldsymbol{X}(t) = (\boldsymbol{x}_1(t), \boldsymbol{x}_2(t), \cdots, \boldsymbol{x}_n(t))$ 是第 t 代的群体, 而 $\boldsymbol{x}_j(t)$ 表示微粒 j 在第 t 代的位置, 而 $w_j(t)$ 表示微粒 j 在第 t 代的惯性权重系数。为了衡量微粒当前所处位置的优劣, 令

$$f_{\mathrm{worst}}(\boldsymbol{X}(t)) = \arg\max\{f(\boldsymbol{x}_j(t))|j = 1, 2, \cdots, n\}$$

为第 t 代群体中最差的适应值, 而

$$f_{\mathrm{best}}(\boldsymbol{X}(t)) = \arg\min\{f(\boldsymbol{x}_j(t))|j = 1, 2, \cdots, n\}$$

为第 t 代群体中最优的适应值, 则对于微粒 j, 其在第 t 代中的性能评价指标为

$$\text{Score}_j(t) = \begin{cases} 1, & f_{\text{worst}}(\boldsymbol{X}(t)) = f_{\text{best}}(\boldsymbol{X}(t)) \\ \dfrac{f_{\text{worst}}(\boldsymbol{X}(t)) - f(\boldsymbol{x}_j(t))}{f_{\text{worst}}(\boldsymbol{X}(t)) - f_{\text{best}}(\boldsymbol{X}(t))}, & \text{其他} \end{cases} \tag{5.2}$$

式 (5.2) 相当于按照各个微粒当前位置的适应值进行排序, 微粒 j 在第 t 代的适应值越优 (即适应值越小), $\text{Score}_j(t)$ 越大; 反之, 则越小, 并且 $\text{Score}_j(t) \in [0, 1]$。式 (5.2) 定义的性能评价指标, 通过将微粒得到的响应进行简单排序, 可以清晰地分辨出微粒的性能优劣。而这个性能评价指标 $\text{Score}_j(t)$ 将在微粒的协作能力中扮演重要角色, 它能清晰地发现自己当前位置的优劣, 即在整个种群中的排名。

在此基础上, 微粒可以通过协作、竞争等方式对环境勘探及开采, 这种协作方式通过不同微粒的搜索行为来实现。为此, 首先给出决定微粒下一步搜索方向的原则。

由于惯性权重的大小影响微粒先前速度在进化方程中所起的惯性作用, 而这种惯性作用用于保证算法具有一定的全局搜索能力。因此, 该原则可定义如下: 根据微粒的不同性能, 在每一代中给每一个微粒不同的惯性系数, 使得惯性系数小的微粒进行局部搜索, 而惯性系数大的微粒进行全局搜索。

上述原则的根据如下: 性能越优的微粒, 全局极值点在其位置周围的概率越大, 因而其惯性权重应较小, 以保证该微粒进行局部搜索; 反之, 性能较差的微粒, 其周围有全局极值点的概率较小, 因而其惯性权重应较大, 以提高该微粒的全局搜索能力。从算法的角度来看, 在每一代中既有局部寻优的微粒, 又有全局寻优的微粒, 增加了微粒群算法的多样性, 同时有效地避免了算法陷入局部极值点的概率, 从而增强了算法的计算效率。

根据上述决策原则, 本节通过借鉴遗传算法中的繁殖池、FUSS 以及锦标赛三种选择策略来依据各微粒的性能指标 $\text{Score}_j(t)$ 调整惯性权重 w。

5.2.1 类繁殖池策略

在遗传算法中, 适应值比例选择[21] 是最基本的选择方法, 其中每个个体被选择的期望数量与适应值和群体平均适应值的比例有关。这种方式利用个体适应值与群体适应值总和的比率作为被选中的概率。选择过程体现了生物进化过程中的 "适者生存, 优胜劣汰" 的思想。

借鉴以上思想, 把 $\text{Score}_j(t)$ 作为微粒 j 在第 t 代对惯性参数 w 的一种影响因子, 那么微粒 j 在第 t 代的惯性系数选择方式为

$$w_j(t) = w_{\text{low}}(t) + (w_{\text{high}}(t) - w_{\text{low}}(t)) \times (1 - \text{Score}_j(t)) \tag{5.3}$$

其中 $w_{\text{high}}(t)$ 表示惯性权重 w 的上限, 而 $w_{\text{low}}(t)$ 表示下限。在以下的两种策略中, 它们一样表示惯性权重的上、下限, 就不再注明了。从式 (5.3) 可以看出, $\text{Score}_j(t)$ 越大, $w_j(t)$ 就越小, 从而微粒 j 第 t 代的进化速度就越小, 微粒将进行局部搜索; 反之, 微粒就进行全局搜索。

利用式 (5.3) 进一步调整了微粒间由于当前位置的差异, 反映出的惯性系数的差异, 即当前位置越好, 惯性系数越小, 而当前位置越差, 则所分配的惯性系数越大。

5.2.2　类 FUSS 策略

FUSS 选择策略[22] 是由 Hutter 提出来的一种应用于遗传算法的选择策略, 其基本思想如下: 随机产生一个介于群体最优与最次适应值之间的一个值, 找出与该值比较接近的一个微粒的适应值。设微粒 j 的适应值与该值接近, 则选择微粒 j。这种选择方式在一定程度上避免了较差的个体在下一代生存的期望非常小的这种情况, 从而在一定程度上避免了过早收敛现象的发生。

根据上面的思想, 可以对个体 j 的 $\text{Score}_j(t)$ 进行重新选择。在 1 与种群个数之间随机产生一个随机数 rand, 则按下面的方式求出微粒 j 在第 t 代的惯性系数:

$$w_j(t) = w_{\text{low}}(t) + (w_{\text{high}}(t) - w_{\text{low}}(t)) \times (1 - \text{Score}_{\text{rand}}(t)) \tag{5.4}$$

这种选择方式不同于上面提到的适应值比例选择。它不是严格按照 $\text{Score}_j(t)$ 的大小来调整 $w_j(t)$ 的大小, 从而在一定程度上避免了因适应值过大或过小而造成的过早收敛或停滞现象的发生。

5.2.3　类锦标赛策略

锦标赛选择[21] 的思想是先随机选择 k 个个体进行比较, 适应值最好的将被作为生成下一代的父体, k 一般取 2。这样选择方式也使得适应值好的个体具有较大的 “生存” 机会。同时, 由于它只使用适应值的相对值作为选择的标准, 而与适应值大小不直接成比例, 从而它也能避免超级个体的影响, 在一定程度上, 避免过早收敛和停滞现象的发生, 因而这种选择策略在演化规则中用得也比较多。

利用这种思想, 通过对 $\text{Score}_j(t)$ 进行调整, 从而对惯性系数作进一步调整。随机选取第 r_1 和第 r_2 个微粒,

$$w_j(t) = \begin{cases} w_{\text{low}}(t) + (w_{\text{high}}(t) - w_{\text{low}}(t)) \times (1 - \text{Score}_{r_1}(t)), & f(x_{r_1}) < f(x_{r_2}) \\ w_{\text{low}}(t) + (w_{\text{high}}(t) - w_{\text{low}}(t)) \times (1 - \text{Score}_{r_2}(t)), & \text{其他} \end{cases}$$

$$\tag{5.5}$$

从式 (5.5) 中可以看出, 对于微粒 j 的惯性权重参数不再采用 $\text{Score}_j(t)$ 的值, 而是按照锦标赛思想对其重新赋值。同样, 这种方式也在一定程度上避免了因适应值过大或过小而造成的过早收敛或停滞现象的发生。

由以上三种策略可以看出，它们都是先根据适应值求出各微粒离群体当前最优位置的相对距离，即 $\text{Score}_j(t)$。适应值策略是按照 $\text{Score}_j(t)$ 的大小对惯性系数作了一种线性调整，第二种策略 FUSS 则是对 $\text{Score}_j(t)$ 的一种随机调整，第三种方式是对 $\text{Score}_j(t)$ 的另一种非线性调整。

实验结果表明类繁殖池惯性权重个性化选择策略具有较好的寻优性能，但由于该算子具有较高的选择压，容易陷入局部极值点。为此，下面将提出两种增加种群多样性的方式，以提高算法跳出局部极值点的能力。

5.2.4 基于混沌思想的变异策略

混沌[23] 是指发生在确定性系统中貌似随机的不规则运动，一个确定性理论描述的系统，其行为却表现出不确定性 —— 不可重复、不可预测，这就是混沌现象。进一步的研究表明，混沌是非线性动力系统的固有特性，是非线性系统普遍存在的现象。牛顿确定性理论能够完美处理的多为线性系统，而线性系统大多是由非线性系统简化来的。因此，在现实生活和实际工程技术问题中，混沌无处不在。

本节把混沌思想引入的目的是使一小部分微粒的速度表现出混沌的不可重复、不可预测、便利性等特点，这样这一小部分微粒就有机会跳出局部最优，而去寻找全局最优，从而能有效地避免过早收敛现象的发生。典型的混沌模型有以下几种：

1) Logistic 映射

Logistic 映射是一个较为简单的回归方程式，此方程式原来是用来描述捕食者与被捕食者群体数目的增减变化的，其定义如下：

$$x_{k+1} = ax_k(1 - x_k) \tag{5.6}$$

其中 $a = 4.0$。

2) Tent 映射

Tent 映射类似于 Logistic 映射，其定义如下：

$$x_{k+1} = G(x_k) \tag{5.7}$$

其中

$$G(x) = \begin{cases} \dfrac{x_k}{0.7}, & x < 0.7 \\ \dfrac{1}{0.3}x_k(1 - x_k), & \text{其他} \end{cases} \tag{5.8}$$

3) Sinusoidal 迭代

其定义如下：

$$x_{k+1} = ax_k^2 \sin(\pi x_k) \tag{5.9}$$

其中 $a = 2.3$。

4) Gauss 映射

$$x_{k+1} = G(x_k) \tag{5.10}$$

其中

$$G(x) = \begin{cases} 0, & x = 0 \\ \dfrac{1}{0.3} x_k(1-x_k), & x \in (0,1) \end{cases} \tag{5.11}$$

上述 4 种典型混沌模型中变量都为 0~1。因此，在利用这 4 种模型之前首先要将数据转化至区间。本节主要是针对微粒的速度进行随机变异，因此，把所选择微粒的速度相应分量转化为 0~1，然后根据所选的模型进行迭代转化，最后把得到的数据再转化为速度分量原来所在的范围。这样部分微粒的速度按照混沌的这几种典型模型迭代产生，从而在充足的进化代数条件下有可能使小部分微粒对搜索空间进行大范围的遍历，因而融合了混沌思想的算法在一定程度上也能够避免过早收敛现象的发生。

5.2.5　随机变异策略

通过具体的实验研究，本节设计了如下有效的随机变异速度的方法。具体步骤如下：

在 (0, 1) 内产生随机数 rand，随机选择某个微粒，并随机选择某维分量，不妨设为 $v_{jk}(t)$，则 $v_{jk}(t)$ 按以下方式变异：

$$v_{jk}(t) = \begin{cases} 0.5 \times v_{\max} \times r, & \text{rand} < 0.5 \\ -0.5 \times v_{\max} \times r, & \text{其他} \end{cases} \tag{5.12}$$

其中 $v_{\max}$ 为最大速度上限，r 为 0~1 的随机数。$v_{jk}(t)$ 以两种方式变异 ——$\pm 0.5 \times v_{\max}$，其中 $0.5 \times v_{\max}$ 为 $v_{jk}(t)$ 变化的上界，该界限的选择是通过实验得到的。随机数 r 保证了 $v_{jk}(t)$ 的随机特性，而正负号表明微粒的速度变化既有正方向也有反方向。从上述变异策略可以看出，该变异策略的变异概率非常小，为 $\dfrac{1}{m \cdot n}$，其中 n 为问题的维数，m 为种群所含的微粒数。这样设计的目的是为了保证大多数微粒能按照原有的方向进化，而每代只有某个微粒的某维速度分量随机产生，进而有机会跳出局部最优，这样也就使得带有变异的算法在一定程度上避免了过早收敛问题。

5.2.6　数值仿真

为了比较本章所提算法的性能，利用标准微粒群算法 (standard particle swarm optimization, SPSO)、带时间加速常数的微粒群算法[24](modified time-varying accelerator coefficients particle swarm optimization, MPSO-TVAC)、类繁殖池惯性权

重个性化选择策略 (IIWS1)、带有混沌策略的 IIWS1(IIWS1 with chaotic sequences, CSIIWS) 与带有变异策略的 IIWS1(IIWS1 with mutation，MIIWS1) 进行比较。为了表示方便起见，利用 CSIIWS-L、CSIIWS-T、CSIIWS-S、CSIIWS-G 分别表示融合 Logistic 映射、Tent 映射、Sinusoidal 迭代、Gauss 映射这 4 种典型混沌模型的 CSIIWS 算法。

在比较过程中，选择了 4 个典型测试函数进行比较，它们分别为 Rosenbrock, Ackley 及两个 Penalized Function，其中 Rosenbrock 为一个多峰且仅有两个局部极值点的函数，Ackley Function 及两个 Penalized Function 为多峰且具有许多局部极值点的函数。

实验环境如下：对每个测试函数，算法运行 30 次，并且最大进化代数设置为 1500，维数为 30，种群所含微粒为 100。在 SPSO, MPSO-TVAC, CSIIWS-L, CSIIWS-T, CSIIWS-S, CSIIWS-G 中，惯性系数随进化代数的增加从 0.9 线性递减到 0.4，而 IIWS1 与 MIIWS1 的惯性权重系数的下限都为 0.4，经过大量的仿真实验，惯性权重系数的上限随着进化代数的增加从 0.9 线性递减到 0.4。SPSO, IIWS1, CSIIWS-L, CSIIWS-T, CSIIWS-S, CSIIWS-G 与 MIIWS1 三种算法的加速度常数 c_1, c_2 都取 2.0，MPSO-TVAC 的加速度常数 c_1 从 2.5 线性递减到 0.5，c_2 则由 0.5 线性递增到 2.5，最大速度常数为定义域的上界 (表 5.1)。

实验结果表明，4 种混沌算法较为有效，其性能远远优于 SPSO, MPSO-TVAC 与 IIWS1，尤其是 CSIIWS-T，而 MIIWS1 的平均性能与 CSIIWS-T 不相上下，但都优于其他算法。总之，当求解多峰高维问题时，算法 MIIWS1 与 CSIIWS-T 均为较优选择。

表 5.1　30 维算法性能比较

函数	算法	均值	方差
Rosenbrock	SPSO	5.6170×10	4.3584×10
	MPSO-TVAC	3.3589×10	4.1940×10
	IIWS1	3.1755×10	2.4968×10
	CSIIWS-L	3.3534×10	3.2752×10
	CSIIWS-T	3.1926×10	2.6797×10
	CSIIWS-S	3.6825×10	2.9473×10
	CSIIWS-G	3.8322×10	2.9982×10
	MIIWS1	3.4382×10	2.5551×10
Ackley	SPSO	5.8161×10^{-6}	4.6415×10^{-6}
	MPSO-TVAC	7.5381×10^{-7}	3.3711×10^{-6}
	IIWS1	3.8504×10^{-2}	2.1090×10^{-1}
	CSIIWS-L	6.1284×10^{-14}	3.8081×10^{-14}
	CSIIWS-T	4.9915×10^{-14}	3.2553×10^{-14}

续表

函数	算法	均值	方差
Ackley	CSIIWS-S	1.0379×10^{-13}	3.3679×10^{-13}
	CSIIWS-G	7.2416×10^{-14}	1.4159×10^{-13}
	MIIWS1	5.7909×10^{-14}	8.3131×10^{-14}
Penalized Function1	SPSO	6.7461×10^{-2}	2.3159×10^{-1}
	MPSO-TVAC	1.8891×10^{-17}	6.9756×10^{-17}
	IIWS1	4.1466×10^{-2}	9.2721×10^{-2}
	CSIIWS-L	1.0341×10^{-27}	2.0216×10^{-27}
	CSIIWS-T	3.6197×10^{-25}	1.7628×10^{-24}
	CSIIWS-S	9.5727×10^{-28}	2.8926×10^{-27}
	CSIIWS-G	1.3850×10^{-24}	7.4932×10^{-24}
	MIIWS1	4.3536×10^{-27}	1.3917×10^{-26}
Penalized Function2	SPSO	5.4943×10^{-4}	2.4568×10^{-3}
	MPSO-TVAC	9.3610×10^{-27}	4.1753×10^{-26}
	IIWS1	2.1974×10^{-3}	4.4701×10^{-3}
	CSIIWS-L	1.1352×10^{-27}	2.0891×10^{-27}
	CSIIWS-T	1.0184×10^{-27}	1.5543×10^{-27}
	CSIIWS-S	3.8907×10^{-27}	1.4835×10^{-26}
	CSIIWS-G	5.2281×10^{-27}	1.7182×10^{-26}
	MIIWS1	1.0794×10^{-27}	2.4344×10^{-27}

5.3　利用个体决策历史信息的微粒群算法

5.3.1　个体决策介绍

前述惯性权重的个性化选择策略, 虽然引入了性能的反馈机制来作决策, 但其决策过程较为简单, 容易受当前位置的影响, 为此, 本节将借鉴现有个体决策的理论, 提出一种利用个体决策历史信息的微粒群算法。由于不同个体的决策结果不尽相同, 因此, 该算法仍然属于个性化微粒群算法范畴, 但为了避免名称过于冗长, 没有称之为利用个体决策历史信息的个性化微粒群算法, 而是称为利用个体决策历史信息的微粒群算法。

5.3.1.1　决策

决策是一种高级认知过程, 是人类智力活动的核心部分, 人类的一切行为都是决策的结果。决策活动与人类的生活息息相关, 人们时刻都在进行选择与决策, 它渗透到人类的各个层面。决策通常指决策者为了达到一定目标, 在充分掌握信息并对所有情况进行系统分析的基础上, 运用科学的方法拟定并评估各种方案, 从中选出合理方案的过程。决策者通过对给定的信息进行分析、处理、查找, 挖掘已知信息中隐含的相关信息资源，然后进行整合、再加工，最后形成统一的具有正确逻辑意义的方案，并执行方案，这就是决策形成的过程。

决策从不同的角度划分有以下几种情况：从决策结果的预测程度来看，有确定性决策和不确定性决策；从决策主体来看，有个体决策与群体决策。决策有许多要素构成，包括问题、决策者、决策环境、决策过程以及决策结果本身。与其他行为一样，决策行为也受到个人特性的影响，决策者的人格特质、智力水平、生理因素都会影响到决策行为。决策发生在复杂的环境中，而环境与行为过程及行为后果之间又会相互作用，相互影响，总的来说，社会环境的影响更为重要。例如，个人得到自己所作决策质量的信息，他人的评价反馈都会影响到个体决策结果。一般来说，评价一项决策的好坏，其标准分为效率和效果两类。决策效率是指人们为决策进行的投入与产出的相对比例，决策效果指的是决策能够解决问题的程度。

5.3.1.2 理性个体决策

个体决策[25] 就是决策主题发挥自己的主观能动作用，充分考虑对象的内容、要求和特征，通过对决策信息的掌握，对决策原则的把握，综合各方面因素，实施决策权，最终作出满意决策的过程。在个体决策中，通常有理性和有限理性的定义。所谓理性[26] 就是在具体的限制条件下作出稳定的、价值最大化的选择。本章主要考虑理性个体决策。理性个体决策可以分为以下步骤[27]：第 1 步认识问题所在，实际生活当中的问题并不是显而易见的摆在眼前，常常需要决策者敏锐地发掘问题所在；第 2 步确定决策标准，一旦决策者界定了问题，接下来就需要确定哪些因素与决策主题有关；第 3 步给各项标准分配权重，要求决策者权衡决策标准，并按照重要性程度排列出这些决策标准的次序；第 4 步开发所有可行性方案，要求决策者列举出解决问题的所有可能方案；第 5 步评估被选方案，决策者根据自己的决策标准来分析和评价每一种方案；第 6 步作出选择。

理性的决策者需要创造性，也就是说，产生新颖且实效的想法的能力。因为这样决策者可以更全面地评定和理解问题，包括看到其他人没有看到的问题，创造性更明显的价值还在于帮助决策者找出所有的可行的备选方案。个体的创造性主要需要三个方面的要素：专业知识、思维技能和内在的任务动机。研究表明，这三项要素中任何一项水平越高，则个体的创造性越高。

5.3.1.3 个体决策风格

除了研究理性决策外，研究决策风格对个体决策同样有着非常重要的意义。这些风格反映了一些心理的维度，包括决策者如何认知周围发生的事件以及如何处理信息[28]。具体来说，行为决策风格可以归纳为两个维度：价值取向以及模糊忍耐度。价值取向主要关注的是决策者所关心的是任务和技术本身，还有人和社会的因素；模糊忍耐度主要测量决策者需要的结构和控制的程度，以及是否有能力在不确定的环境中工作。这两个维度的高低不同组合形成了不同的决策风格：指导型、分析型、概念型和行为型。

(1) 指导型：主要是指决策者具有较低的模糊忍耐性水平，并且倾向于关注任务和技术，这样的决策者解决问题一般是有效的、有逻辑的和系统的。

(2) 分析型：分析型的决策者有较高的模糊耐受性和很强的任务和技术取向，这种类型的决策者喜欢对情境进行分析，他们在面对新的、不确定的情境时反应较好。

(3) 概念型：概念型的决策者有较高的模糊忍耐性与对人和社会的关注，他们在解决问题时使用宽阔的视角，喜欢考虑不同的选择和将来的可能性。这种类型的决策者为了收集尽可能多的信息而尽可能多地与人进行讨论，然后依据他们的直觉来进行决策。

(4) 行为型：行为型的决策者有较低的模糊忍耐性，并且表现出对人和社会的关注，这种类型的决策者可以与他人进行很好的合作，喜欢公开交换意见。

研究表明决策者倾向于使用多于一种的风格，研究这些风格可以解释不同的个体在分析相同的信息以后为什么会作出不同的决策。

5.3.1.4   个体决策理论

个体决策比较成熟的理论为期望效用理论[29]。1947 年，冯 诺伊曼和奥斯卡 摩根斯坦提出了"期望效用理论"。它的定义如下：如果某个随机变量 X_i 是某项决策可能导致的结果，即是相关的收益或者损失，也就是所谓的损益值。相应的概率取值为 P_i，也就是不确定性决策中的损益概率。效用也就是可能结果的主观价值，其数学表达式为 $U = \sum_{i=1}^{n} P_i U(X_i)$。它是一种标准化行为理论，用来解释在满足一定理性决策条件下，人们将如何表现自己的行为，为理性决策提供了一套明确的基本假设。期望效用理论的公式至少都包含了有序性、占优性、可传递性、连续性和恒定性等特征。在期望效用理论的基础上，Savage 提出了主观期望效用理论[30]，用主观概率代替了客观概率，并且满足 $\sum P_i = 1$。他认为决策备选方案的选择遵循主观期望效用最大化原则，通常也把主观期望效用理论称为期望效用理论。它与期望效用理论的最大区别在于：考虑了主观的、个体的因素，将个体对某个事件可能发生的主观概率纳入了经典理论中的客观概率。如果客观概率不可能预先得知或是结果只会发生一次，则这种推广就显得很重要。

5.3.2 利用个体决策历史信息的微粒群算法

人们在作决策的过程中一般要受过去经验和收集到的信息影响，但这种个体决策机制并没有在标准微粒群算法中体现出来，同时标准微粒群算法对个体历史经验的利用有所不足，为此，借助期望效用理论通过微粒本身历史位置和对应适应值信息进行个体决策。

5.3.2.1 决策任务

微粒群算法中的已知信息如下：微粒的个体历史位置及其对应的适应值、群体历史最优位置及其对应的适应值，而决策目标是利用这些信息来决策出一个位置，以便引导微粒的移动。设 $p_j(t)$ 为微粒 j 的个体历史位置，对应的适应值可用于表示该位置决策的权重。当某个微粒的个体历史适应值评价较优时，则表示该位置在决策中的权重较大；否则，权重较小。因此，利用各微粒的记忆能力，保存最近 s 代的历史最优位置信息，然后历史最优位置的适应值进行决策，一般来说，若某一个位置的适应值较优，那么在此位置附近有较大的概率存在一个局部极值点。对于微粒 j，赋予其个体历史位置的权重为 π_j，并且 $\sum\limits_{j=1}^{m} \pi_j = 1$(假设种群中含有 m 个微粒)，则利用主观期望效用模型，可以得到为位置为 $p_{ID}(t) = \sum\limits_{j=1}^{m} \pi_j \cdot p_j(t)$。下面的关键步骤就是来确定权重 $\pi_j(j = 1, 2, \cdots, m)$。

5.3.2.2 决策步骤

与式 (5.2) 类似，由于采用的是各微粒的个体历史最优位置，故设 $P(s) = (p_j(t-s+1), p_j(t-s+2), \cdots, p_j(t))$ 为微粒 j 从 $t-s+1$ 代到 t 代的所有个体历史最优位置，为了衡量微粒 j 在第 t 代的历史最优位置的优劣，令

$$f_{\text{worst}}(P(s)) = \arg\max\{f(p_j(t-u+1)) | u = 1, 2, \cdots, s\}$$

为最差历史最优位置的适应值，而

$$f_{\text{best}}(P(s)) = \arg\min\{f(p_j(t-u+1)) | u = 1, 2, \cdots, s\}$$

为最优历史最优位置的适应值，则对于微粒 j，$p_j(t)$ 的性能评价指标为

$$\text{Score}_j(t) = \begin{cases} 1, & f_{\text{worst}}(P(s)) = f_{\text{best}}(P(s)) \\ \dfrac{f_{\text{worst}}(P(s)) - f(p_j(t))}{f_{\text{worst}}(P(s)) - f_{\text{best}}(P(s))}, & \text{其他} \end{cases} \tag{5.13}$$

下面根据性能评价指标来确定权重。由于决策者的经验、能力、水平和对决策问题的熟悉程度等方面的差异，决策者在决策过程中的作用或影响力是不同的，这

种差异可以用决策者的权重来表示

$$\pi_j = \frac{e^{\mathrm{Score}_j(t)}}{\displaystyle\sum_{u=1}^{m} e^{\mathrm{Score}_j(t)}} \tag{5.14}$$

决策后的个体移动位置为

$$\boldsymbol{p}_{ID}(t) = \sum_{j=1}^{m} \pi_j \cdot \boldsymbol{p}_j(t)$$

由此得到了利用个体决策历史最优位置的微粒群算法的进化方程[31,32]

$$v_{jk}(t+1) = wv_{jk}(t) + c_1 r_1(p_{ID,k}(t) - x_{jk}(t)) + c_2 r_2(p_{gk}(t) - x_{jk}(t)) \tag{5.15}$$

$$x_{jk}(t+1) = x_{jk}(t) + v_{jk}(t+1) \tag{5.16}$$

5.3.2.3　稳定性分析

下面利用李雅普诺夫判据探讨利用个体决策历史最优位置的微粒群算法的稳定性，并给出了稳定性条件[33]。李雅普诺夫第二方法[34] 的思想就是借助构造一个特殊的函数 V。并利用函数 V 及其全导数的性质来确定系统的稳定性，具有此特殊性质的函数 V 就称为李雅普诺夫函数，简称为 V 函数。利用李雅普诺夫定理分析系统的稳定性，如何构造李雅普诺夫函数是解决问题的关键。

从更新方程 (5.16) 得到

$$v_{jk}(t+1) = x_{jk}(t+1) - x_{jk}(t) \tag{5.17}$$

代入速度进化方程可得

$$x_{jk}^{\cdot}(t) = wx_{jk}^{\cdot}(t) + c_1 r_1(p_{ID,k}(t) - x_{jk}(t)) + c_2 r_2(p_{gk}(t) - x_{jk}(t)) \tag{5.18}$$

其中 $x_{jk}^{\cdot}(t) = x_{jk}(t+1) - x_{jk}(t)$。设 $\varphi_1 = c_1 r_1$，$\varphi_2 = c_2 r_2$，$\varphi = \varphi_1 + \varphi_2$，$p_{Q,k} = \dfrac{\varphi_1 p_{ID,k}(t) + \varphi_2 p_{gk}(t)}{\varphi}$，则有

$$x_{jk}^{\cdot}(t) = wx_{jk}^{\cdot}(t) + \varphi(p_Q - x_{jk}(t)) \tag{5.19}$$

整理成向量形式为

$$\dot{\boldsymbol{x}}_j(t) = w\dot{\boldsymbol{x}}_j(t) + \varphi(\boldsymbol{p}_Q - \boldsymbol{x}_j(t)) \tag{5.20}$$

取误差变量 $\boldsymbol{e}_j(t) = \boldsymbol{x}_j(t) - \boldsymbol{p}_Q$，并假设 $\boldsymbol{p}_Q$ 保持不变，即 $\dot{\boldsymbol{p}}_Q = 0$。取李雅普诺夫函数 (能量函数)

$$E_j(t) = \frac{1}{2}\boldsymbol{e}_j^{\mathrm{T}}(t)\boldsymbol{e}_j(t) \tag{5.21}$$

对其求导, 则有

$$
\begin{aligned}
\dot{E}_j(t) &= [\dot{\boldsymbol{e}}_j(t)]^{\mathrm{T}} \boldsymbol{e}_j(t) \\
&= [\dot{\boldsymbol{x}}_j(t) - \dot{\boldsymbol{p}_Q}]^{\mathrm{T}} (\boldsymbol{x}_j(t) - \boldsymbol{p}_Q) \\
&= [\dot{\boldsymbol{x}}_j(t)]^{\mathrm{T}} (\boldsymbol{x}_j(t) - \boldsymbol{p}_Q) \\
&= [w(\boldsymbol{x}_j(t) - \boldsymbol{x}_j(t-1)) + \varphi(\boldsymbol{p}_Q - \boldsymbol{x}_j(t))]^{\mathrm{T}} (\boldsymbol{x}_j(t) - \boldsymbol{p}_Q) \\
&= w(\boldsymbol{x}_j(t) - \boldsymbol{x}_j(t-1))^{\mathrm{T}} (\boldsymbol{x}_j(t) - \boldsymbol{p}_Q) - \varphi\|\boldsymbol{p}_Q - \boldsymbol{x}_j(t)\|^2 \\
&= w(\boldsymbol{x}_j(t) - \boldsymbol{x}_j(t-1))^{\mathrm{T}} \boldsymbol{e}_j(t) - \varphi\|\boldsymbol{p}_Q - \boldsymbol{x}_j(t)\|^2
\end{aligned} \tag{5.22}
$$

由范数定义有

$$
\boldsymbol{x}^{\mathrm{T}} \boldsymbol{y} \leqslant \|\boldsymbol{x}\| \cdot \|\boldsymbol{y}\| \tag{5.23}
$$

因此有

$$
(\boldsymbol{x}_j(t) - \boldsymbol{x}_j(t-1))^{\mathrm{T}} \boldsymbol{e}_j(t) \leqslant \|\boldsymbol{x}_j(t) - \boldsymbol{x}_j(t-1)\|^{\mathrm{T}} \cdot \|\boldsymbol{e}_j(t)\| \tag{5.24}
$$

所以

$$
w \leqslant \frac{\varphi\|\boldsymbol{p}_Q - \boldsymbol{x}_j(t)\|}{\|\boldsymbol{x}_j(t) - \boldsymbol{x}_j(t-1)\|} \tag{5.25}
$$

式 (5.25) 给出了微粒稳定时惯性权重需要满足的条件。为此, 进一步讨论惯性权重的选择策略。按照已有的经验, 惯性权重一般在 [0, 1] 选择, 而常见的选择方式从 0.9 线性递减至 0.4。由于该线性递减策略较为有效, 本书将其作为惯性权重的选择依据之一, 并称

$$
w_{\text{ref}} = 0.9 - \frac{t}{\text{Largest\_Iter}} \times 0.5 \tag{5.26}
$$

为第 t 代的参考惯性权重。由于式 (5.25) 仅提供了惯性权重的一个范围, 而且该范围随着不同的微粒而改变, 因而本书将惯性权重设置为随机变量, 并按如下的设计策略进行选择:

$$
w = \begin{cases} w_{\text{ref}}, & \|\boldsymbol{x}_j(t) - \boldsymbol{x}_j(t-1)\| = 0 \\ \text{rand}\left(0.4, \min\left\{w_{\text{ref}}, \dfrac{\varphi\|\boldsymbol{p}_Q - \boldsymbol{x}_j(t)\|}{\|\boldsymbol{x}_j(t) - \boldsymbol{x}_j(t-1)\|}\right\}\right), & \text{其他} \end{cases}
$$

$$
\tag{5.27}
$$

其中 $\text{rand}(a, b)$ 表示 $a \sim b$ 的一个服从均匀分布的随机数。这样惯性权重的选择既利用了式 (5.26) 的优点, 又加入了李雅普诺夫稳定条件, 从而能更加有效地提高算法效率。

5.3.3　数值仿真

为了验证个体决策历史适应值微粒群算法 (particle swarm optimization based individual decision history fitness, PSO-IDHF) 的性能, 利用标准微粒群算法 (standard particle swarm optimization, SPSO) 及带时间加速常数的微粒群算法 [24] (modified time-varying accelerator coefficients particle swarm optimization, MPSO-TVAC) 进行比较。

F_5 函数是一个有两个极值点的多峰函数, 当维数为 30 时, PSO-IDCF 与 SPSO, MPSO-TVAC 相比效果不明显, 甚至较差, 但是在 50～300 维, 无论均值还是方差都取得了很好的效果, 尤其是 PSO-IDCF 在进化前期能取得了很好的优化效果, 具有较强的全局搜索能力。

对于 F_9 函数, F_{10} 函数及 F_{12}, F_{13} 两个函数, 30～300 维的实验结果都表明: 无论均值还是方差, PSO-IDCF 都比 SPSO 与 MPSO-TVAC 效果要好, 显示出算法的稳定性和健壮性。

总之, PSO-IDCF 虽然在个别函数的低维效果不太好, 但是在高维情况下, 性能还是不错的 (图 5.2)。大部分测试函数不论低维还是高维都取得了很好的效果,

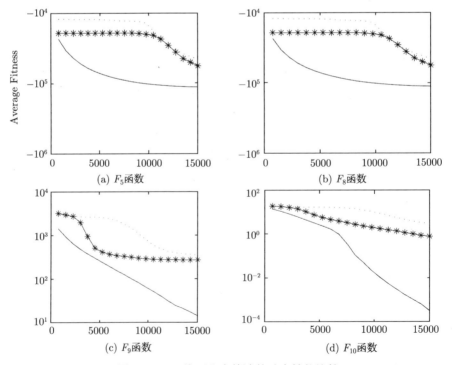

(a) F_5函数　　(b) F_8函数　　(c) F_9函数　　(d) F_{10}函数

图 5.2　300 维下几个算法的动态性能比较

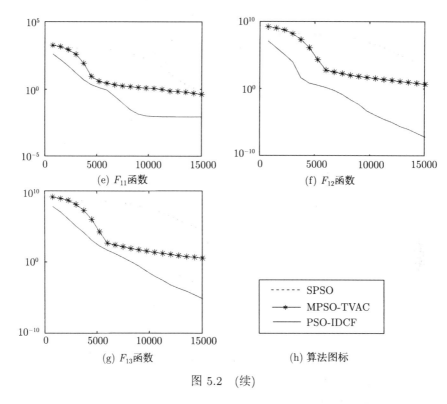

图 5.2 （续）

不少在均值和方差方面都优于 SPSO 与 MPSO-TVA 几个甚至十几个数量级，该算法性能较优的主要原因是充分利用了周围微粒信息进行决策，从而增强了信息交流的范围 (不仅包括当前位置信息，而且包括历史位置信息)，减少了算法陷入局部最优点的概率。

5.3.4 基于小世界模型的个体决策微粒群算法

5.3.4.1 常见的邻域结构

Partridge 对鱼群的空间关系进行研究[35] 发现，与鱼群中的远距离成员相比，一条鱼受其近邻个体的影响更强烈。群体中的一个成员受到其他成员影响的程度与它和其他成员距离的平方或者立方成反比例，所以群体中的成员对其近邻个体关注较多。在群体动物的感知中，不管采取哪种感知形态，相邻者都是个体感知外界信息的重要来源。因此，相邻个体间的信息共享普遍存在于群体之中，其有助于群体感知环境变化，及时调整自身状态。因此，微粒间的邻域组织方式对搜索效果的影响很大，不同的邻域拓扑反映了不同的社会关系网。自从 Lbest 模型提出以后，关于邻域结构的研究越来越深入，Kennedy 和 Mendes[36] 在 Lbest 模型的基础上提出了很多邻域结构的改进模型，常见模型如图 5.3 所示。

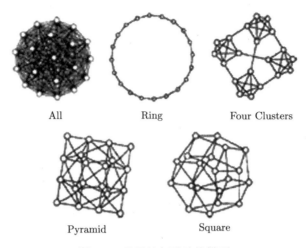

图 5.3 常见的邻域结构模型

All 型邻域结构中的每一个个体都与种群中其他个体直接相连，这样除它之外的所有个体都是它的近邻。从社会学的角度来说，它可以代表一个封闭的小社区，在这个小社区中，所有的个体都一致同意所执行的决议，信息在 All 邻域结构中传播得很快。Ring 型邻域结构是一个环状结构，在该结构中，每个粒子仅与其附近的两个粒子相互交流信息，从而能有效地保证种群的多样性。此外，这里的邻域仅与粒子的下标有关，而与粒子的真实位置无关，从而可以有效地对搜索空间进行搜索，但有时会影响算法效率。Four Clusters 拓扑中 20 个节点分成 4 簇，每簇 5 个节点，这 5 个节点两两相连，而每簇之间又通过一条通路相互连接。从社会学的角度来说，它代表 4 个几乎相互隔离的社区，其中只有少数个体和外界有联系。Pyramid 拓扑结构像一个三角形的金字塔。Square 拓扑图形是网格结构，将其展开是一个矩形点阵，每一个粒子与它上、下、左、右 4 个粒子构成邻域拓扑关系。这种结构虽然是人造的，但是经常使用在进化计算和单元式自动控制社会中，也称为"von Neumann"邻域。Kennedy 和 Mendes 于 2002 年测试了一些邻域拓扑结构，发现 von Neumann 邻域拓扑在一组标准测试函数上比其他拓扑效果要好[36]。Square 拓扑及展开图如图 5.4 所示。

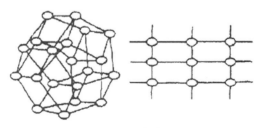

图 5.4 Square 拓扑及展开图

然而，上述提到的邻域结构都是一种固定的模式，而这一点恰巧与真实世界的现象相违背。由于动物具有趋利避害的本能，每个个体总是想方设法获取群体生活的大部分优势，而不关心临近个体的相关利益[2]。因此，这种结构不仅能使得该个体感知到周围其他个体及环境的信息 (局部信息)，而且随着时间的发展，能动态地进化，使其不断地适应周围环境与个体发生的变化。为了解决这个问题，研究人员提出了复杂网络系统理论，研究结果表明许多特殊的动物群体具有无标度网络和小世界模型等特征[37]。

5.3.4.2 复杂系统

复杂系统的研究兴起于 20 世纪 80 年代的美国圣菲研究所 (Santa Fe Institute, SFI)，主要研究复杂系统中各个组成部分之间相互作用所涌现出的特性与规律，探索并掌握各种复杂系统的一般性原理，提高解决大问题的能力[38~40]。复杂系统的提出打破了传统学科之间互不往来的界限，寻求各学科之间的共同原理，已经引起越来越多的研究者的关注。1999 年 4 月 2 日，美国的权威杂志 *Science* 以 "Complexity Science" 为专题详细介绍了这方面的研究。国内也分别于 1986 年及 2004 年出版了专门探讨复杂系统研究的刊物 *Journal of Systems Science and Complexity* 及《复杂系统与复杂性科学》。

随着信息技术的发展，人类步入了网络时代，现实世界中存在着各种各样的复杂网络系统。从生物界的食物链、生物群体的影响关系、因特网 (图 5.5) 到细菌的新陈代谢网，从神经网络、电力网到演员的演出关系，甚至传染病[41]，包括艾滋病传播的性关系网和计算机病毒[42] 的传播，让人们越来越感觉到生活在网络中。1999 年，Watts 和 Strogatz[37] 在 *Nature* 上发表论文，指出许多具有泊松分布的复杂网络具有 "小世界模型" 特性；1999 年，Barabasi 和 Albert 在 *Science* 上发表论文，指出许多现实复杂网络节点具有幂率分布形式，即无标度性[43,44]。"小世界模型" 以简单的措词描述了这样一个事实：在大多数网络中，尽管其规模通常很大，但任意两个节点间有一条相当短的路径，这就是所谓的 "六度分离" 现象。除此之外，人们还发现了很多有趣的特性，如连接度的 "标度无关性"、聚集性等重要且存在于现实网络中的特性。为了解释 "标度无关性" 这一现象，Bak 等提出了自组织临界性的概念。

5.3.4.3 WS 小世界模型

最早的小世界网络模型是 Watts 和 Strogatz 在 1998 年提出的网络模型 (WS 模型)[37]，该模型由一个具有 N 个节点的环开始，环上每一个节点与两侧各有 m 条边相连，然后对每条边以概率 p 随机进行重连 (自我连接和重边除外)，这些重连的边叫 "长程连接"，长程连接大大地减小了网络的平均路径长度，而对网络的簇系数影响较小。WS 模型的建立和生成有其深刻的社会根源,因为在社会系统中,大多数人直接和邻居、同事相识,但个别人也有远方,甚至国外的朋友。具体的构造方法如下:

(1) 从规则图开始。首先构造一个含有 N 个点的网络结构,其中每个节点都与其相邻的左、右各 $K/2$ 个节点相连,其中 K 为偶数。

(2) 随机化重连。对网络中的所有边以概率 p 随机地重新构造,即对每一条边保持一个端点不变,另一个端点以概率 p 重新进行选择,但是在选择时,每个节点不能与自身连接,而且任意不同的两个节点之间最多只能有一条边。

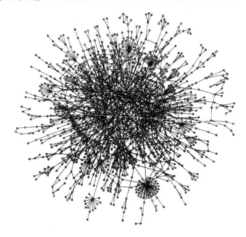

图 5.5　复杂系统范例:万维网

在 WS 模型中,通过调节 p 的值可以控制模型由规则网络到完全随机网络过渡,如 $p=0$ 对应于完全规则网络,$p=1$ 则对应于完全随机网络,如图 5.6 所示。

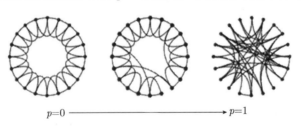

图 5.6　WS 小世界模型演化

本节将 WS 邻域结构引入 PSO 算法中[45],首先将微粒间的邻域关系初始化为规则耦合网络结构,在算法运行之前,每个微粒仅与其相邻的左、右各 m_0 个微粒相邻,由于每个微粒的邻域互不相同,所以算法在初期具有很强的全局搜索能力。即使这样由于 PSO 算法本身所具有的收敛性能,算法在进化一段时间后种群的多样性会不断降低，所以当算法进化了 m_1 代之后，利用 WS 模型的断边重连特性从网络中随机选择 m_2 条边进行断边重连，以此来改变算法的邻域结构，提高算法的多样性。虽然采用这种微粒间邻域结构与种群进化交互的方法可以提高算法的多样性，但是在算法后期却很难使算法进行局部搜索，找不到全局最优解。为了解决这个问题，设置一个比例系数 $p_{\text{transfer}}(0 < p_{\text{transfer}} < 1)$，当前进化代数与种群迭代的总代数比值大于等于 p_{transfer} 时，本节算法按照 Gbest 模型进行搜索，从而保证算法在后期的全局收敛。

上述几个参数的设置对算法性能的影响非常大，m_0 设置的太小，则算法的信息交流会很慢；太大，则信息交流太快，不利于前期的全局搜索。m_1 设置的太小，则算法的邻域结构更新过于频繁；太大，则邻域更新起到的作用不大，算法的多样性会降低。m_2 设置的太小，则算法邻域结构的更新不很明显，达不到提高算法多样性的目的；太大，则种群中微粒间的关系会发生颠覆性的改变，会造成微粒搜索的盲目性，微粒间位置过于分散，以至于在算法后期很难收敛。而 p_{transfer} 值的设置则对算法全局收敛和局部收敛的协调起着至关重要的作用。所有参数可以采用均匀设计策略进行选择，实验结果表明该策略能有效提高算法性能[45]。

5.3.4.4 NW 小世界模型

在 WS 小世界模型的构造方法中，随机化断边重连有可能破坏算法的连通性，Newman 和 Watts[46] 通过用"随机化加边"代替 WS 模型中的"随机化重连"提出了 NW 模型，该模型只在随机选择的节点间增加长距离连接，而原来的边保持不动，该模型在形成过程中不会出现孤立的簇，其具体构造方法如下：

(1) 从规则图开始。首先构造一个含有 N 个点的网络结构，其中每个节点都与它左、右相邻的各 $K/2$ 个节点相连，其中 K 为偶数。

(2) 随机化加边。以概率 p 在随机选取的一对节点之间加上一条边，其中任意不同的两个节点之间最多只能有一条边，并且每个节点都不能有边与自身连接 (图 5.7)。

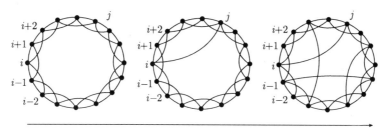

图 5.7 NW 小世界模型演化

为了将 NW 邻域结构引入 PSO 算法，首先将种群中所有微粒初始化为环形邻域，每个微粒仅与其相邻的两个微粒进行交流，种群进化 m_1 代之后在网络中随

机增加 m_2 条新边, 以后每间隔 m_1 代在网络中增加 m_2 条新边, 通过不断增加新边提高种群的信息共享, 同时增加算法的多样性。算法的关键在于如何控制网络由环形拓扑结构到 All 型拓扑结构的演化速度, 即参数 m_1 和 m_2 的设置问题: 如果演化速度太快, 则全局搜索能力不能得到充分的发挥; 太慢, 则算法在后期不能有效地收敛于全局最优点。在算法中, 当网络中的边已加满时, 网络则变为全局耦合网络, 即种群模型由 Lbest 模型演化为 Gbest 模型, 这时就不能再在网络中增加新边。为了保证算法在后期能够收敛于全局最优点, 在算法中, 当种群进化的当前代数和迭代总数的比值大于等于 $p_{\text{transfer}}(0 < p_{\text{transfer}} < 1))$ 或网络已演化为全局耦合网络时, 种群按照 Gbest 模型进行优化。

5.4　在非线性方程组求解的应用

在许多实际工程应用领域中, 如天气预报、石油地质勘探、计算力学、计算生物化学、生命科学、优化控制等领域, 许多复杂的非线性问题都可以通过非线性方程组这种数学模型来加以描述, 从而使得非线性问题的求解转化为非线性方程组的求解。因此, 如何有效地求解各种非线性方程组问题, 就成为非线性问题研究中的一项重要内容。

许多学者从理论和数值计算等方面作了大量的研究, 提出了一些有效的方法。然而, 由于向量函数的非线性性质, 给这类问题的求解带来了一定的困难。从已有的理论与求解方法的实用性来看, 非线性方程组的求解无论在理论还是在实际应用等方面都不如线性方程组成熟和有效。一般来说, 非线性方程组大都通过迭代的数值方法来求解, 从而将非线性方程组的求解转换为寻找所构造的迭代式的不动点, 因此, 寻求快速收敛的迭代式就成为非线性方程组求解的一个重要目标。目前, 常见的数值迭代法包括牛顿法、拟牛顿法、割线法、延拓法、自然偏序迭代法、区间迭代法等, 其中以牛顿法为代表的迭代方法及其变形应用得最为普遍。该类算法一般具有较快的收敛速度, 但是其收敛性在很大程度上依赖于初始点的选择, 不合适的初始点很容易导致算法收敛失败, 而选择一个好的初始点在实际应用中往往又非常困难。另外, 由于局部收敛, 并且对于函数数学性质依赖等局限性, 导致该类算法在一些复杂非线性方程组的求解中易于失败, 有效性较低。因此, 非线性方程组的求解依然是困扰人们的一个难题, 特别是对于高非线性度的实际工程问题, 需要寻找高效可靠的求解方法。

近年来, 以进化计算、群智能计算等仿生的智能优化算法, 以其本质的并行性、高度的自适应、自组织和自学习等智能特性, 引起了人们广泛的关注, 被视为求解非线性复杂问题的有效方法。这些方法都采用群体搜索的机制, 并且不过分依赖于问题的数学特征, 能够以概率 1 全局收敛, 具有较强的鲁棒性, 从而有效地克服了传统迭代算法对初始点的依赖和局部收敛等局限性。因此，人们尝试将这些智能优化算法用于方程组的求解，文献 [47] 和 [48] 分别将遗传算法用于非线性方程组的求解，而文献 [49] 则利用神经网络寻求非线性方程组的解，并取得了一定的效果。

作为群智能计算的一种典型优化算法，微粒群算法同样被证明是一种有效的非线性复杂问题的求解方法。张建科等[50] 尝试用微粒群算法寻找非线性方程和方程组的解，莫愿斌等[51] 构造了基于复形法和微粒群算法的混合算法，并将其用于非线性方程组的求解。初步的研究结果表明，微粒群算法是一种有效的求解方法，其同样可以有效地避免传统迭代方法对初始点的依赖，对复杂非线性方程组具有较好的求解潜力。但是，和其他的仿生类算法一样，微粒群算法在面对高度复杂的非线性问题时同样会遭遇过早收敛、求解效率低等问题。因此，在求解较复杂的非线性问题时，依然需要寻找较好的启发式策略来提高算法的全局寻优性能。

5.4.1　非线性方程组及其等价优化模型

通常，含有 n 个变量和 n 个方程的非线性方程组可描述如下：

$$\begin{cases} f_1(x_1, x_2, \cdots, x_n) = 0 \\ f_2(x_1, x_2, \cdots, x_n) = 0 \\ \cdots\cdots \\ f_n(x_1, x_2, \cdots, x_n) = 0 \end{cases} \tag{5.28}$$

其中 $f_j : D \subseteq \mathbf{R}^n \to \mathbf{R}, \boldsymbol{x} \in D$，即 $f_j(\boldsymbol{x})(j = 1, 2, \cdots, n)$ 为给定在 n 维实欧氏空间 $\mathbf{R}^n$ 中开区域 D 上的实值函数。假设 $f_j(\boldsymbol{x})$ 全部是 x 的线性函数，那么方程组为线性代数方程组；若其中至少有一个是 x 的非线性函数，那么该方程组为非线性代数方程组。

为方便讨论起见，记 $\boldsymbol{x} = (x_1, x_2, \cdots, x_n)^{\mathrm{T}}$，$\boldsymbol{f}(\boldsymbol{x}) = (f_1(\boldsymbol{x}), f_2(\boldsymbol{x}), \cdots, f_n(\boldsymbol{x}))^{\mathrm{T}}$，$\boldsymbol{0} = (0, 0, \cdots, 0)^{\mathrm{T}}$，则式 (7.28) 可记为如下矢量形式：

$$\boldsymbol{f}(\boldsymbol{x}) = \boldsymbol{0} \tag{5.29}$$

其中 $\boldsymbol{f} : D \subseteq \mathbf{R}^n \to \mathbf{R}^n$，$\boldsymbol{x} \in D$。若存在 $\boldsymbol{x}^* \in D$ 满足式 (7.29) 的方程组，则称 $\boldsymbol{x}^*$ 为该方程组的解。

采用智能优化算法求解上述的非线性方程组时，需要将其转化为等价的极小化优化问题。为此，先构造如下的非负函数：定义

$$\Phi_1(\boldsymbol{x}) = \sum_{j=1}^{n} |f_j(\boldsymbol{x})| \tag{5.30}$$

或

$$\Phi_2(\boldsymbol{x}) = \sum_{j=1}^{n} f_j^2(\boldsymbol{x}) \tag{5.31}$$

则非线性方程组 (7.28) 的求解，即可转换为求 (7.30) 或 (7.31) 所描述函数的极小点问题，即

$$\min \quad \Phi_1(\boldsymbol{x})|\{\Phi_1|D \subseteq \mathbf{R}^n \to \mathbf{R}, \boldsymbol{x} \in D\} \tag{5.32}$$

或

$$\min \quad \Phi_2(\boldsymbol{x}|\{\Phi_2|D \subseteq \mathbf{R}^n \to \mathbf{R}^n, \boldsymbol{x} \in D\} \tag{5.33}$$

显然，上述两种优化问题的极小值为 $\mathbf{0}$。如果 $\boldsymbol{x}^* = (x_1^*, x_2^*, \cdots, x_n^*)$ 是非线性方程组 (7.29) 的一个解，即 $\boldsymbol{f}(\boldsymbol{x}^*) = \mathbf{0}$，则其必然满足 $\Phi_1(\boldsymbol{x}) = \mathbf{0}$ 或 $\Phi_2(\boldsymbol{x}) = \mathbf{0}$，必定是优化问题 (7.32) 或 (7.33) 的极小解，反之亦然。

不可否认，方程组的非线性特性不可避免地会造成其等价优化问题的复杂性，这种问题通常会对自变量的取值较敏感，自变量的微小变化就有可能引起目标函数值大的改变，因此，具有一定的优化难度。

5.4.2　仿真实验

为了验证个体决策微粒群算法在求解非线性方程组时的效果，本章选取了三个比较典型的非线性方程组[48] 进行仿真实验，并利用标准微粒群算法 (SPSO) 与个体决策历史信息的微粒群算法 (IDPSO)、基于 WS 模型的个体决策微粒群算法 (IDPSO-WS) 及基于 NW 模型的个体决策微粒群算法 (IDPSO-NW) 的仿真结果进行比较 (表 5.2~ 表 5.4)。

方程组 1

$$\begin{cases} x_1 + x_2 - 2x_3 = 0 \\ x_1 x_2 = 1 \\ x_1^2 + x_2^2 = 2 \end{cases} \tag{5.34}$$

其中 $x_1, x_2, x_3 \in [0.0, 2.0]$。

方程组 2

$$\begin{cases} x_1^{x_2} + x_2^{x_1} - 5x_1 x_2 x_3 - 85 = 0 \\ x_1^3 - x_2^{x_3} - x_3^{x_2} - 60 = 0 \\ x_1^{x_3} + x_3^{x_1} - x_2 - 2 = 0 \end{cases} \tag{5.35}$$

其中 $x_1 \in [3, 5]$，$x_2 \in [2, 4]$，$x_3 \in [0.5, 2.0]$。

方程组 3

$$\begin{cases} (x_1 - 5x_2)^2 = 0 \\ (x_2 - 2x_3)^2 = 0 \\ (3x_1 + x_3)^2 = 0 \end{cases} \tag{5.36}$$

其中 $x_1, x_2, x_3 \in [-1.0, 1.0]$。

表 5.2　方程组 1 的性能比较

算法	平均迭代次数	均值
SPSO	450.32	9.2302×10^{-2}
IDPSO	132.13	2.8577×10^{-4}
IDPSO-WS	165.65	3.1061×10^{-4}
IDPSO-NW	98.49	7.2858×10^{-5}

表 5.3　方程组 2 的性能比较

算法	平均迭代次数	均值
SPSO	720.16	7.8635×10^{-4}
IDPSO	190.74	1.7862×10^{-4}
IDPSO-WS	175.47	7.2364×10^{-5}
IDPSO-NW	150.37	1.1745×10^{-5}

表 5.4　方程组 3 的性能比较

算法	平均迭代次数	均值
SPSO	230.32	1.0857×10^{-7}
IDPSO	32.29	8.0145×10^{-37}
IDPSO-WS	21.42	-2.0219×10^{-80}
IDPSO-NW	28.34	1.8398×10^{-55}

　　仿真实验表明，引入个体决策的微粒群算法与标准微粒群算法相比，平均进化代数少，平均最优适应值也接近 0，最优解也十分接近精确解，表明收敛精度和收敛速度都非常高，这一点对于加入小世界模型后的结果尤其明显。主要原因是改进后的算法改变了搜索范围，在进化过程中能有效地摆脱过早收敛，保持较强的全局搜索能力。同时，个体决策的微粒群算法的自适应能力在局部寻优以及参数选择方面也起到了重要的作用。

5.5　小　　结

　　自从 Kennedy 与 Eberhart 提出微粒群算法以来，许多学者都对其进行了研究，并提出了许多改进方式。现有的研究结果主要分为参数选择、结构优化、混合策略及应用等几个方面。然而，迄今为止，微粒群算法的生物学基础依然较为薄弱。本章通过将决策能力引入微粒，提出了个性化微粒群算法，并将其应用于参数选择与结构优化等方面。

　　通过引入微粒的决策能力，由于所处的环境不同，不同的微粒具有不同的反应，进而产生不同的行为。这样从智能体的角度对微粒群算法进行了有益的扩充。该扩充由于利用微粒与环境的交互，提供了一个较为精确的生物学模型。

　　在参数的选择策略上，通过引入个性化思想，得到了惯性权重的选择策略。由于惯性权重仅与当前位置相关，故其性能评价指标仅利用当前位置的适应值计算。该思想同样可应用于认知系数及社会系数的选择。由于认知系数不仅与当前位置有关，而且与每个微粒自身的历史最优位置有关，因而可分别从这两种不同的位置出发，探讨相应的性能评价指标。

　　在结构优化方面，针对微粒群算法对个体历史经验利用的缺陷，本章利用个体历史位置及其对应适应值信息决策个体历史最优位置。针对微粒群算法只利用群体历史最优信息而忽视了周围粒子的信息这一弊端，借助小世界模型的思想，提出了基于 WS 及 NW 小世界模型的个体决策微粒群算法，并将其应用于非线性方程组的求解问题中，仿真结果表明本章算法具有较好的性能。

参 考 文 献

[1] Hamilton W D. Geometry for selfish herd. Journal of Theoretical Biology, 1971, 31: 295–311

[2] Pitcher T J, Parrish K. Functions of shoaling behavior in teleosts. *In*: Pitcher T J. Behaviour of Teleost Fishes. London: Chapman & Hall, 1986

[3] 陆汝钤. 知识科学与计算科学. 北京：科学出版社，2003

[4] Bajpai P, Singh S N. Fuzzy adaptive particle swarm optimization for bidding strategy in uniform price spot market. IEEE Transactions on Power Systems, 2007, 22(4): 2152–2160

[5] Arumugam M S, Rao M V C. On the improved performances of the particle swarm optimization algorithms with adaptive parameters, cross-over operators and root mean square (RMS) variants for computing optimal control of a class of hybrid systems. Applied Soft Computing, 2008, 8(1): 324–336

[6] Qin Z, Yu F, Shi Z W, et al. Adaptive inertia weight particle swarm optimization. *In*: Rutkowski L, Tadeusiewicz R, Zadeh L A, et al. Proceedings of Artificial Intelligence and Soft Computing - Icaisc 2006. Lecture Notes in Computer Science, Berlin: Springer-Verlag, 2006: 450–459

[7] Cui Z H, Cai X J, Zeng J C, et al. Particle swarm optimization with FUSS and RWS for high dimensional functions. Applied Mathematics and Computation, 2008, 205(1): 98–108

[8] Iwasaki N, Yasuda K. Adaptive particle swarm optimization using velocity feedback. International Journal of Innovative Computing Information and Control, 2005, 1(3): 369–380

[9] Fan H. A modification to particle swarm optimization algorithm. Engineering Computations (Swansea, Wales), 2002, 19 (7-8): 970–989

[10] Cai X J, Cui Z H, Zeng J C, et al. Individual parameter selection strategy for particle swarm optimization. *In:* Particle Swarm Optimization. Lazinica Alexsandar.Vienna: I-Tech Education and Publishing, 2009: 89–112

[11] Cai X J, Cui Z H, Zeng J C, et al. Performance-dependent adaptive particle swarm optimization. International Journal of Innovative Computing, Information and Control, 2007, 3(6B): 1697–1706

[12] Cui Z H, Cai X J, Zeng J C. Some non-linear score strategies in PDPSO. ICIC Express Letters, 2008, 2(3): 311–316

[13] Cai X J, Cui Z H, Zeng J C, et al. Dispersed particle swarm optimization.Information Processing Letters, 2008, 105(6): 231–235

[14] Cai X J, Cui Z H, Zeng J C, et al. Particle swarm optimization with self-adjusting cognitive selection strategy. International Journal of Innovative Computing，Information and Control (IJICIC), 2008, 4(4): 943–952

[15] Cai X J, Cui Z H, Zeng J C, et al. Perceptive particle swarm optimization: A new learning method from birds seeking. Proceedings of 9th International Work-Conference on Artificial Neural Networks (IWANN2007), Lecture Notes in Computer Science, 2007, 4507: 1130–1137

[16] Cai X J, Cui Z H, Zeng J C, et al. Self-learning particle swarm ootimization based on environmental feedback. Proceedings of the Second International Conference on Innovative Computing, Information and Control (ICICIC2007), Japan, 2007

[17] Cui Z H. Individual cognitive parameter setting based on black stork foraging process. Proceedings of the 9th International Conference on Hybrid Intelligent Systems (HIS2009), Shenyang, August 12-14, 2009: 377–381

[18] Cai X J. Individual social strategy with non-linear manner. International Journal of Modelling, Identification and Control (IJMIC), 2009, 8(4): 301–308

[19] Cui Z H. Performance-dependent attractive and repulsive particle swarm optimization.International Journal of Modelling，Identification and Control (IJMIC), 2009, 8(4): 270–276

[20] Cui Z H, Cai X J, Zeng J C. Chaotic performance-dependent particle swarm optimization. International Journal of Innovative Computing，Information and Control (IJICIC), 2009, 5(4): 951–960

[21] 李敏强, 寇纪淞, 林丹等. 遗传算法的基本理论与应用. 北京: 科学出版社，2002

[22] Hutter M. Fitness uniform selection to preserve genetic diversity. Proceedings of the IEEE International Conference on Evolutionary Computation, 2002: 783–788

[23] Bird R J. Chaos and Life. New York: Columbia University Press, 2003

[24] Ratnaweera A, Halgamuge S K, Watson H C. Self-organizing hierarchical particle swarm optimizer with time-varying acceleration coefficients. IEEE Transactions on Evolutionary Computation, 2004, 8(3): 240–255

[25]　Feng L. The influence of individual acts on decision-making . Decision-Making Reference, 2006, (7): 60–67

[26]　Hsee C K, Weber E U. A fundamental prediction error: self-other discrepancies in risk preference. Journal of Experiment Psychology: General, 1997, 126: 45–53

[27]　Robbins S P. 组织行为学. 第 10 版. 孙建敏, 李原译. 北京: 中国人民大学出版社, 2005

[28]　Lauriola M, Levin I P. Personality traits and risky decision-making in a controlled experimental task: Anexploratory study. Personality and Individual Differences, 2001, 31: 215–226

[29]　Von Neumann J, Morgenstern O. Theory of Games and Economic Behavior. Princeton: Princeton University Press, 1947: 15–18

[30]　Savage L. The foundations of statistics. New York: Wiley, 1954: 5–12

[31]　Jiao G H, Cui Z H. A new individual-decision cognitive learning factor selection strategy. Proceedings of the 9th International Conference on Hybrid Intelligent Systems (HIS2009), Shenyang, August 12-14, 2009: 355–360

[32]　Jiao G H, Cui Z H, Zeng J C. Particle swarm optimization with individual decision. Proceedings of the 8th IEEE International Conference on Cognitive Informatics (ICCI2009), Hong Kong, June 15-17, 2009: 514–520

[33]　Fan W B, Cui Z H, Zeng J C. Inertia weight selection strategy based on lyapunov stability analysis. Proceedings of the 9th International Conference on Hybrid Intelligent Systems (HIS2009), Shenyang, August 12-14, 2009: 504–508

[34]　王高雄, 周之铭, 朱思铭等. 常微分方程. 第 2 版. 北京: 高等教育出版社, 1983

[35]　Partridge B L. The structure and function of fish schools. Scientific American, 1982: 114–123

[36]　Kennedy J, Mendes R. Population structure and particle swarm performance. Proceedings of the IEEE Congress on Compulation Intelligence, 2002: 1671–1675

[37]　Watts D J, Strogatz S H. Collective dynamics of "small-world"networks. Nature, 1998, 393：440–442

[38]　Casti J, Karlqvist A. Art and Complexity. Amsterdam: Elsevier Science Publisher，2003

[39]　王安麟. 复杂系统的分析与建模. 上海: 上海交通大学出版社, 2004

[40]　汪小帆, 李翔, 陈关荣. 复杂网络理论及其应用. 北京: 清华大学出版社, 2006

[41]　许田, 张培培, 姜玉梅等. 流行病传播模型与 SARS. 自然杂志, 2004, 1：20–25

[42]　Balthrop J, Forrest S, Newman M E J, et al. Technological networks and the spread of computer viruses. Science, 2004, 304: 527–529

[43]　Albert R. Emergence of scaling in random networks. Science, 1999, 286: 509–512

[44]　Albert R, Barabasi A L. Statistical mechanics of complex networks. Review of Modern Physics, 2002, 74: 47–91

[45]　焦国辉, 崔志华, 谭瑛等. 小世界模型的个体决策微粒群算法. 小型微型计算机系统, 2011,

32(2): 317–322

[46] Newman M E J, Watts D J. Renormalization group analysis of the small-world network model. Phys Lett A, 1999, 263(A): 341–346

[47] 胡小兵, 吴树范, 江驹. 一种基于遗传算法的求解代数方程组数值的新力法. 控制理论与应用, 2002, 19(4): 567–570

[48] He J, Xu J Y, Yao X. Solving equations by hybrid evolutionary computation techniques. IEEE Trans on Evolutionary Computation, 2000, 4(3) : 295–304

[49] 赵华敏, 陈开周. 解非线性方程组的神经网络方法. 电子学报, 2002, 30(4): 601–604

[50] 张建科, 王晓智, 刘三阳等. 求解非线性方程及方程组的粒子群算法. 计算机工程与应用, 2006, (7): 56–58

[51] 莫愿斌, 陈德钊, 胡上序. 求解非线性方程组的粒子群复形法. 信息与控制, 2006, 35(4): 423–427

第6章 带控制器的微粒群算法

6.1 引 言

自从微粒群算法提出以来，由于它具有控制参数较少、计算速度较快以及容易编程等特点，越来越多的研究人员被其吸引，利用微粒群算法对相关领域进行研究，关于这方面的研究内容，可参见第 2 章的相关内容。

然而，遗憾的是，作为一种随机优化算法，微粒群算法在提高计算速度的同时，也增加了算法发生过早收敛的概率。由于每个微粒都受到个体历史最优位置 $p_j(t)$ 及群体所发现的历史最优位置 $p_g(t)$ 的吸引，故在算法后期，所有的微粒都会聚集在群体历史最优位置附近[1]。此时，若群体历史最优位置 $p_g(t)$ 不是问题域的全局最优位置，而仅仅是一个局部最优位置，甚至是一个连局部最优位置都不是的位置，则算法将难以搜索到全局极值点。

为了改善算法性能，提高微粒群算法跳出局部极值点的概率，许多学者都进行了研究工作，并提出了一些改进策略。由于微粒群算法的形式与离散时间线性系统的状态方程相似，因此，其中一种研究方式即利用离散时间线性系统理论来分析微粒群算法性能，进而引入控制策略以提高算法跳出局部极值点的能力。

Clerc 和 Kennedy[2] 建立了由 5 个参数描述的约束模型，分析了其收敛性和相平面内粒子运动的轨迹特性。Tan 等[3] 基于线性时不变的假设给出了微粒群算法的进化运动轨迹的状态转移方程和参数选择应满足的条件，Trelea 也得出了类似的结论[4]，但由于 $p_g(t)$ 及 $p_j(t)$ 均不断更新，因此，他们的结论具有一定的局限性。进而，Chen 等[5] 将微粒群算法作为动态时变系统分析了算法稳定的充分条件。此外，还有一些学者的工作[6~8] 也可供读者参阅。上述的分析主要局限于理论上探讨算法性能，并给出相应的参数选择策略。

为了进一步减小算法发生过早收敛的概率，许多学者还利用控制理论对算法结构进行了研究。崔志华和曾建潮[9] 通过分析基本微粒群算法、标准微粒群算法及带有收缩因子的微粒群算法，发现它们或为一个积分环节与两个惯性环节组成的系统，或为三个惯性环节组成的系统，从而设计出一个由积分环节与震荡环节组成的系统。作为该系统的特例，胡建秀等提出了二阶微粒群算法[10]。

虽然，控制理论已经成功应用于微粒群算法的参数选择与稳定性分析，但利用控制理论对算法结构进行优化的研究则不多见，为此，本章从微粒群算法的差分模型出发，利用 z 变换分析了标准微粒群算法的结构，结果表明标准微粒群算法可视为一个双输入单输出的反馈系统，通过增加控制器对微粒的运行轨迹进行控制，从而提出了带控制器的微粒群算法模型，并以积分控制器与 PID 控制器为例，讨论了具体的实现方式。

6.2 标准微粒群算法的控制理论分析

考虑标准 PSO 算法的进化方程

$$v_{jk}(t+1) = wv_{jk}(t) + c_1r_1(p_{jk}(t) - x_{jk}(t)) + c_2r_2(p_{gk}(t) - x_{jk}(t)) \tag{6.1}$$

$$x_{jk}(t+1) = x_{jk}(t) + v_{jk}(t+1) \tag{6.2}$$

式 (6.2) 可变为 $v_{jk}(t+1) = x_{jk}(t+1) - x_{jk}(t)$，代入式 (6.1) 并消去速度项有

$$x_{jk}(t+1) = (w+1)x_{jk}(t) - wx_{jk}(t-1) + \varphi_1(p_{jk}(t) - x_{jk}(t))$$
$$+ \varphi_2(p_{gk}(t) - x_{jk}(t)) \tag{6.3}$$

其中 $\varphi_1 = c_1r_1$，$\varphi_2 = c_2r_2$，$\varphi = \varphi_1 + \varphi_2$。

在下面的分析中，为了方便问题的讨论起见，固定 φ_1 与 φ_2 的值，从而 φ 为常数，并且将 $p_{jk}(t)$ 与 $p_{gk}(t)$ 设为常数，并记为 p_{jk} 与 p_{gk}，则它们可视为阶跃函数，其 z 变换的结果为

$$P_{jk}(z) = \frac{z}{z-1} p_{jk}$$

$$P_{gk}(z) = \frac{z}{z-1} p_{gk}$$

对式 (6.3) 进行 z 变换，整理得

$$X_{jk}(z) = \frac{z}{z^2 - (w+1)z + w} [\varphi_1(P_{jk}(z) - X_{jk}(z)) + \varphi_2(P_{jk}(z) - X_{jk}(z))] \tag{6.4}$$

式 (6.4) 可表示为图 6.1 所示的系统结构图。从图中可以看出

(1) 进化方程中的 $\varphi_1(p_{jk}(t) - x_{jk}(t)) + \varphi_2(p_{gk}(t) - x_{jk}(t))$ 相当于两个积分环节的并联；

(2) 此时，PSO 算法的动态运行行为是一个二阶系统，其运行行为可利用二阶系统的分析方法进行分析，并且 PSO 算法的收敛性很容易保证；

(3) PSO 算法可利用 Matlab 软件进行实例仿真。

为了改变 PSO 算法的运行行为，可引入控制器以改变 PSO 算法的结构和参数，其结构如图 6.2 所示，其中 $c_1(z)$ 与 $c_2(z)$ 即为要加入控制器的 z 传递函数。此时，微粒群算法的速度进化方程修改为

$$X_{jk}(z) = \frac{z}{z^2 - (w+1)z + w}[\varphi_1 c_1(z)(P_{jk}(z) - X_{jk}(z))$$
$$+ \varphi_2 c_2(z)(P_{jk}(z) - X_{jk}(z))] \tag{6.5}$$

由于改进的算法引入了控制器，因此，称为带控制器的微粒群算法[11~21]。下面将分别引入积分控制器与 PID 控制器，并讨论相关算法的性能。

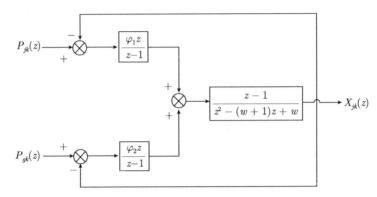

图 6.1　标准 PSO 算法的系统结构图

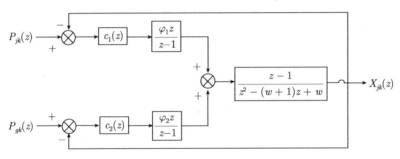

图 6.2　带控制器 PSO 算法的系统结构图

6.3　积分控制微粒群算法

6.3.1　积分控制微粒群算法的进化方程

根据 6.2 节的分析，可在标准 PSO 算法的系统结构中引入控制器，以改变 PSO 算法的动态运行行为，进而改善 PSO 算法的群体多样性或收敛速度。显然，当控制器 $c_1(z)$ 与 $c_2(z)$ 为比例控制器时，由于其 z 传递函数为 k，因此，引入比例控制器相当于改变参数 φ_1 与 φ_2。

由于比例控制器在调节结束时会产生静态偏差 (简称为静差，即指当调节过程终止时，被调节参数测量值与给定值之差)，因此，在一般情形下不单独使用，需要与其他控制器配合使用。而积分控制器能有效地解决这个问题。只要偏差存在，积分控制器的输出就会随时间不断增长，直到偏差消除，控制器的输出才不再变化。这是积分控制器的特点。然而，积分控制器的一个重要缺陷是它动作缓慢，在偏差刚出现时，控制器作用很弱，不能及时克服扰动的影响，致使被控制参数的动态偏差增大，控制过程拖长[22]。

但是对于随机优化算法而言，积分控制器初期较慢的调节力度可以保证算法在前期有较为充分的全局搜索性能，不至于过早陷入某个局部极值点。而在后期，由于积分控制器的力度较大，使得算法具有较大的局部搜索能力。因此，积分控制器调节较慢的缺点成为将其引入随机算法的一个重要依据。

由图 6.2 可知，带控制器 PSO 算法的一个输入端为 $P_{jk}(z)$，另一个输入端为 $P_{gk}(z)$，输出端为 $X_{jk}(z)$。将积分控制器 $c_1(z) = c_2(z) = \dfrac{z}{z-1}$ 代入式 (6.5) 得到

$$X_{jk}(z) = \frac{z^2}{z^3 - (w+2)z^2 + (2w+1)z - w}[\varphi_1(P_{jk}(z) - X_{jk}(z))$$
$$+ \varphi_2(P_{gk}(z) - X_{jk}(z))] \tag{6.6}$$

取 z 反变换得

$$x_{jk}(t+1) = (w+2)x_{jk}(t) - (2w+1)x_{jk}(t-1) + wx_{jk}(t-2)$$
$$+ \varphi_1(p_{jk}(t) - x_{jk}(t)) + \varphi_2(p_{gk}(t) - x_{jk}(t)) \tag{6.7}$$

定义

$$v_{jk}(t+1) = x_{jk}(t+1) - x_{jk}(t) \tag{6.8}$$

$$a_{jk}(t+1) = v_{jk}(t+1) - v_{jk}(t) = x_{jk}(t+1) - 2x_{jk}(t) + x_{jk}(t-1) \tag{6.9}$$

则引入积分控制器的 PSO 算法的进化方程为

$$a_{jk}(t+1) = wa_{jk}(t) + c_1 r_1(p_{jk}(t) - x_{jk}(t)) + c_2 r_2(p_{gk}(t) - x_{jk}(t)) \tag{6.10}$$

$$v_{jk}(t+1) = v_{jk}(t) + a_{jk}(t+1) \tag{6.11}$$

$$x_{jk}(t+1) = x_{jk}(t) + v_{jk}(t+1) \tag{6.12}$$

由于算法中引入了积分控制器，所以称该算法为带积分控制器的微粒群算法 (integral-controller particle swarm optimization, ICPSO)。从上述进化方程可以看出，带积分控制器的 PSO 算法相当于引入加速度项，使算法的进化行为呈现出三阶系统的特性。在相同参数的情况下，种群多样性增强，从而增加了算法的全局勘探能力。

从人工动物的角度来分析，标准微粒群算法模拟了 Reynolds 提出的 "人工鸟"(Boid) 模型[23]，而带积分控制器的 PSO 算法引入加速度项，则相当于模拟了 Dolan 提出的 "人工蝇"(Floy) 模型[24]。

类似于最大速度上限，对加速度引入相应的最大加速度上限 a_{max}，使得对于加速度 $a_{jk}(t)$ 满足

$$|a_{jk}(t)| \leqslant a_{max} \tag{6.13}$$

一般在求解问题时，标准 PSO 算法的最大速度上限总选为定义域的上界 x_{max}，因此，为简单起见，在本章的实验中，最大加速度上限 a_{max} 取为 v_{max}。

6.3.2 稳定性分析

由图 6.2 可知，ICPSO 可视为双输入单输出的线性系统，因此，输入为 $P_{jk}(z)$ 的开环 z 传递函数为

$$G_{k1}(z) = \frac{\varphi_1 z^2}{(z-1) \cdot [z^2 - (1+w)z + w]} \tag{6.14}$$

它的特征方程为

$$1 + G_{k1}(z) = 0 \tag{6.15}$$

整理得

$$z^3 + (\varphi_1 - w - 2)z^2 + (2w+1)z - w = 0 \tag{6.16}$$

利用变换 $z = \dfrac{y+1}{y-1}$，得到如下的方程：

$$\varphi_1 y^3 + \varphi_1 y^2 + (4 - 4w - \varphi_1)y + (4 + 4w - \varphi_1) = 0 \tag{6.17}$$

根据 Routh 稳定性定理[25]，对于方程

$$b_0 y^3 + b_1 y^2 + b_2 y + b_3 = 0 \tag{6.18}$$

系统稳定当且仅当下列条件都满足：① 所有系数均为正数；② $b_1 b_2 - b_0 b_3 > 0$。将这一定理应用于上面的特征方程得到

$$b_0 > 0 \Rightarrow \varphi_1 > 0 \tag{6.19}$$

$$b_2 > 0 \Rightarrow 4 - 4w - \varphi_1 > 0 \tag{6.20}$$

$$b_3 > 0 \Rightarrow 4 + 4w - \varphi_1 > 0 \tag{6.21}$$

$$b_1 b_2 - b_0 b_3 > 0 \Rightarrow w < 0 \tag{6.22}$$

整理得到 $w < 0$。

考虑 (6.21) 和 (6.22) 两式得到

$$\frac{1}{4}(\varphi_1 - 4) < w < 0 \tag{6.23}$$

同理，利用另一个输入 $P_{gk}(z)$，可以得到

$$\frac{1}{4}(\varphi_2 - 4) < w < 0 \tag{6.24}$$

从而得到保持 ICPSO 算法稳定的惯性权重的取值范围为

$$\max \left\{ \frac{1}{4}(\varphi_1 - 4), \frac{1}{4}(\varphi_2 - 4) \right\} < w < 0 \tag{6.25}$$

该结果表明带积分控制器 PSO 算法的惯性权重 w 应为负值，而常见的惯性权重的选择方式均为正数，因此，由以上分析可以得出，加速度项的引入确实对算法的稳定性产生了影响。

6.3.3 参数选择

ICPSO 有三个参数：惯性权重 w，认知系数 c_1 与社会系数 c_2。为了保证算法的计算效率，在算法前期，各微粒应进行发散搜索，以探索尽可能多的区域；而在算法后期，应主要开发群体历史最优位置附近的区域，以提高局部搜索能力。从这一思想出发，借鉴 Ratnaweera 等[26] 对标准 PSO 算法中认知系数与社会系数的研究，可设置如下：

$$c_1(t) = 2.5 - 2.0 \cdot \frac{t}{T} \tag{6.26}$$

$$c_2(t) = 0.5 + 2.0 \cdot \frac{t}{T} \tag{6.27}$$

其中 t 表明当前进化代数，而 T 则表示预先设置的最大进化代数。

按照式 (6.25)，惯性权重 w 可按下式选择：

$$w = \max \left\{ \frac{1}{4}(\varphi_1 - 4), \frac{1}{4}(\varphi_2 - 4) \right\} \cdot \text{rand}(0, 1) \tag{6.28}$$

6.3.4 ICPSO 算法流程

(1) 种群初始化：各微粒的初始位置在定义域中随机选择，速度向量及加速度向量在 $[-v_{\max}, v_{\max}]^D$ 中随机选择，个体历史最优位置 $\boldsymbol{p}_j(t)$ 等于各微粒初始位置，群体最优位置 $\boldsymbol{p}_g(t)$ 为适应值最好的微粒所对应的位置，进化代数 t 置为 0；

(2) 参数初始化：按照 (6.26)~(6.28) 设置惯性权重 w，认知系数 c_1 与社会系数 c_2；

(3) 利用 (6.10) 计算微粒下一代的加速度, 并进行调整;

(4) 利用 (6.11) 计算微粒下一代的速度, 并进行调整;

(5) 由式 (6.12) 计算微粒下一代的位置;

(6) 计算每个微粒的适应值;

(7) 更新各微粒的个体历史最优位置与群体历史最优位置;

(8) 如果没有达到结束条件, 返回步骤 (2); 否则, 停止计算, 并输出最优结果。

6.4 PID 控制微粒群算法

6.4.1 PID 控制微粒群算法的进化方程

积分控制器在早期具有较强的全局搜索能力, 而在晚期则具有较强的局部搜索性能, 在低维情形下, 有效地提高了算法效率, 但对于高维问题性能不是很好。本节将引入比例–积分–微分控制器 (即 PID 控制器), 着重于增加算法的全局收敛能力, 以提高算法在高维问题时的性能。PID 控制器的 z 传递函数为

$$K_p \left(1 + \frac{z}{T_I(z-1)} + T_D \frac{z-1}{z} \right) \tag{6.29}$$

设控制器 $c_1(z) = c_2(z) = K_p \left(1 + \frac{z}{T_I(z-1)} + T_D \frac{z-1}{z} \right)$, 则有

$$
\begin{aligned}
X_{jk}(z) &= \frac{z}{z^2 - (w+1)z + w} \cdot K_p \cdot \left[1 + \frac{z}{T_I(z-1)} + T_D \frac{z-1}{z} \right] \cdot u(z) \\
&= \frac{K_p}{T_I} \cdot \frac{(T_I + 1 + T_D T_I)z^2 - (T_I + 2T_D T_I)z + T_D T_I}{[z^2 - (w+1)z + w] \cdot (z-1)} \cdot u(z)
\end{aligned} \tag{6.30}
$$

其中 $u(z) = \varphi_1(P_{jk}(z) - X_{jk}(z)) + \varphi_2(P_{gk}(z) - X_{jk}(z))$。令 $\alpha = T_I + T_D T_I + 1$, $\beta = -(T_I + 2T_D T_I)$, $\gamma = T_D T_I$, $\varphi_1' = \frac{K_p}{T_I} \varphi_1$ 且 $\varphi_2' = \frac{K_p}{T_I} \varphi_2$, 则

$$
\begin{aligned}
X_{jk}(z) = \frac{\alpha z^2 + \beta z}{z^3 - (w+2)z^2 + (2w+1)z - w} & [\varphi_1'(P_{jk}(z) - X_{jk}(z)) \\
& + \varphi_2'(P_{gk}(z) - X_{jk}(z))]
\end{aligned} \tag{6.31}
$$

取 z 反变换得

$$
\begin{aligned}
& x_{jk}(t+1) - (w+2)x_{jk}(t) + (2w+1)x_{jk}(t-1) - w x_{jk}(t-2) \\
& = \alpha \varphi_1'[p_{jk}(t) - x_{jk}(t)] + \alpha \varphi_2'[p_{gk}(t) - x_{jk}(t)] \\
& \quad + \beta \varphi_1'[p_{jk}(t-1) - x_{jk}(t-1)] + \beta \varphi_2'[p_{gk}(t-1) - x_{jk}(t-1)] \\
& \quad + \gamma \varphi_1'[p_{jk}(t-2) - x_{jk}(t-2)] + \gamma \varphi_2'[p_{gk}(t-2) - x_{jk}(t-2)]
\end{aligned} \tag{6.32}
$$

定义速度为

$$v_{jk}(t+1) = x_{jk}(t+1) - x_{jk}(t) \tag{6.33}$$

仿照速度的定义方式, 定义加速度为

$$a_{jk}(t+1) = v_{jk}(t+1) - v_{jk}(t) = x_{jk}(t+1) - 2x_{jk}(t) + x_{jk}(t-1) \tag{6.34}$$

经整理得

$$
\begin{aligned}
a_{jk}(t+1) = & wa_{jk}(t) + \alpha\varphi_1'(p_{jk}(t) - x_{jk}(t)) + \alpha\varphi_2'(p_{gk}(t) - x_{jk}(t)) \\
& + \beta\varphi_1'[p_{jk}(t-1) - x_{jk}(t-1)] + \beta\varphi_2'[p_{gk}(t-1) - x_{jk}(t-1)] \\
& + \gamma\varphi_1'[p_{jk}(t-2) - x_{jk}(t-2)] + \gamma\varphi_2'[p_{gk}(t-2) - x_{jk}(t-2)] \tag{6.35}
\end{aligned}
$$

$$v_{jk}(t+1) = v_{jk}(t) + a_{jk}(t+1) \tag{6.36}$$

$$x_{jk}(t+1) = x_{jk}(t) + v_{jk}(t+1) \tag{6.37}$$

从上式可以看出, 带 PID 控制器的 PSO 算法 (PID-controller PSO, PID-PSO) 使算法的进化行为呈现出三阶系统的特性, 这一点与 ICPSO 相同。因此, 其算法流程与 ICPSO 基本相同, 除了步骤 (3)~(5) 中分别用 (6.35)~(6.37) 来替换。下面将具体讨论相应的参数选择策略。

6.4.2 基于支撑集理论的分析

下面针对 PID-PSO 算法的进化多样性和收敛性从支撑集理论进行分析。在 PSO 算法进化过程中, 微粒的样本空间的支撑集 $M_{j,t}$ 反映了进化过程的多样性, 也是保证收敛的全局最优性的关键, 当定义域 $D \subseteq \bigcup_j M_{j,t}$ 时, PSO 算法以概率 1 收敛于全局最优解[1]。在通常情况下, 微粒的支撑集 $M_{j,t}$ 越大, 收敛的全局最优性越好。相反, 支撑集越小, 局部收敛能力越强。对于标准 PSO 算法, 微粒 i 的样本空间支撑集 $M_{j,t}$ 为

$$
\begin{aligned}
\boldsymbol{M}_{j,t} = & (w+1)\boldsymbol{x}_j(t-1) - w\boldsymbol{x}_j(t-2) + \varphi_1(\boldsymbol{p}_j(t-1) - \boldsymbol{x}_j(t-1)) \\
& + \varphi_2(\boldsymbol{p}_g(t-1) - \boldsymbol{x}_j(t-1) \tag{6.38}
\end{aligned}
$$

由于 $\varphi_1 \in [0, c_1]$, $\varphi_2 \in [0, c_2]$, 则 $M_{j,t}$ 为一具有顶点 $\varphi_1 = \varphi_2 = 0$ 和 $\varphi_1 = c_1$, $\varphi_2 = c_2$ 的超矩形体。当 $\varphi_1 = \varphi_2 = 0$ 时,

$$\boldsymbol{M}_{j,t}^0 = (w+1)\boldsymbol{x}_j(t-1) - w\boldsymbol{x}_j(t-2) \tag{6.39}$$

当 $\varphi_1 = c_1$, $\varphi_2 = c_2$ 时,

$$\boldsymbol{M}_{j,t}^c = (w+1)\boldsymbol{x}_j(t-1) - w\boldsymbol{x}_j(t-2) + c_1(\boldsymbol{p}_j(t-1) - \boldsymbol{x}_j(t-1))$$
$$+ c_2(\boldsymbol{p}_g(t-1) - \boldsymbol{x}_j(t-1)) \tag{6.40}$$

为了考虑标准 PSO 算法微粒 j 的样本空间支撑集的大小, 考虑其对角线。由于支撑集为一个超立方体, 故对角线的长度可以用来衡量该支撑集的大小。对于标准 PSO 算法而言, 其对角线长度向量为

$$\boldsymbol{M}_{j,t}^c - \boldsymbol{M}_{j,t}^0 = c_1(\boldsymbol{p}_j(t-1) - \boldsymbol{x}_j(t-1)) + c_2(\boldsymbol{p}_g(t-1) - \boldsymbol{x}_j(t-1)) \tag{6.41}$$

已经知道, 对于欧氏空间而言, 其上的各种范数相互等价[27]。为此, 考虑对角线长度向量的 ∞ 范数, 即

$$\text{Length}_{\text{PSO}} = \max_{1 \leqslant k \leqslant n} \{|c_1(p_{jk}(t-1) - x_{jk}(t-1))$$
$$+ c_2(p_{gk}(t-1) - x_{jk}(t-1)|\} \tag{6.42}$$

为方便起见, 不妨设第 s 维分量为最优, 故得到

$$\text{Length}_{\text{PSO}} = |c_1(p_{js}(t-1) - x_{js}(t-1)) + c_2(p_{gs}(t-1) - x_{js}(t-1))|$$
$$= \max_{1 \leqslant k \leqslant n} \{|c_1(p_{jk}(t-1) - x_{jk}(t-1)) + c_2(p_{gk}(t-1) - x_{jk}(t-1))|\} \tag{6.43}$$

对于 PID-PSO 算法, 其微粒 j 的样本空间支撑集 $\boldsymbol{M}'_{j,t}$ 为

$$\boldsymbol{M}'_{j,t} = (w+2)\boldsymbol{x}_j(t-1) - (2w+1)\boldsymbol{x}_j(t-2) + w\boldsymbol{x}_j(t-3)$$
$$+ \alpha\varphi'_1[\boldsymbol{p}_j(t-1) - \boldsymbol{x}_j(t-1)] + \alpha\varphi'_2[\boldsymbol{p}_g(t-1) - \boldsymbol{x}_j(t-1)]$$
$$+ \beta\varphi'_1[\boldsymbol{p}_j(t-2) - \boldsymbol{x}_j(t-2)] + \beta\varphi'_2[\boldsymbol{p}_g(t-2) - \boldsymbol{x}_j(t-2)]$$
$$+ \gamma\varphi'_1[\boldsymbol{p}_j(t-3) - \boldsymbol{x}_j(t-3)] + \gamma\varphi'_2[\boldsymbol{p}_g(t-3) - \boldsymbol{x}_j(t-3)] \tag{6.44}$$

由于 $0 \leqslant \varphi'_1 \leqslant \dfrac{K_p}{T_I}c_1$, $0 \leqslant \varphi'_2 \leqslant \dfrac{K_p}{T_I}c_2$, 则 $\boldsymbol{M}'_{j,t}$ 为一具有顶点 $\varphi'_1 = \varphi'_2 = 0$ 和 $\varphi'_1 = \dfrac{K_p}{T_I}c_1$, $\varphi'_2 = \dfrac{K_p}{T_I}c_2$ 的超矩形体。当 $\varphi'_1 = \varphi'_2 = 0$ 时,

$$\boldsymbol{M}_{j,t}^{0'} = (w+2)\boldsymbol{x}_j(t-1) - (2w+1)\boldsymbol{x}_j(t-2) + w\boldsymbol{x}_j(t-3) \tag{6.45}$$

当 $\varphi'_1 = \dfrac{K_p}{T_I}c_1$, $\varphi'_2 = \dfrac{K_p}{T_I}c_2$ 时,

$$\boldsymbol{M}_{j,t}^{c'} = (w+2)\boldsymbol{x}_j(t-1) - (2w+1)\boldsymbol{x}_j(t-2) + w\boldsymbol{x}_j(t-3)$$
$$+ \alpha\dfrac{K_p}{T_I}c_1[\boldsymbol{p}_j(t-1) - \boldsymbol{x}_j(t-1)] + \alpha\dfrac{K_p}{T_I}c_2[\boldsymbol{p}_g(t-1) - \boldsymbol{x}_j(t-1)]$$
$$+ \beta\dfrac{K_p}{T_I}c_1[\boldsymbol{p}_j(t-2) - \boldsymbol{x}_j(t-2)] + \beta\dfrac{K_p}{T_I}c_2[\boldsymbol{p}_g(t-2) - \boldsymbol{x}_j(t-2)]$$
$$+ \gamma\dfrac{K_p}{T_I}c_1[\boldsymbol{p}_j(t-3) - \boldsymbol{x}_j(t-3)] + \gamma\dfrac{K_p}{T_I}c_2[\boldsymbol{p}_g(t-3) - \boldsymbol{x}_j(t-3)] \tag{6.46}$$

因此, 对于 PID-PSO 算法来说, 其对角线长度向量为

$$
\boldsymbol{M}_{j,t}^{c'} - \boldsymbol{M}_{j,t}^{0'} = \alpha \frac{K_p}{T_I} c_1 [\boldsymbol{p}_j(t-1) - \boldsymbol{x}_j(t-1)] + \alpha \frac{K_p}{T_I} c_2 [\boldsymbol{p}_g(t-1) - \boldsymbol{x}_j(t-1)]
$$
$$
+ \beta \frac{K_p}{T_I} c_1 [\boldsymbol{p}_j(t-2) - \boldsymbol{x}_j(t-2)] + \beta \frac{K_p}{T_I} c_2 [\boldsymbol{p}_g(t-2) - \boldsymbol{x}_j(t-2)]
$$
$$
+ \gamma \frac{K_p}{T_I} c_1 [\boldsymbol{p}_j(t-3) - \boldsymbol{x}_j(t-3)] + \gamma \frac{K_p}{T_I} c_2 [\boldsymbol{p}_g(t-3) - \boldsymbol{x}_j(t-3)] \quad (6.47)
$$

其长度为 (∞ 范数)

$$
\mathrm{Length}_{\text{PID-PSO}}
$$
$$
= \max_{1 \leqslant k \leqslant n} \left\{ \left| \alpha \frac{K_p}{T_I} c_1 [p_{jk}(t-1) - x_{jk}(t-1)] + \alpha \frac{K_p}{T_I} c_2 [p_{gk}(t-1) - x_{jk}(t-1)] \right. \right.
$$
$$
+ \beta \frac{K_p}{T_I} c_1 [p_{jk}(t-2) - x_{jk}(t-2)] + \beta \frac{K_p}{T_I} c_2 [p_{gk}(t-2) - x_{jk}(t-2)]
$$
$$
\left. \left. + \gamma \frac{K_p}{T_I} c_1 [p_{jk}(t-3) - x_{jk}(t-3)] + \gamma \frac{K_p}{T_I} c_2 [p_{gk}(t-3) - x_{jk}(t-3)] \right| \right\} \quad (6.48)
$$

由于 K_p, T_I, T_D 为非负数, 从而 $\alpha, \gamma \geqslant 0$, $\beta \leqslant 0$, 故上式等价于

$$
\mathrm{Length}_{\text{PID-PSO}}
$$
$$
= \frac{K_p}{T_I} \cdot \max_{1 \leqslant k \leqslant n} \left\{ |\alpha c_1 [p_{jk}(t-1) - x_{jk}(t-1)] + \alpha c_2 [p_{gk}(t-1) - x_{jk}(t-1)] \right.
$$
$$
+ \beta c_1 [p_{jk}(t-2) - x_{jk}(t-2)] + \beta c_2 [p_{gk}(t-2) - x_{jk}(t-2)]
$$
$$
\left. + \gamma c_1 [p_{jk}(t-3) - x_{jk}(t-3)] + \gamma c_2 [p_{gk}(t-3) - x_{jk}(t-3)]| \right\} \quad (6.49)
$$

为了更好地分析微粒的支撑集大小, 考虑 $\mathrm{Length}_{\text{PID-PSO}}$ 的上、下界。由上式, 有如下下界估计:

$$
\mathrm{Length}_{\text{PID-PSO}}
$$
$$
\geqslant \frac{K_p}{T_I} \cdot \left\{ |\alpha c_1 [p_{js}(t-1) - x_{js}(t-1)] + \alpha c_2 [p_{gs}(t-1) - x_{js}(t-1)] \right.
$$
$$
+ \beta c_1 [p_{js}(t-2) - x_{js}(t-2)] + \beta c_2 [p_{gs}(t-2) - x_{js}(t-2)]
$$
$$
\left. + \gamma c_1 [p_{js}(t-3) - x_{js}(t-3)] + \gamma c_2 [p_{gs}(t-3) - x_{js}(t-3)]| \right\} \quad (6.50)
$$

设

$$
u_1 = c_1 [p_{js}(t-1) - x_{js}(t-1)] + c_2 [p_{gs}(t-1) - x_{js}(t-1)] \quad (6.51)
$$

$$
u_2 = c_1 [p_{js}(t-2) - x_{js}(t-2)] + c_2 [p_{gs}(t-2) - x_{js}(t-2)] \quad (6.52)
$$

$$
u_3 = c_1 [p_{js}(t-3) - x_{js}(t-3)] + c_2 [p_{gs}(t-3) - x_{js}(t-3)] \quad (6.53)
$$

从而式 (6.50) 可变换成

$$\text{Length}_{\text{PID-PSO}} \geqslant \frac{K_p}{T_I} \cdot |\alpha u_1 + \beta u_2 + \gamma u_3| \tag{6.54}$$

此外, 由式 (6.49), 其上界估计为

$$
\begin{aligned}
&\text{Length}_{\text{PID-PSO}} \\
&\leqslant \frac{K_p}{T_I} \cdot \max_{1 \leqslant k \leqslant n} \{ |\alpha c_1 [p_{jk}(t-1) - x_{jk}(t-1)] + \alpha c_2 [p_{gk}(t-1) - x_{jk}(t-1)] | \\
&\quad + |\beta c_1 [p_{jk}(t-2) - x_{jk}(t-2)] + \beta c_2 [p_{gk}(t-2) - x_{jk}(t-2)] | \\
&\quad + |\gamma c_1 [p_{jk}(t-3) - x_{jk}(t-3)] + \gamma c_2 [p_{gk}(t-3) - x_{jk}(t-3)] | \} \\
&\leqslant \frac{K_p}{T_I} \cdot \max_{1 \leqslant k \leqslant n} \{ |\alpha c_1 [p_{jk}(t-1) - x_{jk}(t-1)] + \alpha c_2 [p_{gk}(t-1) - x_{jk}(t-1)] | \} \\
&\quad + \max_{1 \leqslant k \leqslant n} \{ |\beta c_1 [p_{jk}(t-2) - x_{jk}(t-2)] + \beta c_2 [p_{gk}(t-2) - x_{jk}(t-2)] | \} \\
&\quad + \max_{1 \leqslant k \leqslant n} \{ |\gamma c_1 [p_{jk}(t-3) - x_{jk}(t-3)] + \gamma c_2 [p_{gk}(t-3) - x_{jk}(t-3)] | \} \\
&= \frac{K_p}{T_I} \cdot \{ |\alpha u_1| + |\beta u_2'| + |\gamma u_3'| \} \\
&= \frac{K_p}{T_I} \cdot \{ \alpha |u_1| - \beta |u_2'| + \gamma |u_3'| \}
\end{aligned} \tag{6.55}
$$

其中

$$u_2' = \max_{1 \leqslant k \leqslant n} \{ c_1 [p_{jk}(t-2) - x_{jk}(t-2)] + c_2 [p_{gk}(t-2) - x_{jk}(t-2)] \} \tag{6.56}$$

$$u_3' = \max_{1 \leqslant k \leqslant n} \{ c_1 [p_{jk}(t-3) - x_{jk}(t-3)] + c_2 [p_{gk}(t-3) - x_{jk}(t-3)] \} \tag{6.57}$$

由 u_1 的定义有

$$\text{Length}_{\text{PSO}} = |u_1| \tag{6.58}$$

故为了使 PID-PSO 算法具有更好的全局勘探能力, 需要选择合适的参数 K_p, T_I, T_D, 使得 PID-PSO 算法在进化过程中, 任一微粒 j 的样本空间的支撑集都大于标准 PSO 算法对应微粒 j 的样本空间的支撑集。下面将分析这样的参数是否存在? 为比较 $\text{Length}_{\text{PSO}}$ 与 $\text{Length}_{\text{PID-PSO}}$ 的大小, 考虑 αu_1 与 $\beta u_2 + \gamma u_3$ 的符号, 即在 u_1, u_2, u_3 已知的情况下, 是否存在参数 α, β, γ, 使得 αu_1 与 $\beta u_2 + \gamma u_3$ 同号。经过简单分析, 可以得到如下结果。

当下式成立时, 不存在参数 α, β, γ, 使得 αu_1 与 $\beta u_2 + \gamma u_3$ 同号:

$$
\begin{cases}
u_1 > 0 \\
u_2 \geqslant 0 \\
u_3 \leqslant 2u_2
\end{cases} \tag{6.59}
$$

或

$$\begin{cases} u_1 < 0 \\ u_2 \leqslant 0 \\ u_3 \geqslant 2u_2 \end{cases} \tag{6.60}$$

下面分两种情形讨论:

(1) u_1, u_2, u_3 不满足条件 (6.59) 的情形,则存在参数 α, β, γ, 使得 αu_1 与 $\beta u_2 + \gamma u_3$ 同号。这个结论显然成立,由于 u_1, u_2, u_3 为常数,若 $\alpha u_1 > 0$, 则可选择参数 β, γ, 使得 $\beta u_2 + \gamma u_3 > 0$, 反之亦然。此时,

$$\begin{aligned} \text{Length}_{\text{PID-PSO}} &\geqslant \frac{K_p}{T_I} \cdot |\alpha u_1 + \beta u_2 + \gamma u_3| \tag{6.61} \\ &\geqslant \frac{K_p}{T_I} \cdot |\alpha u_1| + |\beta u_2 + \gamma u_3| \\ &= \frac{K_p}{T_I} \cdot \alpha |u_1| + |\beta u_2 + \gamma u_3| \tag{6.62} \end{aligned}$$

考虑

$$\text{Length}_{\text{PID-PSO}} - \text{Length}_{\text{PSO}} \geqslant \left(\alpha \frac{K_p}{T_I} - 1 \right) \cdot |u_1| + \frac{K_p}{T_I} \cdot |\beta u_2 + \gamma u_3| \tag{6.63}$$

取

$$\alpha \frac{K_p}{T_I} - 1 \geqslant 0 \tag{6.64}$$

则有

$$\text{Length}_{\text{PID-PSO}} \geqslant \text{Length}_{\text{PSO}} \tag{6.65}$$

(2) u_1, u_2, u_3 满足条件 (6.59) 的情形。此时,不存在参数 α, β, γ, 使得 αu_1 与 $\beta u_2 + \gamma u_3$ 同号。为此,利用式 (6.61) 可以得到

$$\begin{aligned} \text{Length}_{\text{PSO}} &- \text{Length}_{\text{PID-PSO}} \\ &\geqslant \left(1 - \frac{K_p}{T_I} \alpha \right) |u_1| + \frac{K_p}{T_I} [\beta |u_2'| - \gamma |u_3'|] \end{aligned} \tag{6.66}$$

整理可得

$$K_p \left\{ |u_1| + |u_2'| + T_D[|u_1| + 2|u_2'| + |u_3'|] + \frac{|u_1|}{T_I} \right\} \leqslant |u_1| \tag{6.67}$$

由于式 (6.59) 要求 $u_1 \neq 0$, 而

$$|u_1| + |u_2'| + T_D[|u_1| + 2|u_2'| + |u_3'|] + \frac{|u_1|}{T_I} > 0 \tag{6.68}$$

则

$$K_p \leqslant \frac{|u_1|}{|u_1| + |u_2'| + T_D[|u_1| + 2|u_2'| + |u_3'|] + \dfrac{|u_1|}{T_I}} \tag{6.69}$$

从而有

$$\text{Length}_{\text{PSO}} \geqslant \text{Length}_{\text{PID-PSO}} \tag{6.70}$$

这表明既存在这样的参数组合 K_p, T_I, T_D, 使得 PID-PSO 算法在进化过程中, 任一微粒 j 的样本空间的支撑集大于标准 PSO 算法对应微粒 j 的样本空间的支撑集, 也存在参数组合 K_p, T_I, T_D, 使得任一微粒 j 的样本空间的支撑集小于相应的 PSO 算法对应微粒的支撑集。下面将分析有多大的概率, 使得 PID-PSO 算法在进化过程中, 任一微粒 j 的样本空间的支撑集大于标准 PSO 算法对应微粒 j 的样本空间的支撑集, 即 PID-PSO 算法的全局收敛性能是否优于 PSO 算法?

经过分析可以发现, PID-PSO 算法微粒的支撑集是否比相应的 PSO 算法的微粒支撑集大, 关键在于式 (6.59) 是否成立?

考虑 $\boldsymbol{p}_j(t) = (p_{j1}(t), p_{j2}(t), \cdots, p_{jn}(t))$, $\boldsymbol{p}_g(t) = (p_{g1}(t), p_{g2}(t), \cdots, p_{gn}(t))$ 和 $\boldsymbol{x}_j(t) = (x_{j1}(t), x_{j2}(t), \cdots, x_{jn}(t))$ 均为定义域中的点。不失一般性, 设它们在 $D = [x_{\min}, x_{\max}]^D$ 中以相同概率产生, 故按照 u_1, u_2, u_3 的定义可知, 下式成立:

$$(c_1 + c_2) \cdot (x_{\min} - x_{\max}) \leqslant u_1, u_2, u_3 \leqslant (c_1 + c_2) \cdot (x_{\max} - x_{\min}) \tag{6.71}$$

从而表明对于 u_1, u_2 而言, 下列 4 种情况各占 25% 的概率:

$$u_1 > 0 \quad \text{且} \quad u_2 \geqslant 0 \tag{6.72}$$

$$u_1 < 0 \quad \text{且} \quad u_2 \leqslant 0 \tag{6.73}$$

$$u_1 \leqslant 0 \quad \text{且} \quad u_2 > 0 \tag{6.74}$$

$$u_1 \geqslant 0 \quad \text{且} \quad u_2 < 0 \tag{6.75}$$

这表明对于式 (6.59) 来说, 其成立的概率至多为 50%。下面接着分析 $u_3 - 2u_2 \geqslant 0$ 或 $u_3 - 2u_2 < 0$ 的概率。利用几何模型有

$$\text{Pro}\{u_3 - 2u_2 \geqslant 0\} = \int_{(c_1+c_2)\cdot(x_{\min}-x_{\max})}^{(c_1+c_2)\cdot(x_{\max}-x_{\min})} \mathrm{d}u_2 \int_{(c_1+c_2)\cdot(x_{\min}-x_{\max})}^{2u_2} \mathrm{d}u_3 = 0.5 \tag{6.76}$$

其中 $\text{Pro}\{x\}$ 表示 x 发生的概率。

综上所述, PID-PSO 算法微粒的支撑集有 75% 的概率大于相应的 PSO 算法微粒的支撑集, 而仅有 25% 的概率小于相应的 PSO 算法微粒的支撑集。从支撑集的角度来看, PID-PSO 有 75% 的概率比标准 PSO 算法拥有更强的全局搜索能力, 而仅有 25% 的概率不如标准 PSO 算法的全局搜索能力。

6.4.3 基于稳定性理论的分析

下面对 PID-PSO 算法的收敛性进行讨论。由图 6.2 知，PID-PSO 算法为一双输入单输出系统，其开环 z 传递函数 $G_k(z)$（对输入 $P_{jk}(z)$）为

$$G_k(z) = K_p \cdot \left[1 + \frac{z}{T_I(z-1)} + T_D \cdot \frac{z-1}{z} \right] \cdot \frac{\varphi_1 z}{z-1} \cdot \frac{z-1}{z^2 - (w+1)z + w}$$

$$= \frac{K_p}{T_I} \cdot \varphi_1 \cdot \frac{\alpha z^2 + \beta z + \gamma}{(z-1)[z^2 - (w+2)z + w]}$$

$$= \varphi_1' \cdot \frac{\alpha z^2 + \beta z + \gamma}{z^3 - (w+2)z^2 + (2w+1)z - w} \tag{6.77}$$

系统的特征方程为

$$1 + G_k(z) = 0$$

从而有

$$z^3 - (w+2)z^2 + (2w+1)z - w + \varphi_1' \cdot (\alpha z^2 + \beta z + \gamma) = 0 \tag{6.78}$$

为了讨论其稳定性条件，对式 (6.78) 进行 $z = \dfrac{y+1}{y-1}$ 变换得

$$\varphi_1' \cdot y^3 + (2T_I + 1)\varphi_1' \cdot y^2 + [4(1-w) + (4T_D T_I - 1)\varphi_1'] \cdot y$$

$$+ [4(1+w) - (1 + 2T_I + 4T_D T_I)\varphi_1'] = 0 \tag{6.79}$$

式 (6.79) 可简写为

$$b_0 y^3 + b_1 y^2 + b_2 y + b_3 = 0 \tag{6.80}$$

根据 Routh 稳定判据，上述系统稳定，即 PID-PSO 算法收敛的充分必要条件为

$$b_0 > 0, \quad b_1 > 0, \quad b_2 > 0, \quad b_3 > 0, \quad b_1 b_2 - b_0 b_3 > 0 \tag{6.81}$$

从而有

$$b_0 > 0 \Rightarrow \varphi_1' = \varphi_1 \frac{K_p}{T_I} > 0 \tag{6.82}$$

$$b_1 > 0 \Rightarrow (2T_I + 1)\varphi_1' > 0 \tag{6.83}$$

$$b_2 > 0 \Rightarrow 4(1-w) + (4T_D T_I - 1)\varphi_1' > 0 \tag{6.84}$$

$$b_3 > 0 \Rightarrow 4(1+w) - (2T_I + 4T_D T_I + 1)\varphi_1' > 0 \tag{6.85}$$

$$b_1 b_2 - b_0 b_3 > 0 \Rightarrow 8\varphi_1'[T_I - T_I w - w + \varphi_1' T_D T_I (T_I + 1)] > 0 \tag{6.86}$$

(6.82)，(6.83) 显然成立。由 (6.84) 与 (6.85) 两种情形可知

$$\frac{\varphi_1'(2T_I + 4T_DT_I + 1)}{4} - 1 < w < \frac{\varphi_1'(4T_DT_I - 1)}{4} + 1 \tag{6.87}$$

由 (6.86) 有

$$w < \frac{T_I}{T_I + 1} + \varphi_1 K_p T_D \tag{6.88}$$

从而

$$\frac{\varphi_1'(2T_I + 4T_DT_I + 1)}{4} - 1 < w$$
$$< \min\left\{\frac{\varphi_1'(4T_DT_I - 1)}{4} + 1, \frac{T_I}{T_I + 1} + \varphi_1 K_p T_D\right\} \tag{6.89}$$

同理，可得对 $P_{gk}(z)$ 输入系统输出稳定的充分必要条件为

$$\frac{\varphi_2'(2T_I + 4T_DT_I + 1)}{4} - 1 < w$$
$$< \min\left\{\frac{\varphi_2'(4T_DT_I - 1)}{4} + 1, \frac{T_I}{T_I + 1} + \varphi_2 K_p T_D\right\} \tag{6.90}$$

综上所述，惯性系数应该满足式 (6.89) 及 (6.90)。在 β, γ, K_p 及 T_I 满足系统稳定的条件，根据中值定理，

$$\lim_{t\to\infty} \boldsymbol{x}_j(t)$$
$$= \lim_{z\to 1}(z-1)X_j(z)$$
$$= \lim_{z\to 1}(z-1)\frac{(\alpha z^2 + \beta z + \gamma)(\varphi_1'\boldsymbol{p}_j(z) + \varphi_2'\boldsymbol{p}_g(z))}{z^3 - [w + 2 - \alpha(\varphi_1' + \varphi_2')]z^2 + [2w + 1 + \beta(\varphi_1' + \varphi_2')]z - w + \gamma(\varphi_1' + \varphi_2')}$$
$$= \lim_{z\to 1}\frac{(\alpha z^2 + \beta z + \gamma)(\varphi_1'\boldsymbol{p}_j z + \varphi_2'\boldsymbol{p}_g z)}{z^3 - [w + 2 - \alpha(\varphi_1' + \varphi_2')]z^2 + [2w + 1 + \beta(\varphi_1' + \varphi_2')]z - w + \gamma(\varphi_1' + \varphi_2')}$$
$$= \frac{(\varphi_1'\boldsymbol{p}_j + \varphi_2'\boldsymbol{p}_g)(\alpha + \beta + \gamma)}{(\varphi_1' + \varphi_2')(\alpha + \beta + \gamma)}$$
$$= \frac{\varphi_1\boldsymbol{p}_j + \varphi_2\boldsymbol{p}_g}{\varphi_1 + \varphi_2} \tag{6.91}$$

由于 φ_1, φ_2 为随机变量，显然，只有当 $\lim_{t\to\infty} \boldsymbol{x}_j(t) = \boldsymbol{p}_j = \boldsymbol{p}_g$ 时，式 (6.91) 满足，从而

$$\lim_{t\to\infty} \boldsymbol{x}_j(t) = \boldsymbol{p}_j = \boldsymbol{p}_g \tag{6.92}$$

6.4.4　参数选择

由式 (6.35)～(6.37) 所描述的 PID-PSO 算法的微粒进化方程中可以看出，带 PID 控制器的 PSO 算法相当于在标准 PSO 算法采用微粒飞行速度 $\boldsymbol{v}_j(t)$，飞行的

位置 $x_j(t)$ 描述进化状态的基础上, 增加了微粒飞行加速度 $a_j(t)$ 作为微粒的进化状态变量。从 PSO 算法提出的原理背景分析, 微粒飞行加速度项的引入符合鸟类的群体飞行规律, 即当一只鸟飞离鸟群而飞向栖息地时, 将导致它周围的其他鸟首先根据其位置调整飞行方向和飞行速度, 而飞行速度等的变化率 (即加速度) 取决于其离特定鸟的距离, 飞行速度才取决于鸟的当前速度和变化率。(6.35), (6.36) 恰好描述了这一现象, 因而从机理上来看, 上述 PID-PSO 算法的微粒进化方程是合理的。

已经知道, 标准 PSO 算法是一个典型二阶随机系统, 而 PID-DEPSO 算法属于三阶随机系统, 从系统理论可知, 三阶系统相对于二阶系统来说, 其动态行为更加复杂, 根据其特征根的位置能够呈现出不同的动态运行规律, 即状态变量在其搜索空间具有更好的多样性。特别是由于 φ_1', φ_2' 均为随机变量, 在满足收敛性条件的情况下, 系统在总体趋于稳定的趋势下, 具有更好的全局探索能力, 从而增强了全局收敛的概率。

从系统控制的角度来分析, PID 控制器的引入可以克服进化过程中 "早熟" 现象, 跳出局部最优点。P 型控制器仅改变 PSO 算法进化方程的参数 φ_1 与 φ_2, 根据式 (6.35)~(6.37), 较小的 K_p 可以使进化过程从稳定状态变为不稳定状态, 增大状态的探索范围, 较大的 K_p 可以加速收敛速度, 减少静差。积分作用的引入提高了系统的阶数, 使进化过程的收敛速度变慢, 同时可以消除系统静差, 使状态精确收敛于历史最好位置。微分环节的作用相当于超前控制, 根据进化过程的行为预测实施控制作用, 因而 PID 控制器的引入可以根据不同的参数选择在进化过程的 "全局勘探" 与 "局部开发" 之间达到更有效的平衡, 有效地调节微粒群进化寻优的全局最优性和收敛速度。

考虑到 PID-PSO 算法多引入了三个参数 K_p, T_D 和 T_I, 并且系统的行为比较复杂, 因此, 算法要想保证较强的全局收敛能力, 种群多样性是一个非常重要的因素。一般来说, 高维优化问题具有较多的局部极值点, 因此, 在算法后期, 为了防止陷入过早收敛, 算法应具有较大的种群多样性。从减少静差的观点来看, K_p 应该越大越好。但静差的存在, 则相当于种群的一种发散搜索, 从而有利于保持较大的种群多样性。因此, 参数 K_p 应随着进化代数增加逐步减小, 以保证存在必要的静差。

参数 T_I 表示积分速度的大小。T_I 越大, 积分速度越慢, 积分作用越弱; 反之, T_I 越小, 积分作用越强。由于 T_I 的调控作用略有滞后, 因此, 在算法前期可充分强化算法的全局搜索或发散搜索能力, 但在算法后期, 则应利用它消除静差的影响, 加强算法局部搜索能力。因此, 参数 T_I 应随着进化代数增加而逐步减小, 以增强积分的作用。

微分环节能根据偏差变化的趋势 (速度), 提前给出较大的调节作用, 使过程的动态品质得到改善。因此，参数 T_D 越大，则微分部分输出的幅度越大，微分作用越强；反之，T_D 越小，则微分作用越弱，但它不能克服静差。因此，该参数应随着代数的增加逐步减小，以便前期能对微粒的行为作出较大调整，而后期则基本不影响微粒的行为。

按照上述分析，通过大量的实验仿真，提出了 K_p，T_D 和 T_I 三者比较合适的线性递减调整策略，该策略较为简单，并且在仿真过程中平均优化能力较强。

$$K_p(t) = 1.0 - \frac{t}{T} \tag{6.93}$$

$$T_D(t) = 1.0 - \frac{t}{T} \tag{6.94}$$

$$T_I(t) = 2.0 - \frac{t}{T} \tag{6.95}$$

其中 t 表示当前进化代数，而 T 为预先设置的最大进化代数。

6.4.5　数值优化仿真

本节针对 Rosenbrock，Rastrigin，Ackley 及两个 Penalized functions 这几个典型多峰 Benchmark 函数[28] 进行测试，并且将 PID-PSO，ICPSO 与标准 PSO 算法 (SPSO)，带时间加速常数的微粒群算法 (MPSO-TVAC)[26] 及理解学习微粒群算法 (CLPSO)[29] 进行比较，实验结果如表 6.1 和表 6.2 所示。

表 6.1　30 维算法性能比较

函数	算法	均值	方差
Rosenbrock	SPSO	5.6170×10	4.3584×10
	MPSO-TVAC	3.3589×10	4.1940×10
	CLPSO	5.1948×10	2.7775×10
	ICPSO	2.2755×10	1.9512×10
	PID-PSO	1.9757×10	2.3479
Rastrigin	SPSO	1.7961×10	4.2276
	MPSO-TVAC	1.5471×10	4.2023
	CLPSO	2.6818×10	7.3875
	ICPSO	1.2138×10	2.1390
	PID-PSO	4.3807	2.8982
Ackley	SPSO	5.8161×10^{-6}	4.6415×10^{-6}
	MPSO-TVAC	7.5381×10^{-7}	3.3711×10^{-6}
	CLPSO	5.6159×10^{-6}	4.9649×10^{-6}
	ICPSO	9.4146×10^{-15}	2.9959×10^{-15}
	PID-PSO	9.9638×10^{-7}	2.7760×10^{-6}

续表

函数	算法	均值	方差
	SPSO	6.7461×10^{-2}	2.3159×10^{-1}
	MPSO-TVAC	1.8891×10^{-17}	6.9756×10^{-17}
Penalized Function 1	CLPSO	1.0418×10^{-2}	3.1898×10^{-2}
	ICPSO	1.7294×10^{-32}	2.5762×10^{-33}
	PID-PSO	6.3309×10^{-16}	9.6331×10^{-16}
	SPSO	5.4943×10^{-4}	2.4568×10^{-3}
	MPSO-TVAC	9.3610×10^{-27}	4.1753×10^{-26}
Penalized Function 2	CLPSO	1.1098×10^{-7}	2.6748×10^{-7}
	ICPSO	1.7811×10^{-32}	1.1537×10^{-32}
	PID-PSO	2.1974×10^{-3}	4.6326×10^{-3}

表 6.2　100 维算法性能比较

函数	算法	均值	方差
	SPSO	4.1064×10^{2}	1.0584×10^{2}
	MPSO-TVAC	2.8517×10^{2}	9.8129×10
Rosenbrock	CLPSO	3.7129×10^{2}	9.0863×10
	ICPSO	1.5630×10^{2}	3.4292×10
	PID-PSO	1.2287×10^{2}	3.6026×10
	SPSO	9.3679×10	9.9635
	MPSO-TVAC	8.4478×10	9.4568
Rastrigin	CLPSO	2.3827×10^{2}	3.1276×10
	ICPSO	7.8701×10	7.3780
	PID-PSO	1.0400×10	4.1613
	SPSO	3.3139×10^{-1}	5.0105×10^{-1}
	MPSO-TVAC	4.6924×10^{-1}	1.9178×10^{-1}
Ackley	CLPSO	5.7193×10^{-1}	5.7978×10^{-1}
	ICPSO	2.3308	2.9163×10^{-1}
	PID-PSO	4.6621×10^{-1}	5.3628×10^{-1}
	SPSO	2.4899	1.2686
	MPSO-TVAC	2.3591×10^{-1}	1.9998×10^{-1}
Penalized Function 1	CLPSO	4.6653	1.4842
	ICPSO	8.4038×10^{-2}	1.0171×10^{-1}
	PID-PSO	6.7518×10^{-7}	7.9907×10^{-7}
	SPSO	3.8087×10	1.8223×10
	MPSO-TVAC	3.7776×10^{-1}	6.1358×10^{-1}
Penalized Function 2	CLPSO	4.7576×10	2.6205×10
	ICPSO	7.3122×10^{-1}	1.0264
	PID-PSO	3.3486×10^{-2}	8.5851×10^{-2}

　　在 30 维的情形下，PID-PSO 的性能不是很好，仅在 Rosenbrock 与 Rastrigin 的优化中获得最优结果，而在其余三个多峰多极值点的测试函数中，ICPSO 的性

能均为最优。但随着维数增加，在 100 维的情形下，PID-PSO 的性能在除了 Ackley 外均为最优，并且在 Ackley 中 PID-PSO 的性能也优于 ICPSO 的性能。这是由于随着维数的增加，测试函数的局部极值点迅速增多，导致算法后期种群多样性对算法的影响越来越重要。仿真结果表明带 PID 控制器的微粒群算法由于在进化后期能保持种群多样性，因此，比 ICPSO 更加适合于高维问题求解。

6.5　带控制器 PSO 算法在混沌系统控制中的应用

近年来，混沌系统的控制问题已经成为非线性科学中重要的研究内容[30]。为了解决这一问题，人们已经提出多种方法[31]。本节将混沌系统的轨道引导问题转化成一个高维函数优化问题，利用本章提出的改进算法计算施加于混沌系统的小扰动，使得混沌系统的轨迹在很短时间内跟踪到目标区域。

6.5.1　混沌系统的控制问题描述

考虑如下的离散动态混沌系统[32]：

$$\boldsymbol{x}(t+1) = \boldsymbol{f}(\boldsymbol{x}(t)), \quad t = 1, 2, \cdots, N \tag{6.96}$$

其中状态向量 $\boldsymbol{x}(t) \in \mathbf{R}^n$，$\boldsymbol{f}: \mathbf{R}^n \to \mathbf{R}^n$ 连续可微。

假设 $\boldsymbol{x}_0 \in \mathbf{R}^n$ 为系统的初始状态向量，则在扰动 $\boldsymbol{u}(t) \in \mathbf{R}^n$ 的作用下，该混沌系统状态方程可如下表示：

$$\boldsymbol{x}(t+1) = \boldsymbol{f}(\boldsymbol{x}(t)) + \boldsymbol{u}(t), \quad t = 0, 2, \cdots, N-1 \tag{6.97}$$

其中 $\|\boldsymbol{u}(t)\| \leqslant \mu$，$\mu$ 为一正实数。

控制的目标是确定合适的 $\boldsymbol{u}(t)$，使得经过一段时间后，系统状态 $\boldsymbol{x}(N)$ 能够跟踪到目标状态 $\boldsymbol{x}(t)$ 的 ϵ 邻域，即 $\|\boldsymbol{x}(N) - \boldsymbol{x}(t)\| < \epsilon$，从而使得局部控制器有效。

不失一般性，假定 $\boldsymbol{u}(t)$ 只作用于 $\boldsymbol{f}$ 的第一部分，则问题可重新表述如下：

$$
\begin{aligned}
\min \quad & \|\boldsymbol{x}(N) - \boldsymbol{x}(t)\| \\
\text{s.t.} \quad & \begin{cases}
\boldsymbol{x}_1(t+1) = \boldsymbol{f}_1(\boldsymbol{x}(t)) + \boldsymbol{u}(t) \\
\boldsymbol{x}_j(t+1) = \boldsymbol{f}_j(\boldsymbol{x}(t)), \quad j = 2, 3, \cdots, n \\
|\boldsymbol{u}(t)| \leqslant \mu \\
\boldsymbol{x}(0) = \boldsymbol{x}_0
\end{cases}
\end{aligned}
\tag{6.98}
$$

显然，混沌系统的控制问题本质上是一个优化问题，即通过选择合适的 $\boldsymbol{u}(t)(t = 0, 2, \cdots, N-1)$，使得式 (6.98) 满足。

6.5.2 混沌系统控制的微粒群算法求解

本节以离散 Henon 映射为例进行控制问题的仿真研究,

$$\begin{cases} x_1(t+1) = -px_1^2(t) + x_2(t) + 1 \\ x_2(t+1) = qx_1(t) \end{cases} \tag{6.99}$$

其中 $p = 1.4$, $q = 0.3$。刘波[31] 利用标准微粒群算法对其进行仿真研究。这里,将前面提出的 ICPSO 算法及 PID-PSO 算法应用于此问题,并与刘波的结果进行比较。按照文献 [32] 的环境,设 $\boldsymbol{x}(t)$ 为一固定点 $(0.63135, 0.18941)$,$\boldsymbol{x}_0 = (0,0)^{\mathrm{T}}$,$\boldsymbol{u}(t)$ 仅作用于 x_1。种群所含微粒为 20,最大进化代数为 1000。

由于混沌系统只能进行短期预测,因此,仅对预测时间为 7, 8, 9 这三种情形进行预测,在每种情况下都考虑三种误差:0.01, 0.02 及 0.03,其中误差为 0.01 的预测结果如表 6.3 所示。预测结果表明,PID-PSO 性能最优,ICPSO 次之,这些都充分表明控制器策略非常有效。当然,无论是 PID-PSO,还是 ICPSO,其性能都优于刘波等的结果。

表 6.3 三种算法在误差为 0.01 的预测结果比较

函数	算法	均值	方差
	SPSO	1.4621×10^{-2}	1.3349×10^{-2}
7	ICPSO	1.4173×10^{-2}	1.3432×10^{-2}
	PID-PSO	1.4058×10^{-2}	1.3064×10^{-2}
	SPSO	3.5703×10^{-3}	1.1707×10^{-3}
8	ICPSO	2.2415×10^{-3}	1.1515×10^{-3}
	PID-PSO	2.1128×10^{-3}	1.1442×10^{-3}
	SPSO	3.9608×10^{-2}	6.1158×10^{-5}
9	ICPSO	2.7385×10^{-2}	9.4852×10^{-5}
	PID-PSO	1.0387×10^{-3}	3.5334×10^{-5}

6.6 小 结

由于微粒群算法的形式与离散时间线性系统的状态方程相似,因此,本章利用 z 变换,从差分模型的角度分析了标准微粒群算法的系统结构,进而通过增加控制器构建了一类全新的算法模型 —— 带控制器的微粒群算法。通过嵌入不同的控制器,本章提出了两种不同的算法:ICPSO 与 PID-PSO。ICPSO 在标准微粒群算法框架内嵌入积分控制器,以减慢群体在算法开始阶段的聚集行为,增强算法全局搜索的能力。为达到这个目的,崔志华和曾建潮设计了基于认知系数与社会系数的调整策略,从某种意义上来说,认知系数与社会系数等价于 P 型控制器,因此,其调整策略实质上是一个 P 控制器的调节。PID-PSO 则是通过加入 PID 控制器,由于

PID 控制器具有三个参数, 因此, 相对来说, 参数的设置比较困难。崔志华和曾建潮通过对其进行稳定性及支撑集的相关分析, 并考虑种群多样性的影响, 最终得到了一组较为满意的参数组合。

作为非线性科学的重要研究内容, 混沌系统控制是一个难于优化的问题。本章利用提出的两种带控制器的微粒群算法来对该问题进行求解, 得到了较好的优化效果。

本章的研究工作为微粒群算法改进提供了一个全新的视角, 如参数选择。在某种意义上, 认知系数与社会系数的调整策略均可视为某种意义的 P 型控制器。此外, 通过施加不同的控制器 (如 PD 控制器[33]), 可以得到不同的改进算法, 从而为微粒群算法的进一步改进提供了一条可行的思路, 进而可将其应用于并行计算等领域[34]。

参 考 文 献

[1] van den Bergh F, Engelbrecht A P. A study of particle swarm optimization particle trajectories. Information Sciences, 2006, 176(8): 937–971

[2] Clerc M, Kennedy J. The particle swarm: explosion, stability and convergence in a multi-dimensional complex space. IEEE Transactions on Evolutionary Computation, 2002, 6(1): 58–73

[3] Tan Y, Zeng J C, Gao H M. Analysis of partical swarm optimization based on discrete time linear system theory. Proceedings of the 5th World Congress on Intelligent Control and Automation: 2210–2213

[4] Trelea I C. The particle swarm optimization algorithm: convergence analysis and parameter selection. Information Processing Letters, 2003, 85(6): 317–325

[5] Chen J, Pan F, Cai T, et al. The stability analysis of particle swarm optimization without Lipschitz condition constrain. Journal of Control Theory and Applications, 2003, 1(1): 86–90

[6] Kadirkamanathan V, Selvarajah K, Fleming P J. Stability analysis of the particle dynamics in particle swarm optimizer. IEEE Transactions on Evolutionary Computation, 2006, 10(3): 245–255

[7] 潘峰, 陈杰, 辛斌等. 粒子群优化方法若干特性分析. 自动化学报, 2009, 35(7): 1011–1016

[8] 金欣磊, 马龙华, 吴铁军等. 基于随机过程的 PSO 收敛性分析. 自动化学报, 2007, 33(12): 1263–1268

[9] 崔志华, 曾建潮. 基于控制理论的微粒群算法分析与改进. 小型微型计算机系统, 2006, 27(5): 849–853

[10] 胡建秀, 曾建潮. 二阶微粒群算法. 计算机研究与发展, 2007, 44(11): 1825–1831

[11] Cui Z H, Cai X J, Tan Y, et al. Integral-controlled particle swarm optimization. Handbook of Swarm Intelligence-Concepts, Principles and Applications, Series on Adapta-

tion, Learning, and Optimization, Springer, 2011

[12] Cui Z H, Cai X J. Integral particle swarm optimization with dispersed accelerator information. Fundamenta Informaticae, 2009, 95(4): 427–447

[13] Cui Z H, Zeng S Y. New trends on swarm intelligent systems. Journal of Multiple-Valued Logic and Soft Computing, 2010, 16(6): 505–508

[14] Cui Z H, Cai X J, Zeng J C, et al. PID-controlled particle swarm optimization. Journal of Multiple-Valued Logic and Soft Computing, 2010, 16(6): 585–610

[15] 崔志华, 曾建潮, 孙国基. 基于加速度反馈的自适应积分控制微粒群算法. 小型微型计算机系统, 2007, 28(5): 855–860

[16] Cui Z H, Cai X J, Zeng J C, et al. Self-adaptive PID-controlled particle swarm optimization. Proceedings of 2007 Chinese Control Conference, Hunan, 2007, 5: 799–803

[17] Cai X J, Tan Y. Individual predicted integral-controlled particle swarm optimization. International Journal of Innovative Computing and Applications, 2009, 2(2): 115–122

[18] Zeng J C, Cui Z H, Wang L F. A differential evolutionary particle swarm optimization with controller. Natural Computation: First International Conference (Vol III), ICNC, 2005: 467–476

[19] 曾建潮, 崔志华. 微分进化微粒群算法及其控制. 系统工程学报, 2007, 22(3): 328–332

[20] Zeng J C, Cui Z H. Particle swarm optimizer with integral controller. Proceedings of 2005 International Conference on Neural Networks and Brain, Beijing, 2005: 1840–1842

[21] Cai X J, Cui Y, Tan Y. Predicted modified PSO with time-varying accelerator coefficients. International Journal of Bio-inspired Computation, 2009, 1(1/2): 50–60

[22] 向婉成. 控制仪表与装置. 北京: 机械工业出版社, 1999

[23] Reynolds C W. Flocks, herds, and schools: a distributed behavioral model. Computer Graphics, 1987, 21(4): 25–34

[24] 李建会. 数字创世纪: 人工生命的新科学. 北京: 科学出版社, 2006

[25] 夏德钤. 自动控制理论. 北京: 机械工业出版社, 1990

[26] Ratnaweera A, Halgamuge S K, Watson H C. Self-organizing hierarchical particle swarm optimizer with time-varying acceleration coefficients. IEEE Transactions on Evolutionary Computation, 2004, 8(3): 240–255

[27] 李庆扬, 王能超, 易大义. 数值分析. 第 4 版. 北京: 清华大学出版社, 2001

[28] Yao X, Liu Y, Lin G M. Evolutionary programming made faster. IEEE Transactions on Evolutionary Computation, 1999, 3(3): 82–102

[29] Liang J J, Qin A K, Suganthan P N, et al. Comprehensive learning particle swarm optimizer for global optimization of multimodal functions. IEEE Transactions on Evolutionary Computation, 2006, 10(3): 281–295

[30] Chen G, Dong X. From Chaos to Order: Methodologies, Perspectives, and Applications. Singapore: World Scientific, 1998

[31] 刘波. 复杂系统基于微粒群的优化与调度理论与方法研究. 清华大学, 2007

[32]   Wang L, Li L L, Tang F. Directing orbits of chaotic systems using a hybrid optimization strategy. Physics Letters A, 2004, 324: 22–25

[33]   Jie J, Zeng J C, Han C Z. Adaptive particle swarm optimization with PD controller. Proceedings of 2007 IEEE Congress on Evolutionary Computation(CEC07), Singapore, 2007: 4762–4767

[34]   王元元, 曾建潮, 谭瑛. 基于带控制器并行结构模型的并行微粒群算法. 系统仿真学报, 2007, 19(10): 2171–2176

第7章 基于多样性控制的自组织微粒群算法

7.1 引 言

对于优化算法而言,最关注的是它的全局优化性能,总是希望算法能够以较小的计算代价或较快的速度稳健地找到目标问题的最优解,而对于基于种群搜索方式的随机优化算法而言,搜索速度与解的质量则永远是一对矛盾,如果群体搜索的随机范围越大,则算法收敛于全局最优解的概率也越大,但搜索速度必然会减缓;而群体搜索的随机范围越小,搜索速度自然较快,但算法则易陷入局部最优。因此,希望能借助一些启发式的策略来引导搜索方向,尽可能地从搜索过程中提取有效的信息用来指导优化搜索,既有利于全局搜索,又避免过度的随机,从而提高搜索效率。

众所周知,对基于群体搜索的随机优化算法而言,其搜索动态是难以预知的,要想尽可能地克服早熟问题,则需要能够对搜索过程中的群体动态进行洞察和监测,判断群体出现早熟的时间和范围。通常,算法出现过早收敛是由于群体的多样性过早缺失所致。因此,能否在搜索的不同状况下维持最优的群体多样性水平,将从根本上影响算法全局收敛性的好坏。

微粒群算法模拟了简单生物群体所表现的智能涌现现象,强调的是简单个体间的协作、信息交互及感知。因此,由此隐喻而成的优化算法模型中,简单个体间的协作、信息交互方式以及个体所感知的信息的有效性,将直接影响着算法的优化性能。在微粒群算法中,群体所经历的最佳位置作为唯一共享的群体信息,被所有微粒所感知,并引导微粒快速朝着此位置所在的方向飞行,这种单趋向的微粒聚集行为,直接导致了群体多样性的快速缺失。如果全局最优解或次优解存在于群体的最佳位置附近,则算法有可能快速收敛至全局最优解或次优解;否则,算法则极有可能陷入某一非全局最优点而难以逃逸,这正是微粒群算法难以保证全局收敛的问题所在。为了有效地避免早熟问题,则需要对群体的多样性加以监控和调节[1,2]。事实上,在自然界的鸟群系统中,群体的分布密度及多样性,往往也是影响个体行为的一个关键因素。例如,飞行中的鸟可根据群体的拥挤程度,及时调整自己的速度以避免相互冲撞,而觅食的鸟则会根据群体的密度大小来判断分享食物的可能性,从而选择加速或逃逸[3]。

第6章通过引入控制器,对个体的移动模式进行了初步的控制,而本章则从种群多样性入手,着力于通过控制群体的多样性来模拟鸟群的逃逸等社会行为,以提高算法性能。

7.2   自组织微粒群算法

在自组织微粒群算法 (self-organized PSO, SOPSO)[4~7] 中，微粒群体视为一个自组织系统，而群体多样性则作为影响个体微粒行为的关键因素和重要的群体性能指标，通过借鉴自组织系统中所存在的反馈机制来模拟微粒个体和群体环境间的信息交互，并设计了不同的控制策略实现个体的集聚和分散，动态调节群体的全局探测和局部开采功能的平衡，使得群体能够维持适当的多样性，进而以较大的概率全局收敛。

在上述模型中，D_i 代表群体多样性的参考输入，D_0 表示群体的实际多样性输出，Pg_0 则表示群体所经历的最佳位置，系统最终的稳定输出即作为目标问题的全局解 (图 7.1)。显然，自组织控制微粒群算法模型利用反馈机制，模拟了微粒群体中存在的信息感知及交互，是一种典型的负反馈控制系统。系统主要包括多样性控制器 (diversity controller)、微粒群优化器 (PSO optimizer) 和微粒群体 (swarm) 三个部分，其中微粒群体由一定群体规模的微粒组成，其多样性信息直接反馈于多样性控制器，而多样性控制器则根据群体实时的多样性信息和参考输入的偏差来确定群体多样性增加或减少的策略，优化器则按照多样性控制器输出的规则或指令，通过调整个体微粒的飞行行为来改变群体多样性，使群体具有较好的可进化性，最终给出更好的系统输出。

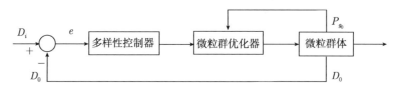

图 7.1   自组织微粒群算法模型

在设计模型时有三个关键问题需要解决：一是如何有效地计算和度量群体多样性；二是如何确定理想的多样性参考输入以利于全局搜索；三是如何设计多样性控制器的控制策略，使之能够根据群体的动态正确调整个体微粒的行为。

7.2.1   群体多样性测度

在基于群体搜索方式的仿生算法中，尽管群体多样性不是算法的研究目的，但由于其与算法的全局优化性能密切相关，因此，也引起了诸多研究者的注意。与以往许多研究不同，自组织微粒群算法不仅关注群体多样性，而且把群体多样性作为一个显性的指标来定量地反映群体的进化动态，并用于指导微粒的进化行为。因此，要实现这一目标，首先需要找到合理的方法用于群体多样性的度量。

群体多样性是用来表征群体内个体的特征差异性的。通常认为个体在解空间中越分散，则群体多样性越好；个体分布越集中，则群体多样性越差。目前，对于群体多样性的度量主要有群体分布方差、种群熵以及平均点距等几种方法。

7.2.1.1　群体分布方差

假设第 t 代种群中个体 $\boldsymbol{x}_i^t$ 由 L 个分量组成，即 $\boldsymbol{x}_i^t = (x_{i1}^t, x_{i2}^t, \cdots, x_{ij}^t, \cdots, x_{iL}^t)$，其中 $i \in 1, 2, \cdots, N$，$j \in 1, 2, \cdots, L$，N 为群体规模，则定义第 t 代种群的平均个体为

$$\overline{\boldsymbol{X}}^t = (\overline{X}_1^t, \overline{X}_2^t, \cdots, \overline{X}_j^t, \cdots, \overline{X}_L^t) \tag{7.1}$$

其中 $\overline{X_j}^t = \dfrac{1}{N} \displaystyle\sum_{i=1}^N x_{ij}^t$

由此定义，第 t 代群体的方差为

$$\boldsymbol{D}^t = (D_1^t, D_2^t, \cdots, D_j^t, \cdots, D_L^t) \tag{7.2}$$

其中 $D^t = \dfrac{1}{N} \displaystyle\sum_{i=1}^N (x_{ij}^t - \overline{X}_j^t)^2$，$j \in 1, 2, \cdots, L$。

由式 (7.2) 可以看出，方差 $\boldsymbol{D}^t$ 是 L 维的行向量，每一个分量表示群体在该维坐标上的空间分布偏差。

7.2.1.2　群体熵

若第 t 代群体分布的解空间 $\mathbf{R}^n$ 划分为 Q 个子集：S_1^t，S_2^t，$\cdots$，S_Q^t，各个子集所包含的个体数目记为 $|S_1^t|$，$|S_2^t|, \cdots, |S_Q^t|$，并且对任意 $i, j \in 1, 2, \cdots, Q$，$S_i^t \bigcap S_j^t = \varnothing$，$\displaystyle\bigcup_{j=1}^Q S_i^t = A^t$，其中 A^t 为第 t 代群体的集合，则第 t 代群体的熵可定义如下[7]：

$$E^t = -\sum_{j=1}^Q p_i \lg p_i \tag{7.3}$$

其中 $p_i = \dfrac{|S_j^t|}{N}$，$j = 1, 2, \cdots, Q$，N 为群体规模。

从上述定义可以看出，当群体中所有个体都相同，即 $Q = 1$ 时，熵取最小值 $E^t = 0$；当所有个体都不同，即 $Q = N$ 时，熵取最大值 $E^t = \lg N$。群体中个体类型越多，分配得越平均，熵就越大。

7.2.1.3　群体的平均点距

设群体规模为 N，其搜索空间中最长对角线的长度为 S，若第 t 代个体 X_i^t 由 L 个分量组成，即 $\boldsymbol{X}_i^t = (X_{i1}^t, X_{i2}^t, \cdots, X_{ij}^t, \cdots, X_{iL}^t)$，$i = 1, 2, \cdots, N$，$j = 1, 2, \cdots, L$，

种群的平均中心记为

$$\overline{\boldsymbol{X}}^t = (\overline{X}_1^t, \overline{X}_2^t, \cdots, \overline{X}_j^t, \cdots, \overline{X}_L^t) \tag{7.4}$$

其中 $\overline{X}_j^t = \dfrac{1}{N} \displaystyle\sum_{i=1}^{N} x_{ij}^t$，则个体到种群中心的平均点距可定义如下：

$$D_{is}^t = \frac{1}{N \cdot S} \sum_{i=1}^{N} \sqrt{\sum_{j=1}^{L} (x_{ij}^t - \overline{X}_j^t)^2} \tag{7.5}$$

上述定义的三种测度方法，都在不同程度上反映了群体中个体的分布状况，但作为群体的多样性测度，却各有优缺点。群体的分布方差仅反映群体中个体分布的空间偏离程度，却不能完全刻画出个体的分散程度。例如，种群 $\{1, 2, 3, 4, 5\}$ 由 5 个个体构成，方差为 2；种群 $\{1, 1, 1, 1, 5\}$ 的方差为 2.56，虽然后者的方差比前者的大，但前者比后者更具进化能力。群体熵反映的是种群中不同类型个体的分布状况，并没有反映群体中各个体的分散程度，尤其是实际计算过程中种群内个体的类属情况很难预知，群体熵的计算要依赖于对群体进行正确的聚类分析，故计算代价较大[8]。因此，群体熵并不实用。

相比之下，式 (7.5) 定义的平均点距反映了单位搜索空间上个体的分布情况，与种群规模及搜索空间的大小均无关，能较好地描述个体在解空间中分布的疏密状况，是一种理想的多样性测度。因此，本章选用群体的平均点距作为群体多样性的测度。

7.2.2　多样性参考输入的确定

对于图 7.1 中的自组织微粒群算法模型来说，期望是利用负反馈机制，通过多样性参考输入的控制，使微粒群体在整个搜索期间保持较好的多样性水平，因此，多样性参考输入 D_i 必须代表一种理想的群体多样性水平，能够保证算法以较大的概率全局收敛。考虑到优化过程，通常在搜索早期，希望群体尽可能地维持较高的多样性，以利于粗粒度的全局探测，避免过早陷入局部极值；随着搜索的进行，多样性逐渐降低，使得探测和开采协同进行；在搜索后期，则应强调细粒度的局部开采，多样性迅速降低直至群体收敛。鉴于此，构造了如下的线性函数作为多样性的参考输入：

$$D_i(t) = \begin{cases} a\left(1 - \dfrac{t}{b \cdot T_{\max}}\right), & t < b \cdot T_{\max} \\ 0, & b \cdot T_{\max} \leqslant t < T_{\max} \end{cases} \tag{7.6}$$

其中 $T_{\max}$ 代表最大迭代次数，a 与 b 代表参考输入的控制系数，$a, b \in (0, 1]$。显然，此参考输入可以在限定的搜索时间内由初值 a 线性递减至 0，是一种合理而简单的选择。

在参考输入 D_i 的控制下, 群体多样性 D_0 将跟随参考输入的变化而变化。当 D_0 低于 D_i 时, 则需要调整微粒行为, 使之发散, 扩大探测范围, 增加群体多样性; 当 D_0 高于 D_i 时, 则需要微粒朝着最佳位置聚集, 进行精细搜索, 继而使群体多样性减少。

7.2.3 多样性控制器的设计

在自组织微粒群算法中, 多样性控制器将通过多样性增加算子和多样性减少算子来实现对群体多样性的调节。在本章中, 将从控制参数的角度出发, 寻求自适应的控制策略来设计多样性控制规则。

对于自组织的微粒群体来说, 群体多样性的变化是由个体微粒行为方式的变化而引起的。考虑到算法的惯性权重和加速系数对个体微粒行为具有不同的影响, 因此, 本书拟从两个角度来选择参数, 调整个体微粒的发散和聚集, 以实现群体多样性的增加和减少, 分别提出了基于惯性权重的多样性控制策略 (diversity-controlled inertia weigh, DCIW) 和基于加速系数的多样性控制策略 (diversity-controlled acleration coefficients, DCAC)。

7.2.3.1 基于惯性权重的多样性控制策略

在标准微粒群算法中, 惯性权重决定着微粒以多大的动量维持惯性运动。为了能够从根本上克服早熟问题, 则需要个体微粒在面临陷入局部极值的危险时能够以较大的动量飞越或逃逸。从相关文献可以看出, 目前惯性权重的选择主要依赖于实验和经验, 绝大部分研究参考了 Shi 和 Eberhard 的工作[9], 令 $\omega \in (0,1)$ 或从 0.9 线性递减至 0.4, 而加速度系数 $c_1 = c_2 = 2.0$。Bergh 曾经指出[10], 标准微粒群算法能够使个体微粒逐渐收敛于自身历史最佳和群体历史最佳的加权中心, 但这一收敛行为依赖于正确的参数设置。当算法参数满足下述关系时, 个体微粒的运动轨迹才可能是收敛的:

$$1 > \omega > \frac{1}{2}(c_1 + c_2) - 1, \quad 2.0 \leqslant c_1 + c_2 \leqslant 4.0 \tag{7.7}$$

尽管 $|\omega| < 1$ 能够保证微粒以收敛的轨迹运动, 但是却难以提供微粒逃逸局部极值的足够动量。因此, 在自组织微粒群算法中引入了违背上述条件的参数组合, 当需要增加群体多样性时, 则令 $|\omega| > 1$, 使个体微粒获得较大的动量分散或逃逸, 而当需要降低群体多样性时, 则根据上式选择参数组合, 使个体微粒以收敛的轨迹聚集。根据以上分析, 设计了如下基于惯性权重的多样性控制规则:

多样性增加规则: 当 $e(t) = D_i(t) - D_0(t) > 0$ 时, 群体多样性低于参考输入, 则控制器输出一组发散参数 $\omega(t) > 1$, $c_1(t) = c_2(t) = 2.0$, 使个体微粒发散, 以增加群体多样性。

多样性减少规则：当 $e(t) = D_i(t) - D_0(t) < 0$ 时，群体多样性高于参考输入，则控制器输出一组收敛参数 $1 > \omega(t) > \frac{1}{2}(c_1(t) + c_2(t)) - 1, 2.0 \leqslant c_1(t) + c_2(t) \leqslant 4.0$，使个体微粒集聚，以减少群体多样性.

7.2.3.2　基于加速系数的多样性控制策略

Ozcan 和 Mohan 曾经对没有惯性约束的个体微粒轨迹进行了数学分析，发现个体微粒以正弦波的轨迹在解空间中飞行，其幅度和频率取决于初始位置、速度和加速系数[11,12]。Kennedy 曾仔细研究了 c_1 和 c_2 对算法性能的影响[13]，发现当 $c_1 = 0$ 时，算法易陷入局部点，而当 $c_2 = 0$ 时，算法则难以搜索到全局最优解。在算法模型中，c_1 决定了个体对自身经验和信念的肯定和坚持，而 c_2 决定了个体对社会共享信息及群体目标的认可程度。较大的 c_1 强调了微粒的个性化，有利于维持群体的多样性；而较大的 c_2 则强调微粒的社会性，会导致微粒的趋同而降低群体多样性。鉴于此，利用不同的加速系数来实现多样性增加和多样性减少，具体规则如下：

多样性增加规则：当 $e(t) = D_i(t) - D_0(t) > 0$ 时，群体多样性低于参考输入，则控制器输出参数 $\omega \in (0,1)$，$c_1(t) = c_{1\max}$，$c_2(t) = c_{2\min}$，促进微粒的个性化，以增加群体多样性。

多样性减少规则：当 $e(t) = D_i(t) - D_0(t) < 0$ 时，群体多样性高于参考输入，则控制器输出参数 $\omega \in (0,1)$，$c_1(t) = c_{1\min}$，$c_2(t) = c_{2\max}$，促使个体微粒趋同，以减少群体多样性。

7.2.4　仿真实验与结果分析

为了验证本章算法的有效性，将本章提出的 SOPSO-DCIW，SOPSO-DCAC 与标准微粒群算法 (SPSO)[14]、线性递减惯性权重微粒群算法 (SPSO-LDIW)[9] 和带时间加速常数的微粒群算法 (MPSO-TVAC)[15] 进行了性能对比。

相对于其他算法而言，SOPSO-DCIW 早期的群体多样性变化缓慢，并且持续保持在最高的水平，这说明该算法在早期进行的全局探测最为充分，尽管延缓了前期的搜索速度，但却避免了算法过早陷入局部极值，反而有利于后续的全局搜索。在搜索中期，该算法中的群体多样性以相对最快的速率降低，进入搜索后期，尽管群体多样性已经很少，但依然能观察到最优解有所改善。这说明多样性自适应控制惯性权重策略，能使算法更有效地控制局部开采和全局探测的进行，从而提高其全局收敛性。这正是 SOPSO-DCIW 具有较好平均优化性能的原因所在。

图 7.2 考察了多样性参考输入对算法性能的影响，其中横坐标表示进化代数，纵坐标表示多样性，维数为 10，测试函数为 F_{21} 函数。图 7.3 则是 F_{21} 函数在维数为 50 时的性能比较图。实验发现 SOPSO-DCAC 的群体多样性似乎最为理想。

在搜索前期, 其多样性水平略低于 SOPSO-DCIW 与 SPSO-LDIW, 而高于 SPSO-TVAC 与 SPSO; 而在中期, 其多样性减少速率逐渐增大; 到了搜索后期, 当其他算法的多样性变化几乎停滞时, SOPSO-DCAC 的多样性却能以相对最快的速率持续降低。早期较高的群体多样性使算法避免了过早收敛, 而后期较强的精细搜索能力使群体多样性持续降低的同时加速了算法的收敛, 使所求解的质量得到有效的改进, 这些正说明了多样性控制加速系数策略的有效性, 也是 SOPSO-DCAC 具有良好平均优化性能的根本原因。

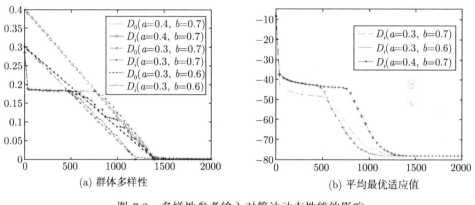

图 7.2　多样性参考输入对算法动态性能的影响

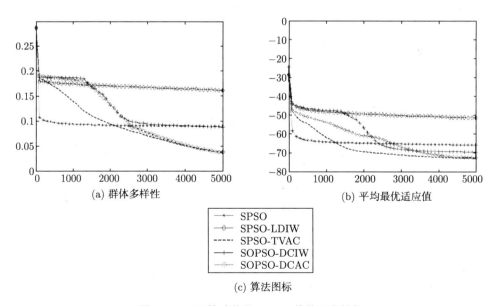

图 7.3　不同算法优化 F_{21} 函数的动态性能

7.3　自组织微粒算法在约束布局优化中的应用

7.3.1　约束布局优化问题

布局优化属于一类典型的 NP 难问题,同时又具有较强的工作应用背景,许多实际工程应用均涉及布局优化问题,如人造卫星舱布局、机械装配布局以及大规模集成电路布局等,因此,引起了研究者们的广泛关注。

所谓布局优化,就是按一定的要求,把某些物体最优地放置在一个特定空间内。在布局过程中,通常要求待布物之间、待布物与容器之间互不干涉,并且尽可能提高空间利用率,此类问题属于无性能约束布局。除此之外,有些布局优化问题还需考虑其他的性能约束,如惯性、平衡性、稳定性等,属于性能约束布局,简称为约束布局优化,由于包含多种实际约束,该类问题的解空间通常为非凸且不连续,故很难求解。近年来,随着智能计算的兴起,人们开始尝试采用不同的智能计算方法来解该类问题,如模拟退火[16]、遗传算法[17,18]、多智能体技术[19] 等。作为一种新兴的群智能计算方法,微粒群算法也适应于求解类似约束布局优化问题的 NP 难问题。为此,李宁等[20] 和周驰等[21] 先后将微粒群算法用于二维约束布局问题的求解,取得了一定的效果。

文献 [22] 以人造卫星舱布局设计为背景,研究了带性能约束的圆布局优化问题 (图 7.4)。在一个旋转的人造卫星舱中,设置有垂直于舱中心轴线的圆形隔板,

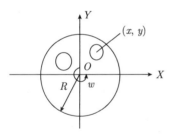

要求将所需的系统功能部件,如仪器、设备等待布物,最优地配置于这些圆形隔板上。每一旋转隔板上的待布物应尽量向容器中心聚集,同时满足系列约束要求:待布物之间、待布物与容器之间互不干涉;当系统静止时,隔板上的静不平衡量小于允许值;在给定的角速度下,各待布物的动不平衡量小于允许值等。若假设待布物均为圆柱体,此时问题可归结为一个转动圆桌平衡布局问题。

图 7.4　旋转隔板上圆形待布物
布局示意图

假设圆桌半径为 R,以角速度 ω 转动,欲在其上布置 n 个圆盘 $\{O_i | i \in I = \{1, 2, \cdots, n\}\}$。以圆桌的形心 O 为原点,建立平面直角坐标系 XOY,设第 i 个圆盘的形心为 $X_i = (x_i, y_i)$,其半径和质量分别为 r_i 和 m_i,则待布物 $O_i = (X_i, r_i, m_i)$,令 $\boldsymbol{X} = (X_1, X_2, \cdots, X_n)$ 表示布局变量。设各圆盘的质心与形心重合,圆盘与桌面固定。显然,此问题的关键在于,首先需要在圆桌的二维平面内实现静态布局优化。忽略问题的动不平衡约束,则该二维约束布局优化问题的数学模型可描述如下:

$$\min f(X) = \max \left\{ \sqrt{x_i^2 + y_i^2} + r_i \mid i \in I, x_i, y_i \in [-R, R] \right\} \tag{7.8}$$

同时满足如下约束:

$$f_1(X_i) = \sqrt{x_i^2 + y_i^2} + r_i - R \leqslant 0, \quad i \in I \tag{7.9}$$

$$f_2(X_i) = r_i + r_j - \sqrt{(x_i - x_j)^2 + (y_i - y_j)^2} \leqslant 0, \quad i \neq j, i, j \in I \tag{7.10}$$

$$f_3(X) = \sqrt{\left(\sum_{i=1}^{n} m_i \cdot x_i \right)^2 + \left(\sum_{i=1}^{n} m_i \cdot y_i \right)^2} - [\delta_J] \leqslant 0 \tag{7.11}$$

其中 $f(X)$ 为包络圆半径, $f_1(X_i)$ 为待布物和圆桌容器互不干涉约束, $f_2(X_i)$ 为待布物之间互不干涉约束, $f_3(X_i)$ 为静不平衡约束, $[\delta_J]$ 为静不平衡允许值。

7.3.2 求解约束布局优化问题的自组织微粒群算法

本节将尝试采用 SOPSO 来求解式 (7.8)~(7.11) 所描述的二维约束布局问题。为此, 选用常见的罚函数法来处理问题的约束, 首先构造罚函数如下:

$$\Phi(X) = \lambda_1 \sum_{i=1}^{n} [\mu(f_1) \cdot f_1(X_i)] + \lambda_2 \sum_{i=1}^{n-1} \sum_{j=i+1}^{n} [\mu(f_2) \cdot f_2(X_i)] + \lambda_3 \cdot \mu(f_3) \cdot f_3(X) \tag{7.12}$$

其中 λ_m 为约束条件 f_m 的惩罚因子, $\lambda_m > 0, m \in \{1, 2, 3\}$,

$$\mu(f_m) = \begin{cases} 0, & f_m(\cdot) \leqslant 0 \\ 1, & f_m(\cdot) > 0 \end{cases} \tag{7.13}$$

为方便起见, 采用极坐标编码方式, 以圆桌的形心 O 为极点, 建立极坐标系, 则任意待布圆 O_i 的形心 X_i 的极坐标为 (l_i, θ_i), 对应的直角坐标为 $(x_i, y_i) = (l_i \cos\theta_i, l_i \sin\theta_i)$, 其中 $l_i \in [0, R - r_i], \theta_i \in [-\pi, \pi]$。此时, 第一个约束, 即待布物和圆桌容器互不干涉总是可以满足, 故式 (7.12) 中的罚函数可以简化为

$$\Phi'(X) = \lambda_2 \sum_{i=1}^{n-1} \sum_{j=i+1}^{n} [\mu(f_2) \cdot f_2(X_i)] + \lambda_3 \cdot \mu(f_3) \cdot f_3(X) \tag{7.14}$$

由此可将约束布局优化问题转化为下述无约束优化问题:

$$\min F(X) = f(X) + \Phi'(X) \tag{7.15}$$

在上述问题中, 若待布物有 n 个, 则算法的搜索空间为 $2n$ 维, 其中任意微粒代表目标函数的一个候选解, 可表示为 $2n$ 维极坐标向量 $(l_1, \theta_1, l_2, \theta_2, \cdots, l_n, \theta_n)$, 其中 $l_i \in [0, R - r_i], \theta_i \in [-\pi, \pi], 1 \leqslant i \leqslant n$。显然, 目标函数值越小的微粒越好。

采用 SOPSO 求解式 (7.8) 所描述的性能约束布局问题, 实质上转化为求解式 (7.15) 的无约束优化问题, 其算法流程可描述如下:

(1) 令 $t = 0$, 初始化系统的多样性输入和多样性输出;

(2) 在可行解空间随机初始化微粒群体 (微粒规模为 N), 包括每一微粒的位置、速度及其最佳位置, 群体的最佳位置以及微粒的控制参数;

(3) 计算每一微粒的函数值, 更新每一微粒的历史最佳位置以及群体的最佳位置;

(4) 更新系统的多样性输入和输出, 并根据控制规则调节控制参数;

(5) 如果满足终止条件, 则算法结束; 否则, 令 $t = t + 1$, 继续步骤 (6);

(6) 更新微粒群体, 包括各微粒的位置、速度, 返回步骤 (3)。

7.3.3 实例应用及结果分析

本章选用较复杂的 40 圆约束布局优化问题来观察 SOPSO 的优化性能, 并将其与人机交互的遗传算法 (HCIGA)[17] 和带变异算子的微粒群算法 (MPSO)[20] 进行了比较分析。已知圆容器半径 $R = 880$mm, 欲在其上布局 40 个圆形待布物。给定静不平衡量 J 的允许值为 δ_J, 待布物的相关数据如表 7.1 所示, 布局结果如图 7.5 和表 7.2 所示。在实验中, HCIGA 的群体规模为 60, MPSO 和 SOPSO 的为 100; SOPSO 采用 DCIW 控制策略, 最大迭代次数为 5000。

表 7.1 40 个待布圆数据

序号	r/mm	m/g	序号	r/mm	m/g
1	106	11	21	108	11
2	112	12	22	86	7
3	98	9	23	93	8
4	105	11	24	100	10
5	93	8	25	102	10
6	103	10	26	106	11
7	82	6	27	111	12
8	93	8	28	107	11
9	117	13	29	109	11
10	81	6	30	91	8
11	89	7	31	111	12
12	92	8	32	91	8
13	109	11	33	101	10
14	104	10	34	91	8
15	115	13	35	108	11
16	110	12	36	114	12
17	114	12	37	118	13
18	89	7	38	85	7
19	82	6	39	87	7
20	120	14	40	98	9

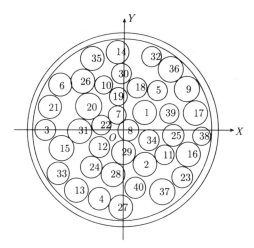

图 7.5　算法 SOPSO 布局结果示意图

表 7.2　算法在 40 个待布圆布局中的约束性能

算法	外包络圆半径/mm	静不平衡量/(g·mm)	干涉量	计算时间/s
HCIGA	870.331	0.006000	0	1358
MPSO	843.940	0.003895	0	2523
SOPSO	816.650	0.008526	0	1462

　　图 7.5 显示了 SOPSO 在满足所有性能约束的情况下所得到的最佳布局, 图中外侧大圆为圆容器, 内侧大圆为最佳布局中的外包络圆, 外包络圆内分布着互不干涉的 40 个待布圆。表 7.2 记录了最优布局所对应的约束性能, 此外, 还包括了 HCIGA 及 MPSO 在该问题求解中所获得的最佳结果。显然, 三种算法所获得的最佳布局均实现了各待布圆之间以及待布圆和容器间互不干涉这一要求, 故表中各算法的干涉量为零。在此前提下, 观察每一布局结果中的外包络圆半径, HCIGA 为 870.331, MPSO 为 843.940, 而 SOPSO 的为 816.650, 显然, SOPSO 所获得的包络圆半径要远小于 MPSO 和 HCIGA 的, 这说明 SOPSO 的布局结果能更好地实现待布物尽可能朝向中心聚集的这一要求。此时, 尽管 SOPSO 布局中的静不平衡量稍大于其他两种算法, 但其值也远远小于所要求的给定值。以上结果说明了 SOPSO 在复杂约束布局优化问题中的有效性。

7.4　小　　结

　　本章从群智能的本质出发, 将微粒群体作为一个自组织系统, 把群体多样性作为影响个体微粒行为的关键因素和描述群体动态的重要指标, 引入多样性反馈机制来控制群体的进化动态, 提出了一种自组织微粒群算法模型 (SOPSO)。通过分析算法参数对个体微粒行为的不同影响，提出了多样性控制惯性权重和加速系数的两种策略来实现微粒群体多样性的增加和减少。通过多样性线性参考输入的控制，SOPSO 能够有效地改善整个搜索期间群体的多样性水平，并根据搜索动态适当地调整群体的可进化性，从而有效地克服了算法的过早收敛。相关的实验结果表明，与其他典型改进微粒群算法相比，SOPSO-DCIW 和 SOPSO-DCAC 具有更好的平均优化性能。在实验中发现，在搜索前期调节算法的全局探测时，控制惯性权重比控制加速系数更为有效，而在搜索后期调节算法的局部搜索时，调整加速系数比调整惯性权重更为有效，而在以卫星舱布局为背景的二维约束布局问题中的成功应用，则说明了本章模型具有一定的实用价值。

参 考 文 献

[1] Riget J, Vesterstrom J S. A diversity-guided particle swarm optimizer— the ARPSO. Department of Computer Science, University of Aarhus, Denmark, 2002

[2] Hendtlass T. Preserving diversity in particle swarm optimization. Lecture Notes in Computer Science, 2003, 2718: 155–199

[3] Partridge B L. The structure and function of fish schools. Scientific American, 1982, 246(6): 114–123

[4] 介婧, 曾建潮, 韩崇昭. 基于群体多样性反馈控制的自组织微粒群算法. 计算机研究与发展, 2008, 45(3): 464–471

[5] Jie J, Zeng J C. Particle swarm optimization with diversity—controlled acceleration coefficients. Advances in Natural Computation: Third International Conference, ICNC07, Vol. 3, 2007: 150–154

[6] Jie J, Zeng J C, Han C Z. Diversity- controlled particle swarm optimization. Journal of Computational Information Systems, 2006, 2(4): 1481–1488

[7] Jie J, Zeng J C, Han C Z. Adaptive PSO with feedback control of diversity. International Conference on Intelligent Computing(ICIC 2006), Kunming. Lecture Notes in Computer Science, 2006, 4115: 81–92

[8] 吴浩扬, 朱长纯, 常炳国等. 基于种群过早收敛程度定量分析的改进自适应遗传算法. 西安交通大学学报, 1999, 33(11): 27–30, 70

[9] Shi Y, Eberhart R C. Empirical study of particle swarm optimization. Proceedings of the 1999 Congress on Evolutionary Computation. IEEE, Piscataway, NJ, USA, 1999, 1943: 1945–1950

[10] Bergh F V D. An Analysis of Particle Swarm Optimizers. South Africa: University of Pretoria, 2001

[11] Ozcan E, Mohan C K. Analysis of a simple particle swarm optimization System. Intelligent Engineering Systems Through Artificial Neural Networks, 1998, 8: 252–258

[12] Ozcan E, Mohan C K. Particle swarm optimization: surfing the waves. Proceedings of the International Congress on Evolutionary Computation, USA, 1999: 1939–1944

[13] Kennedy J. The particle swarm: Social adaption of knowledge. Proc. IEEE Congress on Evolutionary Computation, USA, 1997: 303–308

[14] Clerc M, Kennedy J. The particle swarm–explosion, stability, and convergence in a multidimensional complex space. IEEE Transactions on Evolutionary Computation, 2002, 6(1): 58–73

[15] Ratnaweera A, Halgamuge S K, Watson H C. Self-organizing hierarchical particle swarm optimizer with time-varying acceleration coefficients. IEEE Transactions on Evolutionary Computation, 2004, 8(3): 240–255

[16] Szykman S, Cagan J. Constrained three-dimensional component layout using simulated annealing. Journal of Mechanical Design. Trans. of the ASME, 1997, 119(1): 28–35

[17] 钱志勤, 滕弘飞, 孙治国. 人机交互的遗传算法及其在约束布局优化中的应用. 计算机学报, 2001, 24(5): 553–559

[18] 唐飞, 滕弘飞. 一种改进的遗传算法及其在布局优化中的应用. 软件学报, 1999, 10(10): 1096–1102

[19] 钟伟才. 多智能体进化模型和算法研究. 西安: 西安电子科技大学博士学位论文, 2004: 117–126

[20] 李宁, 刘飞, 孙德宝. 基于带变异算子粒子群优化算法的约束布局优化研究. 计算机学报, 2004, 27(7): 897–903

[21] 周驰, 高亮, 高海兵. 基于粒子群算法的约束布局优化. 控制与决策, 2005, 20(1): 36–40

[22] Teng H F, Sun S L, Ge W H, et al. Layout optimization for the dishes installed on a rotating table. Science in China (Series A), 1994, 37(10): 1272–1280

第8章　基于知识的协同微粒群算法

8.1　引　　言

1948 年维纳的《控制论》(*Cybernetics*) 问世，同时也宣告了控制科学这门学科的诞生。在维纳看来，自动机器、生命系统以及经济系统、社会系统等，撇开各自的特点，本质上都是一个自动控制系统，而系统的控制则是通过信息的传输、变换、加工、处理来实现的，即系统的控制过程本质上可视为一个信息流通的过程，而控制论就是研究如何利用控制器，通过信息的变换和反馈作用，使系统能自动地按照人们预定的程序运行，最终达到最优目标的学问。由此可知，信息方法是控制论的一项重要研究内容，同时也是控制论的主要方法之一。而信息方法，就是把研究对象看成是一个信息系统，通过分析系统的信息流程来把握事物规律的方法。

在智能计算的方法体系中，各种算法以不同的生物、生命系统为模拟原型来建立优化算法，因此，每一种智能计算方法均可视为一种控制系统或信息系统，而算法进行寻优搜索的每一个过程均可看成一种信息流通的过程，只是不同算法中信息的表示、传输和处理等方式不同。例如，在遗传算法中，目标问题的基本信息是由结构类似基因的编码串及其适应值来描述的，在搜索过程中，这些信息通过迭代式的复制、交叉、变异等遗传算子来加以传递；在人工免疫系统中，抗体、抗原等则为问题基本信息的描述形式，信息的处理是通过克隆选择、免疫应答、免疫调节等方式进行的；而在微粒群算法中，问题的基本信息由微粒的位置和速度及位置的适应值来加以表示，而信息的传递则通过给定的位置和速度更新方程来实现。

既然智能计算的优化搜索过程可以被视为一种信息处理的过程，在对算法加以改进时，则可以通过寻求有效的进化信息来控制或指导优化搜索的方向或速度，以实现对优化算法的期望目标。许多学者对此达成了共识，作出了许多尝试，其中首推文化算法 (culture algorithm)。文化算法[1,2] 认为文化的形成和传播是推动人类社会发展的重要因素，因此，将人类社会的进化划分为两部分，一部分是人类群体的自然进化 (基于群体空间)，一部分是自然进化过程中所形成的文化知识的进化 (基于信念空间)，这两种进化过程既独立，又相互影响，相互促进。一方面，在群体进化过程中，个体经验不断积累、传递，进而形成群体经验进行广泛传播，促进文化的形成。另一方面，文化作为一种社会公认的经验知识，在传播中又经历着特定的进化，反过来不断引导群体的进化，进而推动整个社会的不断发展进步。之后，Tapabrata 和 Liew 进一步探讨了人类社会中个体的发展和社会文明进步之间的相互关系，并提出了社会文明算法 (society and civilization algorithm)[3]。此算法刻画了这样一种复杂的社会行为：社会群体中的个体为了共同进步而不断进行各种信息交互，而不同群体间的协同进化则促进了一种文明的出现和发展。在上述两种社会行为计算模型中，无论是文化还是社会文明，实质上都是社会进化中的信息知识，两种算法都强调社会信息知识的共享以及对群体进化的引导作用。Ursem最早从政治的角度出发模拟人类社会，构建了"多国度的进化算法"(multinational evolutionary algorithm) 模型[4]，用于解决复杂多模态函数优化问题。这种模型将整个人类社会划分为若干个国家，每个国家由一组国民组成，经过选举产生国家政府，政府制定政策法规；国家间的竞争导致合并，国民的迁移活动促进新国家的形成。"多国度的进化算法"模型真实再现了政治活动中的人类社会，从中可以看出，整个人类社会有序性的发展进步依赖于底层的不同政治实体 (包括国民个体和国家实体) 的发展，不同层次的政治实体通过政策法规这种社会信息的交互影响，相互作用，即竞争又合作，从而推动整个社会有序发展。

作为一种典型的群智能计算方法，微粒群算法同样重视信息的共享和交互。许多学者尝试利用搜索信息引导或控制搜索过程，以此来提高搜索性能和效率。Xie和 Zhang[5] 借鉴耗散系统的自组织性，将群体的进化状态作为一种信息，当群体处于进化停滞时，则利用微粒速度或位置的随机变异引入系统负熵来增加群体多样性。Riget 和 Vesterstroem[6] 则将群体多样性作为一种信息用于调控"吸引"和"扩散"两种算子的切换，从而调整算法的"勘探"与"开发"平衡。郝然等[7] 则将个体微粒的速度作为一种监测信息，当微粒速度小于一定阈值时，通过重新初始化使速度变异，从而使微粒逃逸停滞状态。通过引入平均速度信息统计量，Yasuda 和 Iwasaki[8] 提出了一种自适应的微粒群算法，利用微粒群体的平均速度来实现惯性系数的自适应调节。俞欢军等[9] 则利用种群多样性和群体熵来自适应地调节惯性权重参数和群体的变异，从而有效地改进算法的全局收敛性及收敛速度。Monson 和 Seppi[10] 借助于贝叶斯统计网络对进化信息进行分析，有效地提高信息的利用率。薛明志[11] 将微粒看成具有知识并可利用知识进行启发式搜索的智能体粒子。Jie 等[12] 则利用群体多样性、群体最佳适应值等信息用于优化动态的引导和控制。

上述研究从不同的角度出发，将不同的信息用于优化过程的控制和指导，取得了一定的效果，然而从信息处理的角度来看，各文献并没有采用显性的存储机制对信息加以记录，所提出的信息处理方式还是过于单一，因此，在控制和引导搜索的过程中，不可避免地存在局限性。为此，本章提出了基于知识的协同微粒群算法模型 (knowledge-based cooperative particle swarm optimization, KCPSO)[13,14]。该模型引入了一种显式的信息存储机制，利用"知识板"(knowledge billboard)[15] 进行信息知识的储存，力图从多个角度对群体状态加以分析和描述，采用多元化的群体信息来指导和控制微粒行为，使之能够有效地调节局部搜索和全局搜索之间的平衡，既能促进全局搜索，又避免过度的搜索浪费，提高搜索效率。

8.2　基于知识的协同微粒群算法

8.2.1　基本概念

1) 知识

知识是通过分析信息来掌握先机的能力，也是开创价值所需要的直接材料。知识包括理论、结构化的经验、价值以及能解决问题的各种原则与经验法则。当知识被用于指导未来方向时，则会形成智慧和智能[16]。

本章中的"知识"和文化算法中的"文化"有着相似的含义，都是一种信息的载体，用于表示从搜索过程中所抽取的、可用于描述群体搜索状态和指导群体搜索方向，并能够被微粒主体所获取和传递的信息。

2) 协同

协同的含义是"协调、适应、和谐"的意思。在生物学中，协同被理解为生物之间相互选择、相互协调的现象和过程，人们常采用"协同适应"、"协同进化"等概念来描述不同物种在进化过程中形成的相互适应、互利互惠的共同进化的现象。一般来说，协同适应和协同进化能够使生物以最小的代价或成本实现在自然界的存在和繁殖 (最大适合度)[17]。

竞争和协同一直是现代生物学领域中的两个重要概念。自达尔文的进化论以来，许多生物学家们一直把"竞争"作为生物进化的直接动力。随着生物进化研究的深入，人们越来越多地意识到：在进化过程中，生物之间不仅存在着负作用的竞争，而且还存在着一种互惠互利的协同；竞争虽然普遍存在，但只是生物进化过程中阶段性的作用因素，而协同则是生物进化过程中一种更为普遍的行为和关键因素[18]。哈肯的"协同论"进一步指出[19]：系统进化过程中内部要素及其相互之间的协同行为，是系统进化的必要条件。

受协同进化理论以及自然界存在的各种生物协同进化现象的启示，近十几年来，在进化计算的领域内出现了许多协同进化计算模型。根据所采用的生物模型不同，协同进化计算主要可分为基于种间竞争机制的协同进化算法、基于捕食–猎物机制的协同进化算法以及基于共生机制的协同进化算法[20]。

本章中的协同类似一种种间协同，指子群体之间通过信息共享和信息交互，从而使不同子群体的适应值得以提高、共同进化的一种关系。

8.2.2　KCPSO 的模型结构

有些学者将智能计算的优化求解过程看成一种信息处理过程，而不仅仅是一种进化过程。如前文所提到的文化算法、社会文明算法等，这些算法隐含的规则是尽可能地从搜索过程中提取有用信息,并将其用于优化搜索的指导,这些从搜索过程中所提取的信息通常被称为"文化"、"文明"或"知识"。

事实上,微粒群算法也隐含着同样的规则。在优化搜索过程中,群体所经历的最佳位置被视为一种知识被所有微粒所接受,并引导微粒飞向更好的区域。虽然算法强调了微粒主体之间的信息交互作用,但这种交互与其仿真原型 —— 实际鸟群系统内所存在的交互机制还相差很远,微粒所能获取的信息和交互方式过于简单,这也是算法易于局部收敛的原因所在。

在实际鸟群系统中,每只鸟都可视为一个智能主体,而其所停留的群体事实上构成了它的行为环境。在飞行过程中,鸟们需要不断地从群体环境中感知各种信息,以此作出正确的决策指导自己行为,从而停留在鸟群又不至于和周围鸟发生碰撞,促使整个群体以协同一致的姿态飞行。

基于以上分析,本章提出了基于知识的协同微粒群算法 (KCPSO)。KCPSO 利用多群体机制来保持群体多样性,引入知识板用于记录微粒在搜索过程中可能感知的多元信息,并以此为媒介,模拟微粒从群体环境中感知信息并作出决策的智能行为。

其模型结构具体如图 8.1 所示。

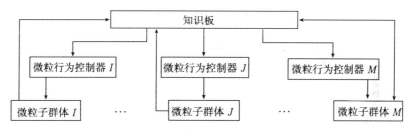

图 8.1　KCPSO 算法的模型结构

KCPSO 由三种对象构成,用于记录信息的知识板、微粒行为控制器 (behavior controller) 以及微粒子群体 (sub-swarm)。

显然,KCPSO 隐喻了特定环境下进化主体的感知和学习决策的过程。所有的微粒被分为不同的子群体。在搜索过程中,所抽取的各种搜索信息被记录于知识板,而不同子群体的微粒均可以感知到知识板上的所有共享信息,行为控制器隐喻了微粒主体自身的一种决策过程,是一种内部模型。基于共享信息,子群体中的微粒能够根据子群体的搜索动态正确调整自己的行为方式,一方面,有效地控制子群体内的局部搜索;另一方面,又可以通过子群体间的协同进行全局搜索。

8.2.3　知识集的定义

鉴于群体是微粒主体的行为环境,群体的搜索状态对微粒个体的行为方式有着重要的影响，进而会影响到算法的优化性能。因此，力图用不同的概念去描述群体的搜索状态，如群体多样性、群体搜索能力，群体生存状态以及群体所经历的最佳位置及其适应值。在搜索过程中，这些信息将被抽取出来共享于知识板上。

8.2.3.1 知识集的形式化描述

在 KCPSO 中，关于群体搜索状态的信息知识分为两大类：局部搜索知识和全局搜索知识，其中局部搜索知识来源于所有子群体的搜索状态信息，而全局搜索知识来源于整个群体的搜索状态信息。

假设在优化搜索中，整个群体由 J 个子群体组成，任意子群体 S_j 的群体规模为 N_j，则整个群体的规模为 $N = \sum_{j=1}^{J} N_j$，第 t 次迭代中，知识板上的知识集为 $I(t)$，所有子群体的搜索状态信息汇聚为局部知识集记为 $\{I_{s_j}(t), j \in [1, J]\}$，全局信息集记为 $I_g(t)$，则知识板上的知识集可形式化描述如下：

$$I(t) = \{\{I_{s_j}(t), j \in [1, J]\}, I_g(t)\} \tag{8.1}$$

式 (8.1) 中任意子群体的搜索知识集 $I_{s_j}(t)$ 可形式化地描述为

$$I_{s_j}(t) = \{D_{s_j}(t), C_{s_j}(t), E_{s_j}(t), P_{s_j}^*(t), F_{s_j}^*(t)\} \tag{8.2}$$

其中 $D_{s_j}(t)$ 为子群体 S_j 的多样性，$C_{s_j}(t)$ 为子群体 S_j 的搜索能力，$E_{s_j}(t)$ 为子群体 S_j 的生存状态，$P_{s_j}^*(t)$ 为子群体 S_j 所经历的最好位置向量，$F_{s_j}^*(t)$ 为子群体 S_j 的适应值，即其所经历的最好位置 $P_{s_j}^*(t)$ 的适应值。

全局知识集 $I_g(t)$ 的形式化描述为

$$I_g(t) = \{D_g(t), C_g(t), E_g(t), P_g^*(t), F_g^*(t)\} \tag{8.3}$$

其中 $D_g(t)$ 为整个群体的多样性，$C_g(t)$ 为整个群体的搜索能力，$E_g(t)$ 为群体的生存状态，$P_g^*(t)$ 为群体最好位置向量，$F_g^*(t)$ 为群体的适应值，即其所经历的最好位置的适应值。

由上可知，局部知识集和全局知识集均可表示为一个五元集合，分别包括子群体或群体的多样性、搜索能力、生存状态、最好位置及其适应值等信息。

除此之外，对于某些特定问题，知识板还可以用来记录与问题特征相关的知识。

8.2.3.2 各知识元素的定义

1) 子群体和群体的多样性

在算法寻优的过程中，如果群体多样性过早、过快缺失，则容易导致算法过早收敛。这里同样关心整个群体的分布状态以及子群体的局部分布状态，采用多样性度量方法来计算群体和子群体的多样性[21,22]。

子群体多样性的计算式如下：

$$D_{s_j}(t) = \frac{1}{N_j \cdot M} \cdot \sum_{j=1}^{N_j} \sqrt{\sum_{l=1}^{L} (x_{s_j}^{il}(t) - \bar{x}_{S_j}^l(t))^2} \tag{8.4}$$

其中 $D_{s_j}(t)$ 为子群体 S_j 的多样性，N_j 为子群体 S_j 的群体规模，M 为搜索空间中最长对角线的长度，L 为搜索空间的维数，$x_{s_j}^{il}(t)$ 为子群体 S_j 中第 i 个微粒的第 l 维分量，$\bar{x}_{S_j}^l(t)$ 为子群体 S_j 平均中心微粒位置的第 l 维分量，其计算式如下：

$$\bar{x}_{S_j}^l(t) = \frac{1}{N_j} \sum_{i=1}^{N_j} x_{s_j}^{il}(t) \tag{8.5}$$

群体多样性的计算式如下：

$$D_g(t) = \frac{1}{J \cdot M} \cdot \sum_{j=1}^{J} \sqrt{\sum_{l=1}^{L} (p_{s_j}^{*l}(t) - \bar{p}_g^l(t))^2} \tag{8.6}$$

其中 $D_g(t)$ 为群体的多样性，J 为子群体的个数，$p_{s_j}^{*l}(t)$ 为子群体 S_j 所经历的最好位置的第 l 维分量，$\bar{p}_g^l(t)$ 为群体平均中心的第 l 维分量。

群体多样性主要为了衡量各子群体之间的距离，因此，利用各子群体的最佳位置 (或平均中心位置) 之间的平均点距来计算，一方面，可以节省计算代价；另一方面，便于观察各子群体的搜索动态：

$$\bar{p}_g^l(t) = \frac{1}{J} \sum_{j=1}^{J} p_{s_j}^{*l}(t) \tag{8.7}$$

2) 子群体和群体的搜索能力

在基于群体搜索机制的仿生算法中，通常采用适应值来对每一个体的优劣进行评价，并且经常利用群体最佳个体适应值的变化来设定算法的终止条件，微粒群算法也不例外。假设用群体最佳位置的适应值来定义群体的适应值，则可以通过观察群体适应值的变化来估计群体的搜索动态。在某一阶段，如果观察到群体适应值持续得到提高，则说明该群体还没有完全收敛，群体还具有较强的搜索能力；如果观察到群体适应值的变化持续很小，则说明群体趋近收敛，其搜索能力也随之降低；而当群体适应值的变化几乎停滞了，则群体可能已收敛于某一点，已经失去了继续寻优的搜索能力。

因此，利用子群体指定间隔代内最佳位置的适应值增量来定义它的搜索能力，而利用群体指定间隔代内最佳位置的适应值增量来定义群体的搜索能力。具体如下：

$$C_{S_j}(t) = |F_{S_j}^*(t) - F_{S_j}^*(t - \Delta T)| \tag{8.8}$$

$$C_g(t) = |F_g^*(t) - F_g^*(t - \Delta T)| \tag{8.9}$$

其中 ΔT 为指定的间隔代数。

　　显然，$C_{S_j}(t)$ 的值越大，该子群体的搜索能力越强，其适应值在指定的间隔时间 ΔT 内的增量越大；反之，$C_{S_j}(t)$ 的值越小，表明该子群体的搜索能力越弱。同样，$C_g(t)$ 的值越大，群体的搜索能力越强；其值越小，群体的搜索能力越弱。

　　3) 子群体和群体的生存状态

　　在一次优化搜索中，一个群体 (或子群体) 从初始化直至最终成熟的过程定义为该群体 (或子群体) 的生命周期。一般来说，在搜索早期，群体的分布最分散，群体多样性最高，搜索能力最强；在搜索中期，群体多样性和搜索能力会逐渐降低，但依然会保持在相对较高的水平；进入搜索后期，群体多样性和搜索能力会降低至一个相对较低的水平，变化速度趋缓；当群体多样性和搜索能力在很长时间内不再发生变化时，群体可能收敛于某一点。为了能够准确地引导寻优过程，可以根据群体的搜索特征将子群体和群体的生存状态划分为成长状态、伪成熟状态和成熟状态三种，分别记 E_1，E_2，E_3。

　　定义 8.1　子群体和群体的成长状态。对于给定的多样性和搜索能力的阈值 D_T 和 C_T，如果子群体的多样性 $D_{S_j}(t)$ 和搜索能力 $C_{S_j}(t)$ 满足 $D_{S_j}(t) > D_T$ 和 $C_{S_j}(t) > C_T$，则认为该子群体在 t 时刻的生存状态为成长状态 E_1。同理，如果群体的多样性 $D_g(t)$ 和搜索能力 $C_g(t)$ 满足 $D_g(t) > D_T$ 和 $C_g(t) > C_T$，则认为该群体在 t 时刻的生存状态为成长状态 E_1。

　　定义 8.2　子群体和群体的伪成熟状态。对于给定的多样性和搜索能力的阈值 D_T 和 C_T，如果子群体的多样性 $D_{S_j}(t)$ 和搜索能力 $C_{S_j}(t)$ 满足 $D_{S_j}(t) > D_T$，$C_{S_j}(t) < C_T$ 或 $D_{S_j}(t) < D_T$，$C_{S_j}(t) > C_T$，则认为该子群体在 t 时刻的生存状态为伪成熟状态 E_2。同理，如果群体的多样性 $D_g(t)$ 搜索能力 $C_g(t)$ 满足 $D_g(t) > D_T$，$C_g(t) < C_T$ 或 $D_g(t) < D_T$，$C_g(t) > C_T$，则认为该群体在 t 时刻的生存状态为伪成熟状态 E_2。

　　定义 8.3　子群体和群体的成熟状态。对于给定的多样性和搜索能力的阈值 D_T 和 C_T，如果子群体的多样性 $D_{S_j}(t)$ 和搜索能力 $C_{S_j}(t)$ 满足 $D_{S_j}(t) < D_T$ 和 $C_{S_j}(t) < C_T$，则认为该子群体在 t 时刻的生存状态为成熟状态 E_3。同理，如果群体的多样性 $D_g(t)$ 和搜索能力 $C_g(t)$ 满足 $D_g(t) < D_T$ 和 $C_g(t) < C_T$，则认为该群体在 t 时刻的生存状态为成熟状态 E_3。

　　4) 子群体和群体的最佳位置及其适应值

　　子群体的最佳位置指的是子群体中所有微粒所经历的具有最高适应值的位置，可定义如下：

$$p_{s_j}^*(t) = \arg\max\{F_{S_j}^1(t), \cdots, F_{S_j}^i(t), \cdots, F_{S_j}^{N_j}(t)\} \tag{8.10}$$

其中 $F_{S_j}^i(t)$ 为子群体 S_j 中第 i 个微粒经历最好位置的适应值。而子群体的适应值可由下式来决定:

$$F_{S_j}^*(t) = \max\{F_{S_j}^1(t), \cdots, F_{S_j}^i(t), \cdots, F_{S_j}^{N_j}(t)\} \tag{8.11}$$

群体的最佳位置指的是群体中所有子群体所经历的具有最高适应值的位置,可定义如下:

$$p_g^*(t) = \arg\max\{F_{S_1}^*(t), \cdots, F_{S_j}^*(t), \cdots, F_{S_J}^*(t)\} \tag{8.12}$$

而群体的适应值为

$$F_g^*(t) = \max\{F_{S_1}^*(t), \cdots, F_{S_j}^*(t), \cdots, F_{S_J}^*(t)\} \tag{8.13}$$

由上述知识集中各知识元素的定义可知,构成局部搜索知识的各子群体的搜索状态信息来源于对子群体中各微粒基本信息的分析,而构成全局搜索知识的群体搜索状态信息来源于对各子群体的局部搜索信息的分析,因此,与基本微粒群算法相比,KCPSO 并没有增加多少计算代价。

8.2.4　KCPSO 的行为控制

8.2.4.1　KCPSO 的行为控制规则

KCPSO 采用多个子群体同时在不同的局部区域进行局部搜索,一方面,有利于维持种群搜索过程中的多样性;另一方面,可以通过众多局部极值点的搜索信息来引导对全局极值点的搜索,从而增加算法全局收敛的概率。

在 KCPSO 模型中,知识板上的知识在整个群体中共享,不同子群体中的微粒都可以感知到关于群体不同角度的信息知识,除了自身所隶属的子群体搜索信息外,还包括整个群体的搜索状态以及其他各子群体的搜索状态信息。基于所感知的多元信息,微粒可以作出准确的决策,随时调整自己的行为方式和方向进行飞行。从这个意义来说,KCPSO 中的微粒要比 SPSO 中的微粒更具有智能性,更接近于实际生物系统中的个体特性,被视为一种智能主体。

在优化搜索过程中,每一子群体都有它的生命周期,从初始化诞生、经过成长,直至成熟收敛,整个过程中的不同信息将不断被抽取用于知识板上局部知识的更新。在子群体的局部搜索初期,所有微粒均毫无保留地接受该子群体最佳微粒的飞行经验,快速飞向子群体所经历的最佳位置,并且在该最佳位置附近展开精细的局部搜索。随着搜索的进行,子群体的多样性和搜索能力将逐渐降低,借助于知识板上共享的知识,飞行中的每个微粒都能够感知到子群体的这种变化,并对此作出一定的反应。当子群体过于拥挤或者其搜索能力很小时,子群体的微粒可以选择改变自己的社会信念,逃逸自己当前所隶属的子群体,或寻找其他的飞行方向或社会信念。而这一点是非常符合智能主体的社会性的。

从利于局部搜索和全局搜索的角度出发，为子群体中的微粒主体设计了下述的行为控制规则：

规则 1　当子群体的生存状态为成长状态时，该子群体将不断进行局部开采，此时子群体的所有微粒无条件遵循子群体的社会信念，不断朝向子群体的最佳位置飞行。称微粒的这种行为为趋同行为。

规则 2　当任一子群体处于伪成熟状态时，其所在的局部搜索区域还没有被完全开采，则为了进一步开发此区域，同时又避免在此区域浪费过多的搜索时间，此时子群体的微粒将把子群体的最佳位置作为自己的经验而加以记忆，同时根据所感知的知识信息，从其他子群体中寻找新的追寻目标和社会信念。称微粒的这种行为为协同行为。

规则 3　当子群体达到成熟状态后，则微粒将从隶属的子群体中逃逸出来，寻找新的可行区域进行搜索。称微粒的这种行为为逃逸行为。

8.2.4.2　局部搜索和趋同行为

对于 KCPSO 中子群体的局部搜索，更多的期望是能够以较快的速度找到该局部区域的极值点。在前面的章节中曾经讨论过，社会模型通常具有较快的搜索速度，但却易于陷入局部极值，故此模型不适合单独用于全局优化问题的求解。然而，在 KCPSO 模型中，其良好的局部搜索特性刚好适用于子群体的局部搜索。

因此，在子群体的局部搜索过程中，所有微粒都遵循标准微粒群算法的社会模型进行信息的更新，

$$
\begin{cases}
\boldsymbol{v}_{S_j}^{il}(t+1) = w(t)\boldsymbol{v}_{S_j}^{il}(t) + c_2 r_2(\boldsymbol{p}_{S_j}^{*l}(t) - \boldsymbol{x}_{S_j}^{il}(t)) \\
\boldsymbol{x}_{S_j}^{il}(t+1) = \boldsymbol{x}_{S_j}^{il}(t) + \boldsymbol{v}_{S_j}^{il}(t+1)
\end{cases}
\tag{8.14}
$$

其中 $\boldsymbol{v}_{S_j}^{il}(t)$ 为子群体 S_j 中第 i 个个体的速度矢量，$\boldsymbol{x}_{S_j}^{il}(\cdot)$ 为子群体 S_j 中第 i 个个体的位置矢量，$\boldsymbol{p}_{S_j}^{*l}(t)$ 为子群体 S_j 所经历的最佳位置矢量。

8.2.4.3　协同搜索和协同行为

当任一子群体处于伪成熟状态时，其所在的局部搜索区域还没有被完全开采，但为了避免在此区域浪费过多的搜索时间，一方面，子群体的微粒把当前子群体的最佳位置作为自己的经验而加以记忆；另一方面，则从其他子群体中寻找新的追寻目标和社会信念。这样既可以不完全抛弃目前的搜索区域，又可以使子群体的微粒们飞向更具潜力的搜索区域。

微粒的这种行为实际上表现为一种子群体间的协同，在协同的过程中微粒的位置和速度更新方程如下：

$$
\begin{cases}
v_{S_j}^{il}(t+1) = w(t)v_{S_j}^{il}(t) + c_1 r_1(p_{S_j}^{*l}(t) - x_{S_j}^{il}(t+1)) + c_2 r_2(p_{S_k}^{*l}(t) - x_{S_j}^{il}(t+1)) \\
x_{S_j}^{il}(t+1) = x_{S_j}^{il}(t) + v_{S_j}^{il}(t+1)
\end{cases}
\tag{8.15}
$$

其中 $p_{S_j}^{*l}(t)$ 为子群体 S_j 最佳位置的第 l 维分量,$p_{S_k}^{*l}(t)$ 为子种群 S_k 最佳位置向量的 l 分量。

在协同进化过程中,子群体 S_j 中的微粒为了成功地飞向更具潜力的搜索区域,同时避免重复搜索,则会基于共享的信息知识对 S_k 进行选择,所选择的 S_k 应该是一个未成熟的且其所经历的最佳位置优于 S_j 的子群体。

8.2.4.4 全局搜索和逃逸行为

当某一子群体进入成熟状态后,其多样性和搜索能力均已丧失殆尽,此时子群体的微粒们则需要从该子群体中逃逸出来,寻找新的搜索区域,进行新的搜索。此时,将对每一微粒的位置和速度进行重新初始化,使之具有新的动量飞向新的区域,从而使该子群体也获得新的搜索能力,重新进入成长状态。

从以上分析可知,基于知识板上的共享信息,通过子群体的局部搜索、微粒的逃逸行为以及子群体间的协作行为,KCPSO 能够有效地保持局部开采和全局探测之间的有效平衡,从而提高算法全局收敛的概率。

8.2.5 KCPSO 算法的流程

基于以上分析,可知 KCPSO 的算法流程如下:

算法 8.1 KCPSO。

(1) 初始化包含 J 个子群体的微粒群体,每一子群体规模为 N_J;初始化知识板中的所有知识元素;令 $t \leftarrow 0$;

(2) 若满足终止条件,则输出结果并结束;否则,令 $t \leftarrow t+1$,转步骤 (3);

(3) 如果任一子群体的生存状态为成长状态,则按照规则 1 选择趋同行为,根据式 (8.14) 更新子群体中每一微粒的位置和速度向量;否则,转步骤 (4);

(4) 如果任一子群体的生存状态为伪成熟状态,则子群体按照规则 2 协同搜索,根据式 (8.15) 更新每一微粒的位置和速度向量;否则,转步骤 (5);

(5) 如果任一子群体的生存状态为成熟状态,则按照规则 3 对子群体中任一微粒的速度进行重新初始化;

(6) 计算每一子群体中微粒的适应值,统计分析每一子群体的多样性、搜索能力、生存状态、最佳位置及其适应值,更新知识板上的知识元素,转步骤 (2)。

8.3 算法的收敛性分析

作为一种随机优化算法,标准微粒群算法已被证明不具有全局收敛性。但 KCPSO 通过引入趋同、协同以及逃逸等搜索行为,可以证明其能依概率 1 收敛。

8.3.1　随机优化算法全局和局部收敛的判据

Solis 和 Wets 曾对随机优化算法进行了深入研究，并给出了算法依概率 1 收敛于全局或局部最优的判据[23]，下面不加证明地给出其相关定理及结论。

以极小优化问题 $\langle A, f \rangle$ 为例，假设存在求解该问题的随机优化算法 D，其在可行解空间 A 上的第 k 次迭代结果为 z_k，则下一代迭代结果为 $z_{k+1} = D(z_{k+1}, \xi)$，其中 ξ 为算法 D 在迭代次数中曾经搜索过的解。

假设 H1　$f(D(z_k, \xi)) \leqslant f(z_k)$ 且 $\xi \in A$，则 $f(D(z_k, \xi)) \leqslant f(\xi)$。

假设 H2　对于 A 的任意 Borel 子集 B，若其勒贝格 (Lebesgue) 测度 $\nu(B) > 0$，则有

$$\prod_{k=0}^{\infty}(1 - \mu_k(B)) = 0 \tag{8.16}$$

其中 $\mu_k(B)$ 为由测度 μ_k 获得 B 的概率。若假设 H2 满足，则说明对于 A 中满足 $\nu(B) > 0$ 的任意子集，算法 D 经过无穷次而未搜索到 B 中某一点的概率为 0。

引理 8.1 (全局收敛)　假设目标函数 f 为可测函数，可行解空间 A 为 $\mathbf{R}^n$ 上的可测子集，并且假设 H1，假设 H2 满足，设 $\{z_k\}_{k=1}^{+\infty}$ 为算法 D 所生成的解序列，则有以下结论成立：

$$\lim_{k \to +\infty} P[z_k \in R_\varepsilon] = 1 \tag{8.17}$$

其中 $P[z_k \in R_\varepsilon]$ 是第 k 步算法生成的解 $z_k \in R_\varepsilon$ 的概率，R_ε 为全局最优解集。

在引理 8.1 中，假设 H1 保证了算法优化解的目标函数是单调非增的；而假设 H2 则说明了对于最优解集 $R_\varepsilon \subset S$，算法 D 经过无穷次而未搜索到最优解集中某一点的概率为 0；反过来就是说，算法经过无穷次搜索必然收敛于全局最优解集中的某一点。

事实上，完全随机的优化算法能够保证全局收敛，但完全随机却会使算法的收敛速度很慢。在实际应用中，有些启发式随机算法往往难以全局收敛，它们一般具有较快的收敛速度，但却易于收敛于问题的局部极值，因此，大都属于局部优化算法。为此，Solis 和 Wets 进一步给出了随机优化算法局部收敛的判据。

假设 H3　$\forall z_0 \in A, L_0 = \{z_k \in A | f(z_k) \leqslant f(z_0)\}$ 为紧集，并且 $\exists \gamma > 0$ 且 $\exists \eta \in (0, 1]$，$\forall k$ 和 $\forall z_k \in L_0$ 有

$$\mu_k([\mathrm{dist}(D(z_k, \xi), R_\varepsilon) < \mathrm{dist}(z_k, R_\varepsilon) - \gamma] \bigcup [D(z_k, \xi) \in R_\varepsilon]) \geqslant \eta \tag{8.18}$$

其中 z_0 表示解空间中的一个初始解，$\mathrm{dist}(z_k, R_\varepsilon)$ 表示 z_k 到最优解集的距离。$\mathrm{dist}(z_k, R_\varepsilon) = \inf_{b \in R_\varepsilon}(\mathrm{dist}(z_k, b))$，$R_\varepsilon$ 代表 L_0 中的最优解集。若假设 H3 满足，则说明算法每迭代一次，z_k 都能至少以距离 γ 靠近 R_ε，或者已经在 R_ε 中的概率不小于 η。

引理 8.2 (局部收敛) 假设目标函数 f 为可测函数，区域 A 为 $\mathbf{R}^n$ 上的可测子集，并且假设 H1，假设 H3 满足，设 $\{z_k\}_{k=1}^{+\infty}$ 为算法 D 所生成的解序列，则有以下结论成立：

$$\lim_{k \to +\infty} P[z_k \in R_\epsilon] = 1 \tag{8.19}$$

8.3.2 KCPSO 收敛性

在本节中，将对 KCPSO 算法的收敛性进行分析。在 KCPSO 中，子群体或群体的生存状态分为成长、伪成熟和成熟三种情形，对应着三种不同的生存状态，算法的具体搜索可分为趋同搜索，记为 Oper1()；协同搜索，记为 Oper2()；逃逸，记为 Oper3()。下面将从算法不同的搜索过程出发来分析它的收敛性。

首先来考察算法的局部趋同搜索。

在 KCPSO 中，整个群体被划分为若干个子群体并进行局部搜索。对于任意子群体，有以下定理成立：

定理 8.1 处于成长态的任意子群体通过趋同搜索 Oper1()，最终收敛于解空间中的某一点。

证明 标准微粒群算法中的任意微粒在足够长时间的迭代后都将收敛于该微粒与群体最优位置的加权位置。同理，对于 KCPSO 中的任意子群体 S_j 来说，如果整个搜索过程仅存在趋同过程，并且子群体采用标准微粒群模型，则有下式成立：

$$\lim_{t \to \infty} \boldsymbol{x}_{S_j}^i(t) = \frac{c_1 \boldsymbol{p}_{S_j}^i + c_2 \boldsymbol{p}_{S_j}^*}{c_1 + c_2} \tag{8.20}$$

其中 $\boldsymbol{p}_{S_j}^i$ 为子群体 S_j 中第 i 个微粒所经历的最佳位置向量，$\boldsymbol{p}_{S_j}^*$ 为子群体 S_j 所经历的最佳位置向量。

如果子群体的趋同行为遵循标准微粒群算法的社会模型，即子群体中任意微粒的运动都不受自身历史最优信息的影响，有 $c_1 = 0$，则由式 (8.20) 易知，子群体中的各微粒将最终收敛于该子群体的最优位置，即有下式成立：

$$\lim_{t \to \infty} \boldsymbol{x}_{S_j}^i(t) = \boldsymbol{p}_{S_j}^* \tag{8.21}$$

定理 8.1 得证。

另外，在趋同搜索的第 t 次迭代中，子群体的最优位置由下述算法确定：

$$\boldsymbol{p}_{S_j}^*(t) = \begin{cases} \boldsymbol{p}_{S_j}^*(t-1), & f(\boldsymbol{p}_{S_j}^*(t-1)) \leqslant f(\boldsymbol{p}_{S_j}^i(t)) \\ \boldsymbol{p}_{S_j}^i(t), & f(\boldsymbol{p}_{S_j}^*(t-1)) > f(\boldsymbol{p}_{S_j}^i(t)) \end{cases} \tag{8.22}$$

其中 $f(\cdot)$ 为优化目标函数。

由此可知，KCPSO 中每一子群体的趋同搜索满足假设 H1，其目标函数是一个单调非增的过程。然而，趋同搜索不能被证明满足假设 H2 或 H3，则不能保证子群体最终收敛的群体最优位置是局部极值还是全局极值。在 KCPSO 中，当子群体进入成熟状态时，其搜索将陷入停滞状态。在这种情况下，如果未满足终止条件，则该子群体中的微粒将从当前区域逃逸出来，通过重新初始化进行新的搜索。因此，并不期望趋同搜索一定要保证局部或全局收敛，而只要给出子群体当前所在搜索区域有无极值点的知识就行。

定理 8.2　多个子群体的并行趋同搜索，不属于全局搜索算法。

证明　如果这个微粒群被分为多个子群体以并行的方式在解空间进行协同搜索，则每个子群体都将经过趋同 Oper1()，记任意子群体趋同过程中产生的解序列为 $\{\boldsymbol{p}^*_{S_j}(t)\}^{+\infty}_{t=1}$，简记为 $\{\boldsymbol{p}^*_{S_j,t}\}^{+\infty}_{t=1}$，则每个子群体的趋同搜索都是使目标函数单调非增的过程，即满足假设 H1，有 $f(\boldsymbol{p}^*_{S_j,t}) \leqslant f(\boldsymbol{p}^i_{S_j,t-1})$ 成立。

记目标问题的可行解空间为 A，整个群体被分为 J 个子群体，其中任意子群体 S_j 在第 t 次迭代中的支撑集简记为 $M_{S_j,t-1}$，假若多个子群体在解空间并行趋同搜索能够保证全局收敛，则要求算法迭代若干次后，微粒群的样本空间应该能够包含目标问题的可行解空间 A，即有下式成立：

$$A \subseteq \left(\bigcup_{j=1}^{J} M_{S_j,t}\right) = \bigcup_{j=1}^{J}\left(\bigcup_{i=1}^{N_j} M^i_{S_j,t}\right) \tag{8.23}$$

其中 $M^i_{S_j,t}$ 为子群体 S_j 的微粒 i 在 t 次迭代中的支撑集，N_j 为子群体 S_j 的规模。

由于初始群体中的每一个子群体都是在可行解空间中按均匀分布随机产生的，因此，群体初始时的支撑集显然满足

$$A \subseteq \left(\bigcup_{j=1}^{J} M_{S_j,0}\right) \tag{8.24}$$

考虑在第 t 次迭代时子群体 S_j 的样本空间，由于趋同操作中新微粒的产生遵循社会模型，故微粒 i 的支撑集由下式决定：

$$M^i_{S_j,t} = x^i_{S_j,t} + \omega(x^i_{S_j,t-1} - x^i_{S_j,t-2}) + c_2 r_2(p^*_{S_j,t-1} - x^i_{S_j,t-1}) \tag{8.25}$$

在多维空间中，$M^i_{S_j,t}$ 是一个超立方体，它是可行解空间 A 的 Borel 子集，其大小与社会因子 c_2 有关。由式 (8.21) 可知，趋同将使微粒最终收敛于子群体的最优位置，此时，该微粒支撑集的勒贝格测度 $\nu(M^i_{S_j,t})$ 将逐渐趋于 0。显然，在整个趋同过程中，随着各微粒不断向子群体最优位置逼近，整个子群体的支撑集将不断缩小，而随着每一子群体支撑集的缩小，整个群体的支撑集自然也随之缩小。考虑整

个群体支撑集的勒贝格测度，则有

$$\lim_{t \to \infty} \nu \left(\bigcup_{j=1}^{J} M_{S_j,t} \right) = \nu \left(\bigcup_{j=1}^{J} \bigcup_{i=1}^{N_j} M_{S_j,t}^i \right) = 0 \tag{8.26}$$

由此可知，在整个趋同过程中，必然存在一个特定值 t'，对于任意的 $t \geqslant t'$，使得整个群体的支撑集满足

$$\nu \left(\left(\bigcup_{j=1}^{J} \bigcup_{i=1}^{N_j} M_{S_j,t}^i \right) \bigcap A \right) < \nu(A) \tag{8.27}$$

此时，必然存在一个 Borel 子集 $B \subset A$ 且 $B \bigcap \left(\bigcup_{j=1}^{J} \bigcup_{i=1}^{N_j} M_{S_j,t}^i \right) = \varnothing$，使得当 $t \geqslant t'$ 时，所有微粒落在 B 上的概率测度为 $\mu_{S_j,t}^i(B) = 0$。显然，多子群体并行趋同搜索不能满足假设 H2，故并不能保证算法全局收敛。

定理 8.2 得证。

定理 8.3 子群体的趋同搜索 Oper2()，属于局部搜索算法。

证明 若只考虑子群体的协同搜索 Oper2()，则该过程将在公告板知识的引导下进行。

假设初始子群体 S_j 中的某一微粒，其位置向量 $\boldsymbol{X}_0$ 是整个初始群体中最差的位置向量，则必然存在紧集 $L_0 = \{\boldsymbol{p}_{S_j,t}^i \in A | f(\boldsymbol{p}_{S_j,t}^i) \leqslant f(\boldsymbol{x}_0), 1 \leqslant i \leqslant N_j, 1 \leqslant j \leqslant J\}$，其中 $\boldsymbol{p}_{S_j,t}^i$ 代表任意子群体中任意微粒的最优位置向量。

考虑任意子群体 S_j 经协同搜索所产生的最优位置序列 $\{\boldsymbol{p}_{S_j,q}^{*'}\}_{t=1}^{+\infty}$，显然有 $\boldsymbol{p}_{S_j,q}^{*'} \in L_0$。在协同搜索过程中，根据公告板上所记录的信息知识，子群体 S_j 中的微粒总是选择具有更好位置信息的子群体 S_k（即 $f(\boldsymbol{p}_{S_k,q}^{*'}) < f(\boldsymbol{p}_{S_j,q}^{*'})$），并将该子群体的历史最佳位置作为自己新的社会目标，即有

$$\boldsymbol{p}_{S_j,q+1}^{*'} = \mathrm{Oper2}(\boldsymbol{p}_{S_j,q}^{*'}, \xi) = \boldsymbol{p}_{S_k,q}^{*'} \tag{8.28}$$

由此可知，协同过程中产生的子群体最佳位置序列是非增的，

$$f(\boldsymbol{P}_{S_j,q+1}^{*'}) \leqslant f(\boldsymbol{p}_{S_j,q}^{*'}) \tag{8.29}$$

假设 R_ε 表示紧集 L_0 中的最优解集。若 $\boldsymbol{p}_{S_k,q}^{*'} \in R_\varepsilon$，则协同搜索将引导子群体 S_j 中的所有微粒最终收敛于该最优解；若 $\boldsymbol{p}_{S_k,q}^{*'} \in R_\varepsilon$，则由于 $\mathrm{dist}(\boldsymbol{p}_{S_k,q}^{*'}, R_\varepsilon) < \mathrm{dist}(\boldsymbol{p}_{S_j,q}^{*'}, R_\varepsilon)$，故有 $\mathrm{dist}(\mathrm{Oper2}(\boldsymbol{p}_{S_j,q}^{*'}, \xi), R_\varepsilon) < \mathrm{dist}(\boldsymbol{p}_{S_j,q}^{*'}, R_\varepsilon)$。由此可知，必然存在某一正数 $\gamma > 0$，$\eta \in (0, 1]$，使得下式满足：

$$\mu^k([\mathrm{dist}(\mathrm{Oper2}(\boldsymbol{p}_{S_j,q}^{*'}, \xi), R_\varepsilon) < \mathrm{dist}(\boldsymbol{p}_{S_j,q}^{*'}, R_\varepsilon) - \gamma] \bigcup [\mathrm{Oper2}(\boldsymbol{p}_{S_j,q}^{*'}, \xi) \in R_\varepsilon]) \geqslant \eta \tag{8.30}$$

据上述分析可知，子群体的协同搜索满足假设 H1 与假设 H3，由引理 6.2 可知，属于局部搜索算法，该算法所产生的解序列 $\{\boldsymbol{p}_{S_j,q}^{*'}\}_{q=1}^{+\infty}$ 满足

$$\lim_{q \to +\infty} p[\boldsymbol{p}_{S_j,q}^{*'} \in R_\varepsilon] = 1 \tag{8.31}$$

即依概率 1 收敛于某一局部最优解，定理 8.3 得证。

由定理 8.1～定理 8.3 可知，算法 KCPSO 中的趋同搜索将保证各子群体分别对解空间的某一局部区域进行开采，并最终收敛于解空间中的某一点，尽管这些点并不能保证是问题的局部解或全局解，但至少可以提供相关区域的信息知识用于引导后续的搜索，而基于知识的协同搜索，将使子群体收敛于问题的某一局部最优解。下面来分析 KCPSO 在趋同、协同搜索的基础上，引入子群体的逃逸行为后，能否保证算法全局收敛。

定理 8.4　KCPSO 算法依概率 1 全局收敛。

证明　考虑当群体中至少有一个子群体进行逃逸时，群体所对应的最佳位置序列 $\{\boldsymbol{p}_{g,p}^*\}_{p=1}^{+\infty}$，其中群体最佳位置按以下方式产生：

$$\boldsymbol{P}_{g,p}^* = \begin{cases} \boldsymbol{p}_{g,p-1}^*, & f(\boldsymbol{p}_{g,p-1}^*) \leqslant f(\boldsymbol{p}_{S_j,p}^*) \\ \boldsymbol{p}_{S_j,p}^*, & f(\boldsymbol{p}_{g,p-1}^*) > f(\boldsymbol{p}_{S_j,p}^*) \end{cases} \tag{8.32}$$

显然，此群体最佳位置序列的目标函数值是单调非增的，有 $f(\boldsymbol{p}_{g,p}^*) \leqslant f(\boldsymbol{p}_{g,p-1}^*)$ 成立，满足假设 H1。

进一步来考察群体的支撑集。已知目标问题的可行解空间为 A，p 时刻群体的支撑集记作 $M_{g,p}$，任意子群体 S_j 的支撑集为 $M_{S_j,p}$。由于此时至少有一个子群体逃逸，记此子群体为 S_0，其所有微粒将在解空间中重新初始化，故其支撑集 $M_{S_0,p} = A$。显然，此时，整个群体的支撑集满足

$$A \subseteq M_{g,p} = M_{S_0,p} \bigcup \sum_{j=1}^{J-1} M_{S_j,p} \tag{8.33}$$

显然有 $\nu(A) = \nu(M_{g,p}) > 0$，满足假设 H2。

由此可知，引入逃逸行为后，算法满足假设 H1 和假设 H2，记 $R_\varepsilon \subset A$ 为 A 中的最优解集，根据引理 8.1 可知，算法所产生的群体最佳位置序列 $\{\boldsymbol{p}_{g,p}^*\}_{p=1}^{+\infty}$ 满足

$$\lim_{q \to +\infty} P[\boldsymbol{p}_{g,p}^* \in R_\varepsilon] = 1 \tag{8.34}$$

即 KCPSO 依概率 1 全局收敛。定理 8.4 得证。

除此之外，还可以从另外一个角度来考察算法的全局收敛性。在 KCPSO 中，公告板是用来记录搜索过程中群体和子群体的进化知识。假若只考虑逃逸过程，将

一次逃逸视为公告板知识的一步状态转移来考察公告板知识的状态变化。和其他随机优化算法一样，KCPSO 对目标最优解的搜索是在离散、有限的空间中进行的，因此，用于记录进化知识的公告板的状态空间是有限的。同时，公告板知识的每一次状态转移概率只和公告板当前的状态有关，而与时间无关。因此，KCPSO 公告板知识状态的随机变化属于有限齐次 Markov 链。关于有限齐次 Markov 链，有以下引理存在：

引理 8.3 有限齐次 Markov 链从任意非常返状态出发依概率 1 必定要到达常返状态[23]。

根据引理 8.3，重新对定理 8.4 进行证明如下：

设公告板全局知识的状态空间为 Ω_g，局部知识的状态空间为 Ω_l，则整个公告板知识的状态空间可表示为 $\Pi = \{(I_g, I_{S_1}, \cdots, I_{S_J}) | I_g \in \Omega_g, I_{S_1}, \cdots, I_{S_J} \in \Omega_l\}$，其中 I_g 表示全局知识集，$I_{S_1}, \cdots, I_{S_J}$ 表示 J 个子群体的局部知识集，记公告板知识状态的两个子空间

$$\Pi_1 = \{(I_g, I_{S_1}, \cdots, I_{S_J}) | I_g \in \Omega_g^*, I_{S_1}, \cdots, I_{S_J} \in \Omega_l^*\} \tag{8.35}$$

和

$$\Pi_2 = \{(I_g, I_{S_1}, \cdots, I_{S_J}) | I_g \in \Omega_g^*, I_{S_1}, \cdots, I_{S_J} \in \Omega_l^*\} \tag{8.36}$$

其中 Ω_g^* 表示所有包含全局最优解的全局知识集合，Ω_l^* 表示包含全局最优解的局部知识集合，$I_{S_1}, \cdots, I_{S_J} \in \Omega_l^*$ 表示 $I_{S_1}, \cdots, I_{S_J}$ 不全属于 Ω_l^*。显然有 $(\Pi_1 \bigcup \Pi_2) \subseteq \Pi$ 且 $\Pi_1 \bigcap \Pi_2 = \varnothing$。

若存在知识状态 λ 属于 Π_1，则由算法全局知识的具体定义可知，该状态将不会再转移到 Π_2 中去，所以 Π_1 为闭集，同时易知，Π_1 中的状态都是相通的，因此，Π_1 中的状态均为常返状态；若知识状态 λ 属于 Π_2，由于逃逸时子群体中每一微粒将在整个解空间范围内重新初始化，故逃逸后的子群体收敛于全局最优解的概率大于零，即 λ 由状态空间 Π_2 转向 Π_1 的转移概率大于零，由此可知，Π_2 中的状态为非常返状态，进而由引理 8.3 可知，公告板知识的进化由任意非常返状态必然依概率 1 转移到常返状态 Π_1，即依概率 1 收敛到全局最优解。定理 8.4 得证。

8.4 仿真实验与分析

为了分析 KCPSO 的优化性能，本章选择标准微粒群算法 (记为 SPSO1) 与标准微粒群算法的社会模型 (social-only model, SPSO2) 进行对比实验，各算法在运行时，群体均由 5 个子群体组成，在 Camel, Shubert 和 LevyNo.5 函数优化中，子群体规模为 6。在 KCPSO 中，群体多样性阈值取初始值的 5%，而搜索能力的阈值

取 10^{-4}。Camel 函数的最大迭代次数为 50，误差精度为 10^{-5}，Shubert 函数的最大迭代次数为 200，误差精度为 10^{-2}，Levy No.5 函数的最大迭代次数为 200，误差精度为 10^{-4}。

Camel 函数是一个具有 2 个全局极小点，6 个局部极小点的二维多模函数。从表 8.1 的相关数据可以看出，对于 Camel 函数的优化，KCPSO 相对来说表现最佳。Shubert 函数具有 18 个全局最小，760 个局部极小。相关结果显示，KCPSO 和 SPSO2 的优化性能相当，两者略优于 SPSO1。在收敛速度上，KCPSO 略慢于 SPSO2 而略快于 SPSO1。该函数形态复杂，但由于其解空间中存在 18 个全局极小点，故算法易于成功收敛，但是每一极小点周围的函数形态各不相同，知识共享机制的引入有可能导致微粒在多个极值点之间徘徊，从而造成收敛速度减慢。Levy No.5 函数具有 760 个局部极小点和一个全局极小点，全局优化的难度相对较大。KCPSO 在此函数的优化中具有良好的全局优化性能，30 次独立运行中能够百分之百达到解的较高精度要求而成功收敛。

表 8.1　三种算法在测试函数上的优化结果

函数	算法	均值	方差
Camel	SPSO1	-1.0315102	3.440×10^{-5}
	SPSO2	-1.0315931	1.629×10^{-5}
	KCPSO	-1.0316148	8.783×10^{-6}
Shubert	SPSO1	-186.72905	4.624×10^{-4}
	SPSO2	-186.73092	1.967×10^{-5}
	KCPSO	-186.73089	2.240×10^{-5}
Levy No.5	SPSO1	-176.13423	3.330×10^{-3}
	SPSO2	-175.08381	1.0537521
	KCPSO	-176.13758	1.419×10^{-5}

8.5　小　　结

本章提出了基于知识的协同微粒群算法模型，该模型采用多种群机制维持群体多样性，并且引入了知识板来记录群体搜索的全局知识和局部知识。基于知识板上共享的知识，各子群体中的微粒群主体可以正确地进行行为决策，在不同的搜索状态下，进行聚集、逃逸或是协同，从而有效地调整算法的局部开采和全局探测功能，有效地提高微粒群算法的全局优化性能。基于随机优化算法的局部和全局收敛判据，以及齐次 Markov 链的数学理论，对算法的收敛性进行了证明。由相关理论分析可知，基于知识引导的 KCPSO，其趋同搜索使得子群体收敛于解空间中一点，协同搜索则使算法实现了局部收敛，而逃逸则最终保证了算法的全局收敛性。算法被用于复杂多模态函数优化，仿真结果表明，KCPSO 是一种高效稳健的全局优化算法,而利用搜索知识引导搜索的自适应进行,是改善算法全局优化性能的一种有效思路。

本章及第 6、第 7 章就其研究思路而言基本是相同的,即选择控制目标,利用控制方式来改善算法性能。但具体到不同的章节,其具体的策略又完全不同,其中第 6 章通过增加控制器来直接调控,而第 7 章及本章则是利用多样性指标来间接调整各微粒的移动模式。总之,这三章的思路可以为今后研究其他算法提供有益的借鉴和参考。

参 考 文 献

[1] Reynolds R G, Chung C J. A culture algorithm framework to evolve multiagent cooperation with evolutionary programming. Proc of Evolutionary Programming VI, 1997: 323–333

[2] Jin X, Reynolds R G. Using knowledge-based evolutionary computation to solve nonlinear constrained optimization problems: A cultural algorithm approach. Proceedings of IEEE Congress Evolutionary Computation, 1999: 1672–1678

[3] Tapabrata R, Liew K M. Society and civilization: An optimization algorithm based on the simulation of social behavior. IEEE Trans On Evolutionary Computation, 2003, 7(4): 386–396

[4] Ursem R K. Multinational evolutionary algorithm. Proceedings of IEEE Congress of Evolutionary Computation, 1999: 1633–1640

[5] Xie X F, Zhang W J. Optimizing semiconductor devices by self-organizing particle swarm. Congress on Evolutionary Computation. Oregon, USA, 2004: 2017–2022

[6] Riget J, Vesterstroem J S. A diversity-guided particle swarm optimizer —the ARPSO Technical Report No. 2002-02, Department of Computer Science. Aarhus: University of Aarhus, 2002

[7] 赫然, 王永吉, 王青等. 一种改进的自适应逃逸微粒群算法及实验研究. 软件学报, 2005, 16(12): 2036–2044

[8] Yasuda K, Iwasaki N. Adaptive particle swarm optimization using velocity feedback. International Journal of Innovative Computing, Information and Control, 2005, 1(3): 369–380

[9] 俞欢军, 张丽平, 陈德钊等. 基于反馈策略的自适应粒子群优化算法. 浙江大学学报 (工学版), 2005, 39(9): 1286–1291

[10] Monson C K, Seppi K D. The Kalman swarm: a new approach to particle motion in swarm optimization. Proc of the Genetic and Evolutionary Computation Conference, 2004: 140–150

[11] 薛明志. 进化计算与小波分析若干问题研究. 西安: 西安电子科技大学博士学位论文, 2004: 91–111

[12] Jie J, Zeng J C, Han C Z. Self-organization particle swarm optimization based on information feedback. Lecture Notes in Computer Science, 2006, 4221: 913–922

[13] Jie J, Zeng J C, Han C Z. Knowledge-based cooperative particle swarm optimization. Applied Mathematics and Computation, 2008, 205(2): 861–873

[14] Jie J, Zeng J C, Han C Z. An extended mind evolutionary computation model for optimizations. Applied Mathematics and Computation, 2007, 85(2): 1038–1049

[15] 富立友. 基于知识共享的组织文化研究. 上海: 复旦大学, 2004

[16] 王德利, 高莹. 竞争进化与协同进化. 生态学杂志, 2005, 24(10): 1182–1186

[17] 蓝盛芳. 试论达尔文进化论与协同进化论. 生态科学, 1995, 2: 167–170

[18] Haken H. Adanced Synergetics: An Introduction (2nd ed). Berlin: Springer, 1987

[19] 刘静. 协同进化算法及其应用研究. 西安: 西安电子科技大学博士学位论文, 2004: 19–28

[20] 张晓缋, 戴冠中, 徐乃平. 遗传算法种群多样性的分析研究. 控制理论与应用, 1998, 15(1): 17–23

[21] Ursem R K. Diversity-guided evolutionary algorithms. Proc the 7th international conference on parallel problem solving from Nature, Lecture Notes in Computer Science, 2002, 2439: 462–474

[22] Solis F, Wets R. Minimization by random search techniques. Mathematics of Operations Research, 1981, 6: 19–30

[23] 施仁杰. 马尔可夫链基础及应用. 西安: 西安电子科技大学出版社, 1994

第9章　微粒群算法的适应值预测策略

9.1　引　言

随着工业及科学技术的发展，越来越多的优化问题具有不可微、不连续、多极值点、维数高等特点，智能优化算法由于对问题本身特征不敏感，对目标函数及约束函数没有连续性及可微性的要求，故在这些问题的求解中得到了广泛的应用。经过研究人员的努力，陆续提出了许多不同的智能优化算法，如进化算法、蚁群算法、微粒群算法等。虽然这些算法来源于不同的生物学、社会学及数学背景，具有不同的计算框架，但它们有个共同的特点，即都需要问题提供一个目标评价函数 (图 9.1)，以保证算法在运行过程中能选择较优位置。因此，这些智能优化算法的运行时间通常都取决于适应值函数的计算次数。

图 9.1　智能优化算法与适应值函数说明图

然而，大量的适应值计算次数必将导致算法的运行时间较长，从而影响了智能优化算法在某些领域的应用，这些领域主要有以下几类：

(1) 某些特定领域的优化问题没有显式的适应值表达函数，通常需要通过人工神经网络、特定的仿真模拟程序来获得适应值的估计，因此，非常耗时。例如，压力容器的设计是一类常见的复杂机械系统优化问题 [1]，在设计容器时，容器内的压力和所用材料的屈服强度极限是服从对数正态分布的两个随机变量，而容器的尺寸和钢板厚度由于制造误差使得实际尺寸和厚度呈现正态分布，因此，在求解适应值时，通常使用蒙特卡罗 (Monte Carlo, MC) 方法进行模拟，而这种模拟对于算法的时间效率来说是个很大的挑战。同样，在不确定规划问题 [2] 中，由于随机因素及模糊因素的影响，适应值函数通常需要利用神经网络来模拟，而神经网络的训练及样本点的采集则成为影响算法速度的主要因素。

(2) 某些特定领域的优化问题需要人为给定适应值，导致适应值计算非常费时。例如，在服装设计 [3] 行业，设计者需要随时干预优化算法的优化方向，以保证设计结果满足人们的时尚、美观、简约等审美特征。然而，由于设计者在交互时需要进行大量的思考以给出合适的适应值，这就导致适应值的计算相当费时，降低了产品开发效率。此外，新型材料设计 [4,5] 及歌曲设计 [6] 等领域也存在同样的问题。

(3) 某些问题的优化环境存在噪声污染 [7]，如结构损害估计 [8,9]，通常在计算候选解的适应值时均需要多次采样，以尽可能地减少噪声的影响，而每次采样得到的数据都需要调用评价函数来给出目标函数值，进而采用相关策略 (如适应值平均策略) 来消除噪声的影响。显然，这种多次采样的策略导致适应值计算量明显增加。

(4) 对于高维多峰优化问题，由于待优化目标函数的局部极值点较多，常见的智能优化算法容易陷入局部极值点，难以发现较优的可行解。此时，为了提高算法的性能，需要较长的迭代次数，从而增加了适应值函数的计算次数 [10,11]。

一个直观可行的方法是在求解上述问题时，不要计算所有个体的实际适应值，而是通过预测机制对群体中的某些或者全部个体进行适应值的估计，用以减少适应值的计算次数，从而为这类问题的求解开辟一条新的途径 (图 9.2，由于采用预测策略，原先的一个局部极值点被变相过滤，从而提高了算法的优化效率)。

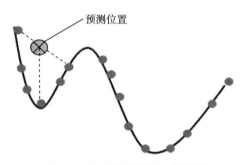

图 9.2   适应值预测策略说明图

9.2   常见的适应值预测方法

利用历史数据构建模型进行预测是用于减少适应值计算次数的一个常见方法，常见的适应值预测策略包括多项式模型、Kriging 模型、神经网络模型以及支持向量机模型。

9.2.1   多项式模型

多项式模型是最常见的预测模型，通常具有下述形式：

$$\hat{y} = \beta_0 + \sum_{1 \leqslant i \leqslant n} \beta_i x_i + \sum_{1 \leqslant i \leqslant j \leqslant n} \beta_{n-1+i+j} x_i x_j$$

其中 β_0 及 $\beta_i (i = 1, 2, \cdots, n)$ 为需要预测的参数，n 为预测变量的个数。

为了预测上述的参数，可采用最小二乘法求解，求解过程如下：

设

$$\boldsymbol{y} = [y^1, y^2, \cdots, y^N]^{\mathrm{T}}$$

$$\boldsymbol{X} = \begin{bmatrix} 1 & x_1^1 & x_2^1 & \dots & x_n^1 \\ 1 & x_1^2 & x_2^2 & \dots & x_n^2 \\ \vdots & \vdots & \vdots & & \vdots \\ 1 & x_1^N & x_2^N & \dots & x_n^N \end{bmatrix}$$

则

$$\boldsymbol{y} = \boldsymbol{X}\boldsymbol{\Theta}$$

其中 N 为所知信息的个数且

$$\hat{\boldsymbol{\Theta}} = (\boldsymbol{X}^{\mathrm{T}}\boldsymbol{X})^{-1}\boldsymbol{X}^{\mathrm{T}}\boldsymbol{y}$$

9.2.2 Kriging 模型

Kriging 模型 [12] 一般可表示为如下方式：

$$y(\boldsymbol{x}) = g(\boldsymbol{x}) + z(\boldsymbol{x})$$

其中 $g(\boldsymbol{x})$ 通常为一个多项式函数或者常数 β，而 $Z(\boldsymbol{x})$ 表示服从正态分布 $N(0, \sigma^2)$ 的随机误差模型，其协方差阵为

$$\mathrm{Cov}[Z(\boldsymbol{x}^j), Z(\boldsymbol{x}^k)] = \sigma^2 \boldsymbol{M}[R(\boldsymbol{x}^j, \boldsymbol{x}^k)], \quad j, k = 1, 2, \cdots, N$$

$\boldsymbol{M}$ 为 $n \times n$ 的相关系数矩阵，该相关系数矩阵的元素由相关函数 $R(\boldsymbol{x}^j, \boldsymbol{x}^k)$ 计算。高斯函数是工程设计中应用最广泛的一种相关函数模型，采用高斯函数模型的任意两个设计样本点之间的相关系数为

$$R(\boldsymbol{x}^j, \boldsymbol{x}^k) = \exp\left[-\sum_{i=1}^{n} \theta_i |x_i^j - x_i^k|^2\right]$$

其中 θ_i 为相关系数待估参数向量 θ 的第 i 个元素。

点 $\boldsymbol{x}$ 响应的 Kriging 估计值为

$$\hat{y} = \hat{\beta} + \boldsymbol{r}^{\mathrm{T}}\boldsymbol{M}^{-1}(\boldsymbol{y} - \beta\boldsymbol{I})$$

其中 $\boldsymbol{r}^{\mathrm{T}}$ 为 $n \times 1$ 的相关系数向量。

9.2.3　神经网络模型

神经网络 [13,14] 是一种模拟人脑微观网络结构的算法,它借助于大量神经元的复杂连接,采用自底向上的方式,通过自学习、自组织和非线性动力学作用所形成的并行分布方式来处理难于语言化的模式信息。BP(back propagation) 网络是 1986 年由 Rumelhart 和 McCelland 为首的科学家小组提出的,是一种按误差逆传播算法训练的多层前馈网络,是目前应用最广泛的神经网络模型之一。BP 网络能学习和储存大量的输入 – 输出模式映射关系,而无需事前揭示描述这种映射关系的数学方程。它的学习规则是使用最速下降法,通过反向传播来不断调整网络的权值和阈值,使网络的误差平方和最小。BP 神经网络模型拓扑结构包括输入层 (input)、隐层 (hide layer) 和输出层 (output layer)(图 9.3)。

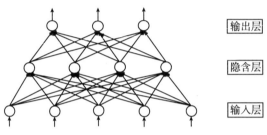

输出层

隐含层

输入层

图 9.3　BP 神经网络结构示意图

BP 神经网络,即误差反传误差反向传播算法的学习过程,由信息的正向传播和误差的反向传播两个过程组成。输入层各神经元负责接收来自外界的输入信息,并传递给中间层各神经元;中间层是内部信息处理层,负责信息变换,根据信息变化能力的需求,中间层可以设计为单隐层或者多隐层结构;最后一个隐层传递到输出层各神经元的信息,经进一步处理后,完成一次学习的正向传播处理过程,由输出层向外界输出信息处理结果。当实际输出与期望输出不符时,进入误差的反向传播阶段。误差通过输出层,按误差梯度下降的方式修正各层权值,向隐层、输入层逐层反传。周而复始的信息正向传播和误差反向传播过程,是各层权值不断调整的过程,也是神经网络学习训练的过程,此过程一直进行到网络输出的误差减少到可以接受的程度,或者预先设定的学习次数为止。

9.2.4　支持向量机模型

支持向量机 (support vector machine, SVM) 是一种新型的机器学习方法 [15,16],是近年来机器学习领域的研究热点之一。该学习方法以结构风险最小化原则取代传统机器学习方法中的经验风险最小化原则,具有很强的泛化能力,被认为是目前针对小样本统计估计和预测学习的最佳理论。

对于训练样本集 $(\boldsymbol{x}_1, y_1), (\boldsymbol{x}_2, y_2), \cdots, (\boldsymbol{x}_i, y_i) \in \mathbf{R}^n \times \mathbf{R}$, $\boldsymbol{x}_i$ 为输入变量, y_i 为

对应的输出变量, 对于非线性回归, SVM 将数据 $\boldsymbol{x}$ 映射到高维特征空间 F, 并在 F 中用估计函数 $f(\boldsymbol{x}) = [\omega\varphi(\boldsymbol{x})] + b$ 进行线性回归, 其中 $\omega \in F$, φ 为从 $\mathbf{R}^m$ 空间到 F 空间的非线性映射, b 为偏置量。

函数拟合问题可以表示为 $R_{\text{reg}}(f) = R_{\text{emp}}[f] + \lambda\|\omega\|^2 = \sum\limits_{i=1}^{l} C(e_i) + \lambda\|\omega\|^2$ 其中 $R_{\text{reg}}(f)$ 为目标函数, R_{emp} 为经验风险, λ 为常数, l 为样本数量, C 为错误惩罚因子。$\|\omega\|^2$ 反映 f 在高维空间平坦的复杂性。引入不敏感损失函数, 由其具有较好的稀疏性, 可以得到损失函数和经验风险函数分别为

$$\begin{cases} |y - f(x)| = \max\{v, |y - f(x) - \epsilon|\} \\ R_{\text{emp}}[f] = \dfrac{1}{l}\sum\limits_{i=1}^{l} |y - f(x)|_\epsilon \end{cases}$$

根据统计学理论, 引入松弛因子 ξ_i^* 和 ξ_i, 支持向量机回归问题转化为对以下目标函数的最小化问题:

$$\min\left\{ \frac{1}{2}\|\omega\|^2 + C\sum_{i=1}^{l}(\xi_i^* - \xi_i) \right\}$$

其中 $i = 1, 2, \cdots, l$, 并且约束为

$$\begin{cases} y_i - \langle \omega\varphi(x) \rangle - b \leqslant \epsilon + \xi_i^* \\ \omega\varphi(x) + b - y_i \leqslant \epsilon + \xi_i \\ \xi_i^*, \xi_i \geqslant 0 \end{cases}$$

对上述问题进行求解, 即得到支持向量机回归函数

$$f(x) = \sum_{i=1}^{l}(a_i - a_i^*)K(X_i, X_j) + b$$

其中当 $(a_i - a_i^*)$ 非零时对应的训练样本就是支持向量, 核函数可以是任何一个满足 Mercer 条件的正定函数, 常用的核函数主要有 4 类: 线性核函数、多项式核函数、Gauss 径向基核函数 (RBF) 和多层感知器 sigmoid 核函数。

由于构建全局模型需要考虑各方面的信息, 因此, 对于高维复杂优化问题一般很难得到较为合适的预测模型。此外, 产生构架预测模型所需的数据也需要花费大量的时间, 故为了加速收敛, 一般只构造部分可用的预测模型, 即部分个体采用真实的适应值评价函数计算, 而其余个体的适应值则利用预测模型来获得。

9.3　基于适应值的加权平均预测

9.3.1　适应值预测策略

常见的适应值预测策略一般通过将各种特定的知识嵌入算法系统,以增强适应值预测策略的准确性 [17],其内容大致可以分为以下几个方面:① 嵌入拓扑结构 [18,19];② 嵌入初始化种群 [20~23];③ 基于函数适应值的继承机制 [24~27]。方式 ① 通过引入迁移等特定算子来提高适应值的预测准确度,但实验结果表明该策略的效果不是很明显。方式② 则着眼于强化初始种群的质量,但这种策略容易陷入局部极值。方式③ 是在算法运行过程中,动态地预测某些位置的适应值,由于算法的随机性,这种预测对于过早收敛具有一定的免疫力,故本章采用方式③ 来讨论适应值的预测策略。

此外,根据算法运行过程中是否利用实际适应值又可分为两种情况:① 在算法运行过程中,所有的适应值都预测;② 在算法运行的每代中,均选择部分适应值预测,而其余的适应值则使用实际的适应值。方式① 需要在算法运行前利用实际适应值得到一些样本数据,用以构造预测适应值的数学模型,最常见为神经网络模型。该方法的性能优劣与选择的样本有很大的关系。一般来说,由于样本选择的随机性,该模型仅能准确地预测某些位置的适应值,而对于其他位置的适应值则预测效果不佳。因此,本章采用方式② 进行预测。

针对进化算法,尤其是遗传算法的适应值预测策略,已经有许多文献进行了讨论,但对于微粒群算法来说,则相应的研究成果寥寥无几。在 2006 年,Cui 等 [28] 首先将适应值的预测策略引入微粒群算法。对于微粒群算法来说,由于其结构简单,运算时间较短,因此,在进行适应值预测时,可以通过缩短适应值的计算时间来提高算法计算速度。为了减少预测时间,崔志华和曾建潮选择最简单的一阶多项式模型,即加权平均机制作为预测模型,对标准微粒群算法进行预测。根据预测微粒的不同选择方式,崔志华和曾建潮提出了两类不同的预测策略,并分别应用于不确定规划中的随机期望值模型与随机机会约束规划模性。本章通过介绍崔志华和曾建潮提出的适应值预测策略,力求为适应值预测问题的求解提供参考范例。

9.3.2　算法思想

对于标准微粒群算法,其进化方程可以改写为

$$x_{jk}(t+1) = (1+w-\varphi)x_{jk}(t) - wx_{jk}(t-1) + \varphi_1 p_{jk}(t) + \varphi_2 p_{gk}(t) \tag{9.1}$$

其中 $\varphi_1 = c_1 r_1$, $\varphi_2 = c_2 r_2$, $\varphi = \varphi_1 + \varphi_2$。

常见的适应值预测策略为加权平均估计策略,即首先选择若干"父代个体"与"子代个体",然后利用它们的适应值的加权组合来估计子代个体的适应值。由于

惯性系数 w 非负，因此，$x_{jk}(t-1)$ 的系数为负，如直接利用 (9.1) 估计，则误差较大。此外，由于 $\varphi = \varphi_1 + \varphi_1$ 为随机变量，并且其常见范围一般都包含 [1,2]，同样无法保证系数 $1 + w - \varphi$ 为正数。事实上，由于系数 $1 + w - \varphi$ 依赖于不同的分量，因此，对于一个个体 $\boldsymbol{x}_j(t) = (x_{j1}, x_{j2}, \cdots, x_{jn})$ 来说，可能某些分量所对应的 $1 + w - \varphi$ 为正数，而其余的则为负数，从而在进化的每一代，无法确定系数 $1 + w - \varphi$ 的正负。

因此，本节将利用下面两个公式来建立预测公式：

$$wx_{jk}(t-1) + x_{jk}(t+1) = (1 + w - \varphi)x_{jk}(t) + \varphi_1 p_{jk}(t) + \varphi_2 p_{gk}(t) \tag{9.2}$$

及

$$(\varphi - 1 - w)x_{jk}(t) + wx_{jk}(t-1) + x_{jk}(t+1) = \varphi_1 p_{jk}(t) + \varphi_2 p_{gk}(t) \tag{9.3}$$

为方便起见，设优化问题在值域中保持符号不变，不失一般性，设其为正数，即 $f(x) > 0$(若函数值变号，可加一个辅助的值，使其保持大于 0)。

为方便估计起见，定义如下的一个虚拟位置 $\boldsymbol{x}_{\mathrm{v}} = (x_{\mathrm{v}1}, x_{\mathrm{v}2}, \cdots, x_{\mathrm{v}n})$，其中下标 v 表示 visual(虚拟) 的意思。

对于式 (9.2)，虚拟位置 $\boldsymbol{x}_{\mathrm{v}} = (x_{\mathrm{v}1}, x_{\mathrm{v}2}, \cdots, x_{\mathrm{v}n})$ 定义为

$$\begin{aligned} x_{\mathrm{v}k} &= wx_{jk}(t-1) + x_{jk}(t+1) \\ &= (1 + w - \varphi)x_{jk}(t) + \varphi_1 p_{jk}(t) + \varphi_2 p_{gk}(t) \end{aligned} \tag{9.4}$$

同样，对于式 (9.3)，虚拟位置 $\boldsymbol{x}_{\mathrm{v}} = (x_{\mathrm{v}1}, x_{\mathrm{v}2}, \cdots, x_{\mathrm{v}n})$ 定义为

$$\begin{aligned} x_{\mathrm{v}k} &= (\varphi - 1 - w)x_{jk}(t) + wx_{jk}(t-1) + x_{jk}(t+1) \\ &= \varphi_1 p_{jk}(t) + \varphi_2 p_{gk}(t) \end{aligned} \tag{9.5}$$

其相应的向量形式为

$$\begin{aligned} \boldsymbol{x}_{\mathrm{v}} &= w\boldsymbol{x}_j(t-1) + \boldsymbol{x}_j(t+1) \\ &= (1 + w - \varphi) \otimes \boldsymbol{x}_j(t) + \varphi_1 \otimes \boldsymbol{p}_j(t) + \varphi_2 \otimes \boldsymbol{p}_g(t) \end{aligned} \tag{9.6}$$

与

$$\begin{aligned} \boldsymbol{x}_{\mathrm{v}} &= (\varphi - w - 1) \otimes \boldsymbol{x}_j(t) + w\boldsymbol{x}_j(t-1) + \boldsymbol{x}_j(t+1) \\ &= \varphi_1 \otimes \boldsymbol{p}_j(t) + \varphi_2 \otimes \boldsymbol{p}_g(t) \end{aligned} \tag{9.7}$$

其中运算 $\otimes$ 表示分量之间的乘法。

式 (9.6) 表明，对于虚拟位置 $\boldsymbol{x}_{\mathrm{v}} = (x_{\mathrm{v}1}, x_{\mathrm{v}2}, \cdots, x_{\mathrm{v}n})$ 来说，从一个方面，由于 $x_{\mathrm{v}k} = wx_{jk}(t-1) + x_{jk}(t+1)$，因此，它可视为两个向量 $\boldsymbol{x}_j(t-1)$ 和 $\boldsymbol{x}_j(t+1)$

的子代，即其适应值可以通过这两个向量的适应值通过加权组合得到。同样，由于 $x_{vk} = (\varphi - 1 - w)x_{jk}(t) + \varphi_1 p_{jk}(t) + \varphi_2 p_{gk}(t)$，因此，位置 $\boldsymbol{x}_v$ 可看成三个向量 $\boldsymbol{x}_j(t)$，$\boldsymbol{p}_j(t)$ 与 $\boldsymbol{p}_g(t)$ 的子代，从而其适应值可以通过这三个位置适应值的加权平均进行预测。这表明，由于需要预测点 $\boldsymbol{x}_j(t+1)$ 的适应值，因此，虚拟位置 $\boldsymbol{x}_v$ 仅起一个过渡作用，在式 (9.6) 两边建立起一个有机联系。

对于式 (9.7)，一方面，虚拟位置 $\boldsymbol{x}_v$ 可视为 $\boldsymbol{p}_j(t)$ 和 $\boldsymbol{p}_g(t)$ 的子代，而另一方面，$\boldsymbol{x}_v$ 又可作为 $\boldsymbol{x}_j(t-1)$，$\boldsymbol{x}_j(t)$ 与 $\boldsymbol{x}_j(t+1)$ 的子代。因此，在进行适应值的估计时，采用 (9.6) 和 (9.7) 两种方式分别进行预测 [29,30]。

9.3.3　两种预测公式

为了方便起见，设位置 $\boldsymbol{x}_j(t-1)$，$\boldsymbol{x}_j(t)$，$\boldsymbol{x}_j(t+1)$，$\boldsymbol{p}_j(t)$ 及 $\boldsymbol{p}_g(t)$ 的适应值分别为 $f_j(t-1)$，$f_j(t)$，$f_j(t+1)$，$f_j(t)$ 及 $f_g(t)$。设虚拟位置 $\boldsymbol{x}_v$ 的适应值为 $\boldsymbol{f}_v$，下面首先讨论如何利用式 (9.6) 预测适应值 $f_j(t+1)$。

在预测适应值时，不同的位置，如 $\boldsymbol{p}_j(t)$ 与 $\boldsymbol{p}_g(t)$，其适应值 (如 $\boldsymbol{f}_j(t)$ 与 $\boldsymbol{f}_g(t)$) 一般来说不相同，因此，为了提高预测的准确性，需要给出各个位置的相应权重。事实上，对于连续函数来说，若给出几个参考点，则离预测点越近的点的函数值往往与预测点的函数值越接近。因此，以各个参考点与预测点的距离为标准来设计权重。

令

$d_{t-1}^j = \mathrm{dist}(\boldsymbol{x}_j(t-1), \boldsymbol{x}_v)$ 表示位置 $\boldsymbol{x}_j(t-1)$ 与虚拟位置 $\boldsymbol{x}_v$ 的距离，

$d_t^j = \mathrm{dist}(\boldsymbol{x}_j(t), \boldsymbol{x}_v)$ 表示位置 $\boldsymbol{x}_j(t)$ 与虚拟位置 $\boldsymbol{x}_v$ 的距离，

$d_{t+1}^j = \mathrm{dist}(\boldsymbol{x}_j(t+1), \boldsymbol{x}_v)$ 表示位置 $\boldsymbol{x}_j(t+1)$ 与虚拟位置 $\boldsymbol{x}_v$ 的距离，

$d^j = \mathrm{dist}(\boldsymbol{p}_j(t), \boldsymbol{x}_v)$ 表示 $\boldsymbol{p}_j(t)$ 与虚拟位置 $\boldsymbol{x}_v$ 的距离，

$d^g = \mathrm{dist}(\boldsymbol{p}_g(t), \boldsymbol{x}_v)$ 表示 $\boldsymbol{p}_g(t)$ 与虚拟位置 $\boldsymbol{x}_v$ 的距离，其中，函数 $\mathrm{dist}(\boldsymbol{x}, \boldsymbol{y})$ 定义为这两个向量之间的欧几里得距离，并且

$D_{t-1}^j = \dfrac{1}{d_{t-1}^j}$ 表示位置 $\boldsymbol{x}_j(t-1)$ 的预测权重，

$D_t^j = \dfrac{1}{d_t^j}$ 表示位置 $\boldsymbol{x}_j(t)$ 的预测权重，

$D_{t+1}^j = \dfrac{1}{d_{t+1}^j}$ 表示位置 $\boldsymbol{x}_j(t+1)$ 的预测权重，

$D^j = \dfrac{1}{d^j}$ 表示位置 $\boldsymbol{p}_j(t)$ 的预测权重，

$D^g = \dfrac{1}{d^g}$ 表示位置 $\boldsymbol{p}_g(t)$ 的预测权重。

对于虚拟位置 $\boldsymbol{x}_{\mathrm{v}}$ 来说，根据式 (9.6) 最右边的等式

$$x_{vk} = (1 + w - \varphi)x_{jk}(t) + \varphi_1 p_{jk}(t) + \varphi_2 p_{gk}(t) \tag{9.8}$$

以及计算得到的距离 D^j, D^g 与 D_t^j, 可以得到虚拟位置 $\boldsymbol{x}_{\mathrm{v}}$ 的一个简单适应值估计

$$\overline{f_{\mathrm{v}}} = \frac{D_t^j f_j(t) + D^j \overline{f_j}(t) + D^g \overline{f_g}(t)}{D_t^j + D^j + D^g} \tag{9.9}$$

而利用另一个等式, 即 $x_{vk} = wx_{jk}(t-1) + x_{jk}(t+1)$, 又有估计

$$\overline{f_{\mathrm{v}}} = \frac{D_{t-1}^j f_j(t-1) + D_{t+1}^j f_j(t+1)}{D_{t-1}^j + D_{t+1}^j} \tag{9.10}$$

由于目的在于预测向量 $\boldsymbol{x}_j(t+1)$ 的适应值 $f_j(t+1)$, 因此, 合并式 (9.9) 和 (9.10) 可以得到

$$\overline{f_{\mathrm{v}}} = \frac{D_t^j f_j(t) + D^j \overline{f_j}(t) + D^g \overline{f_g}(t)}{D_t^j + D^j + D^g} = \frac{D_{t-1}^j f_j(t-1) + D_{t+1}^j f_j(t+1)}{D_{t-1}^j + D_{t+1}^j} \tag{9.11}$$

整理可以得到如下估计策略:

$$f_j(t+1) = \frac{1}{D_{t+1}^j}\left[\frac{D_t^j f_j(t) + D^j \overline{f_j}(t) + D^g \overline{f_g}(t)}{D_t^i + D^j + D^g}\right.$$
$$\left. \cdot (D_{t-1}^j + D_{t+1}^j) - D_{t-1}^j f_j(t-1)\right] \tag{9.12}$$

这就是式 (9.6) 所对应的适应值的预测公式。下面继续讨论式 (9.7) 所对应的适应值预测公式。

利用 $x_{vk} = \varphi_1 p_{jk}(t) + \varphi_2 p_{gk}(t)$ 有

$$\overline{f_{\mathrm{v}}} = \frac{D^j \overline{f_j}(t) + D^g f_g(t)}{D^j + D^g} \tag{9.13}$$

而对于 $x_{vk} = (1 + w - \varphi)x_{jk}(t) + wx_{jk}(t-1) + x_{jk}(t+1)$, 则有

$$\overline{f_{\mathrm{v}}} = \frac{D_t^j f_j(t) + D_{t-1}^j f_j(t-1) + D_{t+1}^j f_j(t+1)}{D_t^j + D_{t-1}^j + D_{t+1}^j}$$

成立, 合并以上两式可以得到

$$\overline{f_{\mathrm{v}}} = \frac{D_t^j f_j(t) + D_{t-1}^j f_j(t-1) + D_{t+1}^j f_j(t+1)}{D_t^j + D_{t-1}^j + D_{t+1}^j} = \frac{D^j \overline{f_j} + D^g f_g(t)}{D^j + D^g}$$

整理得到

$$f_j(t+1) = \frac{1}{D_{t+1}^j} \cdot \left[\frac{D^j \overline{f_j} + D^g f_g(t)}{D^j + D^g} \cdot (D_t^j + D_{t-1}^j + D_{t+1}^j) \right.$$

$$\left. -(D_t^j f_j(t) + D_{t-1}^j f_j(t-1)) \right] \tag{9.14}$$

9.3.4　预测的比例讨论

对于有适应值预测的算法, 其中需要有部分个体的适应值为实际的适应值。换句话说, 只能对部分个体的适应值进行预测, 否则, 难以保证预测的质量。前面已经得到两种预测方法 (9.12) 与 (9.14), 下面讨论应该如何确定需要预测的微粒比例。

为了优化需要, 在每代中以某一概率 p_v 随机选择若干个体, 计算其当前位置的实际适应值以提高算法效率, 而其他微粒当前位置的适应值则使用上述预测公式进行预测。此外, 若存在个体 j 的当前位置的预测适应值 $f_j(t+1)$ 满足

$$f_j(t+1) < \overline{f_j}(t)$$

由于其优于原来的个体历史最优位置, 因此, 需要重新计算 $p_j(t+1)$ 的实际适应值, 概率 p_v 的选择将在后面通过实验给出。

9.3.5　算法流程

由于仅仅对算法适应值的计算方式进行了改进, 而没有对微粒群算法作任何改动, 因此, 使用标准微粒群算法的流程如下:

(1) 种群初始化: 各微粒的初始位置在 $[x_{\min}, x_{\max}]^n$ 内随机选择, 速度向量在 $[-v_{\max}, v_{\max}]^n$ 中随机选择, 个体历史最优位置 $\boldsymbol{p}_i$ 等于各微粒初始位置, 群体最优位置 $\boldsymbol{p}_g$ 为适应值最好的微粒所对应的位置, $t = 0$;

(2) 确定参数: 各微粒的惯性权重系数 w, 认知系数 c_1, 社会系数 c_2;

(3) 根据方程 $v_{jk}(t+1) = w_j(t)v_{jk}(t) + c_1 r_1 (p_{jk} - x_{jk}(t)) + c_2 r_2 (p_{gk} - x_{jk}(t))$ 计算微粒下一代的速度;

(4) 根据方程 $x_{jk}(t+1) = x_{jk}(t) + v_{jk}(t+1)$ 计算下一代的位置;

(5) 按照概率 p_v 选择需要预测的微粒, 并按照式 (9.12) 或 (9.14) 预测它们的适应值;

(6) 利用适应值函数计算其余微粒的适应值;

(7) 对于每个微粒 j, 将其适应值与个体的历史最优位置 $\boldsymbol{p}_j(t)$ 的适应值进行比较, 若更优, 则将其作为当前的最好位置;

(8) 若某个更新的当前位置的适应值为预测得到, 则重新计算其真实的适应值;

(9) 对于每个微粒，将其历史最优适应值与群体所经历的最优位置 $\boldsymbol{p}_g$ 的适应值进行比较，若更优，则将其作为当前的群体历史最优位置；

(10) 如果没有达到结束条件，则返回步骤 (2)，并且 $t = t+1$；否则，输出最优结果。

9.3.6 基于适应值预测的随机期望值模型求解

在运筹学、管理科学、系统科学等众多领域都存在着客观的或人为的不确定性。这些不确定性的表现形式是多种多样的，如随机性、模糊性、粗糙性以及其他的多重不确定性。对于含有不确定性的决策问题，经典的优化理论通常无能为力。为了求解这类问题，清华大学的刘宝碇提出了不确定规划的概念 [2,31]。本章仅考虑不确定规划中的随机期望值模型与随机机会约束规划模型。本节考虑随机期望值模型的求解，随机机会约束规划模型将在下节进行求解。

9.3.6.1 随机期望值模型

在期望约束下，使目标函数的期望值达到最优的数学规划，称为期望值模型。期望值模型是随机规划中最常见的形式，可应用于系统部件的冗余优化 [32]、设备选址问题 [33] 以及并行机排序问题 [34] 等。

随机期望值模型的一般形式为

$$
\begin{aligned}
\max \quad & E[f(\boldsymbol{x}, \boldsymbol{\xi})] \\
\text{s.t.} \quad & E[g_j(\boldsymbol{x}, \boldsymbol{\xi})] \leqslant 0, j = 1, 2, \cdots, p
\end{aligned}
\tag{9.15}
$$

其中 $\boldsymbol{x}$ 为决策向量，$\boldsymbol{\xi}$ 为随机向量，$f(\boldsymbol{x}, \boldsymbol{\xi})$ 为目标函数，而 $g_j(\boldsymbol{x}, \boldsymbol{\xi})(j = 1, 2, \cdots, p)$ 为一组随机约束函数。

在很多情况下，所考虑的决策问题往往涉及多个目标，若决策者希望极大化这些目标的期望值，则可以建立如下多目标期望值模型：

$$
\begin{aligned}
\max \quad & \{E[f_1(\boldsymbol{x}, \boldsymbol{\xi})], E[f_2(\boldsymbol{x}, \boldsymbol{\xi})], \cdots, E[f_m(\boldsymbol{x}, \boldsymbol{\xi})]\} \\
\text{s.t.} \quad & E[g_j(\boldsymbol{x}, \boldsymbol{\xi})] \leqslant 0, j = 1, 2, \cdots, p
\end{aligned}
\tag{9.16}
$$

其中 $f_j(\boldsymbol{x}, \boldsymbol{\xi})(j = 1, 2, \cdots, p)$ 为目标函数。

若对每一实现值 $\boldsymbol{\xi}$，若函数 $f(\boldsymbol{x}, \boldsymbol{\xi})$ 及 $g_j(\boldsymbol{x}, \boldsymbol{\xi})(j = 1, 2, \cdots, p)$ 关于决策向量 $\boldsymbol{x}$ 是凸的，则期望值模型 (9.15) 是凸规划。

9.3.6.2 随机期望值模型的求解

下面将利用预测公式 (9.12) 及 (9.14) 求解如下的期望值模型 [2]：

$$
\begin{aligned}
\min \quad & E[\sqrt{(x_1 - \xi_1)^2 + (x_2 - \xi_2)^2 + (x_3 - \xi_3)^2}] \\
\text{s.t.} \quad & x_1^2 + x_2^2 + x_3^2 \leqslant 10
\end{aligned}
\tag{9.17}
$$

其中 ξ_1 服从均匀分布 $u(1,2)$，ξ_2 服从正态分布 $N(3,1)$，ξ_3 服从参数为 4 的指数分布。

为了求解模型 (9.17)，Liu 等[2] 首先采用蒙特卡罗模拟为不确定函数

$$U : (x_1, x_2, x_3) \longrightarrow E[\sqrt{(x_1 - \xi_1)^2 + (x_2 - \xi_2)^2 + (x_3 - \xi_3)^2}] \tag{9.18}$$

产生输入输出数据。然后，利用这些数据训练一个神经网络 (三个输入神经元，五个隐层神经元，一个输出神经元) 来逼近不确定函数 U。最后，把训练好的神经元网络作为适应值函数，利用遗传算法求解。

Liu 等提供的结果使用了 2000 个训练样本，其中每个训练样本需要随机模拟 3000 次。遗传算法迭代次数为 300，种群个数为 30。Liu 等找到的最优解为 (1.1035, 2.1693, 2.0191)，相应的目标函数值为 3.56。

显然，2000 个训练样本可以等价地看成运行了适应值函数 (9.18)2000 次，而在后面的遗传算法求解过程中，个体的适应值是通过训练好的神经网络来预测的。由于训练样本需要进行大量的随机模拟，其花费的时间占据了算法运行的绝大部分时间。

这里使用带有预测策略 (9.12) 与 (9.14) 的标准微粒群算法来对该问题进行求解。为了与上述最优结果进行比较，使用相同的环境：种群所含微粒数为 30，最大进化代数为 300，运行 50 次。惯性权重 w 从 0.9 线性递减至 0.4，认知系数 c_1 与社会系数 c_2 均为 2.0，直接利用前面的算法流程进行求解，其中使用预测公式 (9.12) 的算法称为 Case1，而使用预测公式 (9.14) 的 PSO 算法则称为 Case2。按照约束要求，每个变量均须满足 $x_j \in [0, \sqrt{10}](j = 1, 2, 3)$，因此，问题 (9.17) 的定义域为 $[0, \sqrt{10}]^3$。为了更好地分析算法性能，概率 p_v 分别选择了 0.1，0.3，0.5，0.7 和 0.9。结果如表 9.1 所示，其中平均适应值计算次数表示 50 次计算中真实适应值函数 (9.18) 的平均计算次数。

表 9.1　随机期望值模型的 PSO 预测算法求解

预测比例	算法	均值	方差	平均适应值计算次数
0.1	Case1	3.4005	3.7910×10^{-2}	8.9733×10^2
	Case2	3.3356	1.7602×10^{-3}	9.3833×10^2
0.3	Case1	3.3733	2.5526×10^{-2}	2.7466×10^3
	Case2	3.3892	9.9610×10^{-3}	2.6770×10^3
0.5	Case1	3.3689	9.0423×10^{-3}	4.4933×10^3
	Case2	3.3489	1.7973×10^{-2}	4.4850×10^3
0.7	Case1	3.3816	1.1903×10^{-4}	6.2760×10^3
	Case2	3.4073	2.3393×10^{-2}	6.2906×10^3
0.9	Case1	3.3687	1.4269×10^{-2}	8.0670×10^3
	Case2	3.3830	1.9863×10^{-2}	8.0866×10^3

从表 9.1 可以看出，不论概率 p_v 取多大值，其均值最差为 3.4073，所有的结果都优于 3.56[2]。尤其是当 $p_v = 0.1$ 时，应用预测公式 (9.14) 的结果得到了最好的均值 3.3356，而且其平均适应值的计算次数为 938.33，仅次于 $p_v = 0.1$ 时 Case1 的 897.33，但要比其余的情况下适应值的计算次数少许多。与 Liu 等适应值函数计算 2000 次的结果相比，本节提出的微粒群算法 Case2 在概率为 $p_v = 0.1$ 的情况下，其性能提高了

$$\frac{3.56 - 3.3356}{3.56} = 6.30\%$$

同时，适应值的计算次数下降了

$$\frac{2000 - 938.33}{2000} = 50.08\%$$

而且得到的最优结果为 (0.9921, 2.3088, 1.8996)，相应的目标函数值为 3.3341。这表明具有预测公式 (9.14) 的微粒群算法在概率为 $p_v = 0.1$ 时能得到较为理想的结果。

9.4　基于可信度的预测

9.4.1　可信度介绍

9.3 节的预测机制中需要预测适应值的微粒是随机选择的，在这种情形下，某些性能较优的位置由于预测的适应值较差，将会影响到微粒的移动方向，进而影响算法性能。因此，本节为每个微粒提供一个可信度 [35]，进而根据可信度来决定该位置是否可以预测。若可以预测，则该位置使用给定的预测策略进行适应值预测；否则，使用真实的适应值函数进行计算。

9.3 节建立了两种不同的预测模型：

$$\begin{aligned}
\boldsymbol{x}_v &= w\boldsymbol{x}_j(t-1) + \boldsymbol{x}_j(t+1) \\
&= (1 + w - \varphi) \otimes \boldsymbol{x}_j(t) + \varphi_1 \otimes \boldsymbol{p}_j(t) + \varphi_2 \otimes \boldsymbol{p}_g(t)
\end{aligned} \tag{9.19}$$

及

$$\begin{aligned}
\boldsymbol{x}_v &= (\varphi - w - 1) \otimes \boldsymbol{x}_j(t) + w\boldsymbol{x}_j(t-1) + \boldsymbol{x}_j(t+1) \\
&= \varphi_1 \otimes \boldsymbol{p}_j(t) + \varphi_2 \otimes \boldsymbol{p}_g(t)
\end{aligned} \tag{9.20}$$

其中模型 (9.20) 得到了较好的预测结果。本节将可信度的概念引入预测机制，并利用这两个模型进行适应值预测。为方便起见，称模型 (9.19) 为模型 1，而模型 (9.20) 为模型 2。

所谓可信度就是一个 0 ~ 1 的变量，用于表示该点的适应值有多大的概率为真实值，而不是预测值。换句话说，若某点的可信度为 1.0，则它的适应值必为真实的函数适应值；反之，若该点的可信度小于 1，则它的适应值为预测的值，并且可信度越小，预测得到的适应值与真实适应值之间的误差越大。因此，为了保证预测算法的效率，可信度存在一个下限 p_E，当某个位置的可信度低于它时，就需要将其更新为真实的适应值。

本节仍然使用前面的符号，设位置 $\boldsymbol{x}_j(t-1)$，$\boldsymbol{x}_j(t)$，$\boldsymbol{x}_j(t+1)$，$\boldsymbol{p}_j(t)$ 及 $\boldsymbol{p}_g(t)$ 的适应值分别为 $f_j(t-1)$，$f_j(t)$，$f_j(t+1)$，$\boldsymbol{f}_j(t)$ 及 $\boldsymbol{f}_g(t)$。设虚拟位置 $\boldsymbol{x}_v$ 的适应值为 $\boldsymbol{f}_v$。此外，仍设适应值函数在其值域内不变号，如 $f(x)>0$。此外，设 $\boldsymbol{x}_j(t-1)$，$\boldsymbol{x}_j(t)$，$\boldsymbol{x}_j(t+1)$，$\boldsymbol{p}_j(t)$ 及 $\boldsymbol{p}_g(t)$ 的可信度分别为 $r_j(t-1)$，$r_j(t)$，$r_j(t+1)$，$\boldsymbol{r}_j(t)$ 及 $\boldsymbol{r}_g(t)$，虚拟位置 $\boldsymbol{x}_v$ 的可信度为 $\bar{r}_v$。

9.4.2　基于式 (9.19) 的可信度预测

由式 (9.19) 的左边部分

$$\boldsymbol{x}_v = w\boldsymbol{x}_j(t-1) + \boldsymbol{x}_j(t+1) \tag{9.21}$$

有

$$\overline{f_v} = \frac{f_j(t-1)r_j(t-1)s_j(t-1) + f_j(t+1)r_j(t+1)s_j(t+1)}{s_j(t-1)r_j(t-1) + s_j(t+1)r_j(t+1)} \tag{9.22}$$

$$\overline{r_v} = \frac{[s_j(t-1)r_j(t-1)]^2 + [s_j(t+1)r_j(t+1)]^2}{s_j(t-1)r_j(t-1) + s_j(t+1)r_j(t+1)} \tag{9.23}$$

其中变量 $s_j(t-1)$ 表示 $\boldsymbol{x}_j(t-1)$ 与虚拟位置 $\boldsymbol{x}_v$ 的相似度，定义为

$$s_j(t-1) = 1.0 - \frac{\sqrt{\dfrac{\sum\limits_{k=1}^{n}(x_{jk}-x_{vk})^2}{n}}}{x_{\max} - x_{\min}} \tag{9.24}$$

其中 x_{jk} 为向量 $\boldsymbol{x}_j(t-1)$ 的第 k 维分量，同理，x_{vk} 为向量 $\boldsymbol{x}_v$ 的第 k 维分量。$x_{\min}$ 与 $x_{\max}$ 分别为定义域的上、下限，即定义域为 $[x_{\min}, x_{\max}]^n$。若两个点 $\boldsymbol{x}_j(t-1)$ 与虚拟位置 $\boldsymbol{x}_v$ 的位置相同，则相似度为 1。相似度越小，则两点之间的距离越大。

同理，考虑 $\boldsymbol{x}_v = (\varphi - 1 - w) \otimes \boldsymbol{x}_j(t) + \varphi_1 \otimes \boldsymbol{p}_j(t) + \varphi_2 \otimes \boldsymbol{p}_g(t)$，可以得到下述公式：

$$\overline{f_v} = \frac{f_j(t)s_j(t)r_j(t) + \overline{f_j}(t)\overline{s_j}(t)\overline{r_j}(t) + \overline{f_g}(t)\overline{s_g}(t)\overline{r_g}(t)}{s_j(t)r_j(t) + \overline{s_j}(t)\overline{r_j}(t) + \overline{s_g}(t)\overline{r_g}(t)} \tag{9.25}$$

$$\overline{r_v} = \frac{[s_j(t)r_j(t)]^2 + [\overline{s_j}(t)\overline{r_j}(t)]^2 + [\overline{s_g}(t)\overline{r_g}(t)]^2}{s_j(t)r_j(t) + \overline{s_j}(t)\overline{r_j}(t) + \overline{s_g}(t)\overline{r_g}(t)} \tag{9.26}$$

为了计算 $f_j(t+1)$ 的预测值, 首先要计算点 $\boldsymbol{x}_j(t+1)$ 的可行度。因此, 下面先计算可信度 $r_j(t+1)$。由式 (9.26) 可以得到可信度 $\overline{r_v}$, 将其代入式 (9.23) 可以得到

$$[s_j(t)r_j(t)]^2 - s_j(t+1)r_j(t+1)\overline{r_v}$$

$$+[s_j(t-1)r_j(t-1)]^2 - s_j(t-1)r_j(t-1)\overline{r_v} = 0 \tag{9.27}$$

这是一个关于可信度 $r_j(t+1)$ 的二次方程, 为了保证可信度 $r_j(t+1)$ 存在, 其判别式满足

$$\Delta = [s_j(t+1)\overline{r_v}]^2 - 4s_j^2(t+1)[s_j^2(t-1)r_j^2(t-1)$$

$$-s_j(t-1)r_j(t-1)]\overline{r_v} \geqslant 0 \tag{9.28}$$

若相似度 $s_j(t+1) = 0$, 则上式显然成立; 否则有

$$\overline{r_v}^2 - 4[s_j^2(t-1)r_j^2(t-1) - s_j(t-1)r_j(t-1)\overline{r_v}] \geqslant 0 \tag{9.29}$$

求解式 (9.29), 由于 $\overline{r_v}$ 为 $0 \sim 1$, 因而 $\overline{r_v}$ 满足

$$\overline{r_v} \geqslant 2(\sqrt{2}-1)s_j(t-1)r_j(t-1) \tag{9.30}$$

若 (9.30) 成立, 则可信度 $r_j(t+1)$ 可由式 (9.27) 解出,

$$r_j(t+1) = \frac{\overline{r_v} \pm \sqrt{\overline{r_v}^2 - 4s_j(t-1)r_j(t-1)[s_j(t-1)r_j(t-1) - \overline{r_v}]}}{2s_j(t+1)} \tag{9.31}$$

下面讨论可信度 $r_j(t+1)$ 的取值。求解式 (9.27), 可信度 $r_j(t+1)$ 可取为

$$\frac{\overline{r_v} \pm \sqrt{\overline{r_v}^2 - 4s_j(t-1)r_j(t-1)[s_j(t-1)r_j(t-1) - \overline{r_v}]}}{2s_j(t+1)} \tag{9.32}$$

由式 (9.23) 有

$$\min\{s_j(t-1)r_j(t-1), s_j(t+1)r_j(t+1)\}$$

$$\leqslant \overline{r_v} \leqslant \max\{s_j(t-1)r_j(t-1), s_j(t+1)r_j(t+1)\} \tag{9.33}$$

(1) 当 $s_j(t-1)r_j(t-1) < s_j(t+1)r_j(t+1)$ 时有

$$\sqrt{\overline{r_v}^2 - 4s_j(t-1)r_j(t-1)[s_j(t-1)r_j(t-1) - \overline{r_v}]} > \overline{r_v} \tag{9.34}$$

从而

$$r_j(t+1) = \frac{\overline{r_{\mathrm{v}}} - \sqrt{\overline{r_{\mathrm{v}}}^2 - 4s_j(t-1)r_j(t-1)[s_j(t-1)r_j(t-1) - \overline{r_{\mathrm{v}}}]}}{2s_j(t+1)} < 0 \quad (9.35)$$

与可信度的定义域矛盾。因此，当 $s_j(t-1)r_j(t-1) < (t+1)r_j(t+1)$ 时，可信度 $r_j(t+1)$ 为

$$r_j(t+1) = \frac{\overline{r_{\mathrm{v}}} + \sqrt{\overline{r_{\mathrm{v}}}^2 - 4s_j(t-1)r_j(t-1)[s_j(t-1)r_j(t-1) - \overline{r_{\mathrm{v}}}]}}{2s_j(t+1)} \quad (9.36)$$

(2) 当 $s_j(t-1)r_j(t-1) \geqslant s_j(t+1)r_j(t+1)$ 时，则可信度 $r_j(t+1)$ 可取为

$$\frac{\overline{r_{\mathrm{v}}} \pm \sqrt{\overline{r_{\mathrm{v}}}^2 - 4s_j(t-1)r_j(t-1)[s_j(t-1)r_j(t-1) - \overline{r_{\mathrm{v}}}]}}{2s_j(t+1)} \quad (9.37)$$

因此，为了简单起见，当 (9.30) 成立时，可信度 $r_j(t+1)$ 统一取为

$$r_j(t+1) = \frac{\overline{r_{\mathrm{v}}} + \sqrt{\overline{r_{\mathrm{v}}}^2 - 4s_j(t-1)r_j(t-1)[s_j(t-1)r_j(t-1) - \overline{r_{\mathrm{v}}}]}}{2s_j(t+1)} \quad (9.38)$$

利用式 (9.22) 可以得到

$$f_j(t+1) = \overline{f}_{\mathrm{v}} + \frac{r_j(t-1)s_j(t-1)}{r_j(t+1)s_j(t+1)} \cdot [\overline{f}_{\mathrm{v}} - f_j(t-1)] \quad (9.39)$$

由此得到了基于式 (9.19) 的可信度预测。

注 9.1   若 $\overline{r_{\mathrm{v}}} < 2(\sqrt{2}-1)s_j(t-1)r_j(t-1)$，由于方程 (9.27) 无解，此时可令 $r_j(t-1)$ 取 1.0，即 $f_j(t+1)$ 用实际的适应值函数计算。

注 9.2   若相似度 $s_j(t+1) = 0$，可令 $r_j(t+1)$ 取 1.0，即 $f_j(t+1)$ 用实际的适应值函数计算。

9.4.3　基于式 (9.20) 的可信度预测

式 (9.20) 与式 (9.19) 的不同就在于项 $(1+w-\varphi) \otimes \boldsymbol{x}_j(t)$ 的位置。因此，其推导思路与 9.3.2 小节基本相同。由式 (9.20) 的左边部分

$$\boldsymbol{x}_{\mathrm{v}} = (\varphi - w - 1) \otimes \boldsymbol{x}_j(t) + w\boldsymbol{x}_j(t-1) + \boldsymbol{x}_j(t+1) \quad (9.40)$$

有

$$\overline{f}_{\mathrm{v}} = \frac{f_j(t)s_j(t)r_j(t) + f_j(t-1)r_j(t-1)s_j(t-1) + f_j(t+1)r_j(t+1)s_j(t+1)}{s_j(t)r_j(t) + s_j(t-1)r_j(t-1) + s_j(t+1)r_j(t+1)} \quad (9.41)$$

$$\overline{r_{\mathrm{v}}} = \frac{[s_j(t)r_j(t)]^2 + [s_j(t-1)r_j(t-1)]^2 + [s_j(t+1)r_j(t+1)]^2}{s_j(t)r_j(t) + s_j(t-1)r_j(t-1) + s_j(t+1)r_j(t+1)} \tag{9.42}$$

同理，考虑 $\boldsymbol{x}_{\mathrm{v}} = \varphi_1 \otimes \boldsymbol{p}_j(t) + \varphi_2 \otimes \boldsymbol{p}_g(t)$，则利用上述方式可以得到下述公式：

$$\overline{f_{\mathrm{v}}} = \frac{\overline{f_j(t)}\,\overline{s_j(t)}\,\overline{r_j(t)} + \overline{f_g(t)}\,\overline{s_g(t)}\,\overline{r_g(t)}}{\overline{s_j(t)}\,\overline{r_j(t)} + \overline{s_g(t)}\,\overline{r_g(t)}} \tag{9.43}$$

$$\overline{r_{\mathrm{v}}} = \frac{[\overline{s_j(t)}\,\overline{r_j(t)}]^2 + [\overline{s_g(t)}\,\overline{r_g(t)}]^2}{\overline{s_j(t)}\,\overline{r_j(t)} + \overline{s_g(t)}\,\overline{r_g(t)}} \tag{9.44}$$

计算式 (9.44) 可求出可信度 $\overline{r_{\mathrm{v}}}$ 的值，将其代入式 (9.42) 可以得到

$$[s_j(t+1)r_j(t+1)]^2 - s_j(t+1)r_j(t+1)\overline{r_{\mathrm{v}}} + u = 0 \tag{9.45}$$

其中 $u = [s_j(t)r_j(t)]^2 - s_j(t)r_j(t)\overline{r_{\mathrm{v}}} + [s_j(t-1)r_j(t-1)]^2 - s_j(t-1)r_j(t-1)\overline{r_{\mathrm{v}}}$。这是一个关于可信度 $r_j(t+1)$ 的二次方程，为了求出 $r_j(t+1)$，其判别式非负，即

$$\Delta = [s_j(t+1)\overline{r_{\mathrm{v}}}]^2 - 4s_j^2(t+1)u \geqslant 0 \tag{9.46}$$

若相似度 $s_j(t+1) = 0$，则式 (9.46) 显然成立；否则有

$$\overline{r_{\mathrm{v}}}^2 - 4[s_j^2(t)r_j^2(t) - s_j(t)r_j(t)\overline{r_{\mathrm{v}}} + s_j^2(t-1)r_j^2(t-1)$$
$$-s_j(t-1)r_j(t-1)\overline{r_{\mathrm{v}}}] \geqslant 0 \tag{9.47}$$

由于 $\overline{r_{\mathrm{v}}}$ 为 $0 \sim 1$，则式 (9.47) 的解 $\overline{r_{\mathrm{v}}}$ 满足

$$\overline{r_{\mathrm{v}}} \geqslant 2\sqrt{2}M - 2[s_j(t)r_j(t) + s_j(t-1)r_j(t-1)] \tag{9.48}$$

其中变量 $M = s_j^2(t)r_j^2(t) + s_j^2(t-1)r_j^2(t-1) + s_j(t)r_j(t)s_j(t-1)r_j(t-1)$。

下面考虑在式 (9.48) 成立的情形下可信度 $r_j(t+1)$ 的值。利用式 (9.45) 得到

$$r_j(t+1) = \frac{\overline{r_{\mathrm{v}}} \pm \sqrt{\overline{r_{\mathrm{v}}}^2 - 4u}}{2s_j(t+1)} \tag{9.49}$$

由式 (9.42) 有

$$\min\{s_j(t-1)r_j(t-1), s_j(t)r_j(t), s_j(t+1)r_j(t+1)\} \tag{9.50}$$
$$\leqslant \overline{r_{\mathrm{v}}} \leqslant \max\{s_j(t-1)r_j(t-1), s_j(t)r_j(t), s_j(t+1)r_j(t+1)\}$$

(1) 当 $\overline{r_{\mathrm{v}}} > \max\{s_j(t)r_j(t), s_j(t-1)r_j(t-1)\}$ 时，可信度 $r_j(t+1)$ 为

$$u = s_j(t)r_j(t)[s_j(t)r_j(t) - \overline{r_{\mathrm{v}}}] + s_j(t-1)r_j(t-1)$$
$$\times [s_j(t-1)r_j(t-1) - \overline{r_{\mathrm{v}}}] < 0 \tag{9.51}$$

从而有

$$\overline{r_{\mathrm{v}}} < \sqrt{\overline{r_{\mathrm{v}}}^2 - 4u} \tag{9.52}$$

即

$$r_j(t+1) = \frac{\overline{r_{\mathrm{v}}} - \sqrt{\overline{r_{\mathrm{v}}}^2 - 4u}}{2s_j(t+1)} < 0 \tag{9.53}$$

从而

$$r_j(t+1) = \frac{\overline{r_{\mathrm{v}}} + \sqrt{\overline{r_{\mathrm{v}}}^2 - 4u}}{2s_j(t+1)} \tag{9.54}$$

(2) 当 $\overline{r_{\mathrm{v}}} \leqslant \max\{s_j(t)r_j(t), s_j(t-1)r_j(t-1)\}$ 时，可信度 $r_j(t+1)$ 可取为

$$\frac{\overline{r_{\mathrm{v}}} \pm \sqrt{\overline{r_{\mathrm{v}}}^2 - 4u}}{2s_j(t+1)} \tag{9.55}$$

因此，为了简单起见，将可信度 $r_j(t+1)$ 统一取为

$$\frac{\overline{r_{\mathrm{v}}} + \sqrt{\overline{r_{\mathrm{v}}}^2 - 4u}}{2s_j(t+1)} \tag{9.56}$$

利用式 (9.41) 可以得到

$$\begin{aligned} f_j(t+1) = \overline{f_{\mathrm{v}}} &+ \frac{r_j(t-1)s_j(t-1)}{r_j(t+1)s_j(t+1)} \cdot [\overline{f_{\mathrm{v}}} - f_j(t+1)] \\ &+ \frac{r_j(t)s_j(t)}{r_j(t+1)s_j(t+1)} \cdot [\overline{f_{\mathrm{v}}} - f_j(t)] \end{aligned} \tag{9.57}$$

由此得到了基于式 (9.20) 的可信度预测。

　　注 9.3　若 $\overline{r_{\mathrm{v}}} < 2\sqrt{2}M - 2[s_j(t)r_j(t) + s_j(t-1)r_j(t-1)]$，则方程 (9.45) 无解，故令 $r_j(t+1)$ 取 1.0，即 $f_j(t+1)$ 用实际的适应值函数计算。

　　注 9.4　若相似度 $s_j(t+1) = 0$，则 $r_j(t+1)$ 取 1.0，即 $f_j(t+1)$ 用实际的适应值函数计算。

9.4.4　预测个体的比例分析

　　由于给每个微粒增加了一个可信度，为了保证预测的准确性，设置一个预测阈值 p_E，当微粒 j 的可信度 $r_j(t) < p_E$ 时，对微粒 j 的当前位置 $\boldsymbol{x}_j(t)$ 使用真实的适应值函数计算；否则，其适应值利用相应的公式进行预测。实际上，这个阈值 p_E 与前一节概率 p_{v} 的意义一样，只不过 p_E 针对个体的可信度，而 p_{v} 则针对个体而言。在算法初始化时，每个个体的适应值都要用真实的适应值函数计算，即此时每个微粒的可信度都为 1.0。此外，若个体的当前位置优于其历史最优位置，则需要对其进行实际计算。

9.4.5 基于适应值预测的随机机会约束规划求解

9.4.5.1 随机机会约束规划介绍

机会约束规划是由 Charnes 和 Cooper 提出的一类随机规划, 其显著特点是随机约束条件至少以一定的置信水平成立。这类问题包括网络结构优化、车辆调度优化及关键路径问题等。

假设 x 为决策向量, ξ 为随机向量, $f(x, \xi)$ 为目标函数, 而 $g_j(x, \xi)(j = 1, 2, \cdots, p)$ 为一组随机约束函数。由于随机约束函数 $g_j(x, \xi)$ 没有给出一个确定的可行集, 因此, 随机约束需要以一定的置信水平 α 成立。

由 Liu 等 [2] 建立的随机机会约束规划为

$$
\begin{aligned}
\max \quad & \overline{f} \\
\text{s.t.} \quad & \Pr\{f(x, \xi) \geqslant \overline{f}\} \geqslant \beta \\
& \Pr\{g_j(x, \xi) \leqslant 0, j = 1, 2, \cdots, p\} \geqslant \alpha
\end{aligned}
\tag{9.58}
$$

其中 $\max \overline{f}$ 为目标函数 $f(x, \xi)$ 的 β 乐观值, 即在随机环境下, 决策者希望极大化目标函数的乐观值。

如果实际决策问题含有多个目标, 则可以建成多目标机会约束规划模型

$$
\begin{aligned}
\max \quad & [\overline{f_1}, \overline{f_2}, \cdots, \overline{f_m}] \\
\text{s.t.} \quad & \Pr\{f_i(x, \xi) \geqslant \overline{f_i}\} \geqslant \beta_i, i = 1, 2, \cdots, m \\
& \Pr\{g_j(x, \xi) \leqslant 0\} \geqslant \alpha_j, j = 1, 2, \cdots, p
\end{aligned}
\tag{9.59}
$$

其中 $\alpha_j(j = 1, 2, \cdots, p)$ 与 $\beta_j(j = 1, 2, \cdots, m)$ 为决策者预先给定的置信水平。

9.4.5.2 随机机会约束规划求解

下面考虑如下具有三个决策变量和 9 个随机参数的随机机会约束规划模型 [2]:

$$
\begin{aligned}
\max \quad & \overline{f} \\
\text{s.t.} \quad & \Pr\{\xi_1 x_1 + \xi_2 x_2 + \xi_3 x_3 \geqslant \overline{f}\} \geqslant 0.90 \\
& \Pr\{\eta_1 x_1^2 + \eta_2 x_2^2 + \eta_3 x_3^2 \leqslant 8\} \geqslant 0.80 \\
& \Pr\{\tau_1 x_1^3 + \tau_2 x_2^3 + \tau_3 x_3^3 \leqslant 15\} \geqslant 0.85
\end{aligned}
\tag{9.60}
$$

其中随机变量 ξ_1, η_1 和 τ_1 分别服从均匀分布 $U(1, 2)$, $U(2, 3)$ 与 $U(3, 4)$, 随机变量 ξ_2, η_2 和 τ_2 分别服从正态分布 $N(1, 1)$, $N(2, 1)$ 与 $N(3, 1)$, 随机变量 ξ_3, η_3 和 τ_3 分别服从参数为 1, 2, 3 的指数分布, 变量满足 $x_j \in [0, 2](j = 1, 2, 3)$。

为了求解上述模型, Liu 等 [2] 首先通过蒙特卡罗模拟为不确定函数

$$
U : (x_1, x_2, x_3) \longrightarrow (U_1(x), U_2(x), U_3(x))
\tag{9.61}
$$

产生输入输出数据, 其中

$$U_1(\boldsymbol{x}) = \max\{\overline{f}|\Pr\{\xi_1 x_1 + \xi_2 x_2 + \xi_3 x_3 \geqslant \overline{f}\} \geqslant 0.90 \tag{9.62}$$

$$U_2(\boldsymbol{x}) = \Pr\{\eta_1 x_1^2 + \eta_2 x_2^2 + \eta_3 x_3^2 \leqslant 8\} \geqslant 0.80 \tag{9.63}$$

$$U_3(\boldsymbol{x}) = \Pr\{\tau_1 x_1^3 + \tau_2 x_2^3 + \tau_3 x_3^3 \leqslant 15\} \geqslant 0.85 \tag{9.64}$$

然后, 利用这些数据训练一个神经网络 (三个输入神经元, 15 个隐层神经元, 三个输出神经元) 来逼近不确定函数 U。最后, 把训练好的神经元网络作为适应值函数, 利用遗传算法求解。

Liu 等提供的结果使用了 3000 个训练样本, 其中每个训练样本需要随机模拟 5000 次。遗传算法迭代次数为 3000, 种群个数为 30。Liu 等找到的最优解为 $(1.404, 0.468, 0.924)$, 相应的目标函数值为 2.21。

显然, 3000 个训练样本可以等价地看成运行了适应值函数 (9.61) 3000 次。由于训练样本需要进行大量的随机模拟, 因此, 训练样本的计算时间占据了算法运行的绝大部分时间。

这里使用带有预测策略 (9.39) 与 (9.57) 的标准微粒群算法来对该问题进行求解。为了与上述最优结果进行比较, 使用了如下环境: 种群所含微粒数为 30, 最大进化代数为 100, 运行 50 次。惯性权重 w 从 0.9 线性递减至 0.4, 认知系数 c_1 与社会系数 c_2 均为 2.0, 算法流程与 9.2.4 小节相同, 除了预测公式分别为 (9.39) 与 (9.57)。称使用预测公式 (9.39) 的算法为 Case3, 而使用预测公式 (9.57) 的算法为 Case4。为了更好地分析算法性能, 概率 p_E 分别选择了 0.1, 0.3, 0.5, 0.7 和 0.9。结果如表 9.2 所示, 其中平均适应值计算次数表示 50 次计算中真实适应值函数 (9.61) 的平均计算次数。

表 9.2   随机机会约束规划的 PSO 算法求解

预测比例	算法	均值	方差	平均适应值计算次数
0.1	Case3	2.3524	2.3011×10^{-2}	3.7300×10^2
	Case4	2.3474	6.6108×10^{-3}	8.7900×10^2
0.3	Case3	2.3545	1.4513×10^{-2}	3.8800×10^2
	Case4	2.3396	2.6146×10^{-2}	1.5910×10^3
0.5	Case3	2.3608	9.4431×10^{-3}	5.1766×10^2
	Case4	2.3510	2.3142×10^{-2}	2.1630×10^3
0.7	Case3	2.3479	4.7748×10^{-3}	5.9466×10^2
	Case4	2.3171	5.8158×10^{-2}	2.5850×10^3
0.9	Case3	2.3223	3.7358×10^{-2}	8.1833×10^2
	Case4	2.2986	4.0212×10^{-2}	2.6950×10^3

从表 9.2 可以看出, 不论概率 p_E 取多大值, 其均值最差为 2.2986, 所有的结

果都优于 $2.21^{[2]}$。尤其是当 $p_v = 0.5$ 时，应用预测公式 (9.39) 的结果，得到了最好的均值 2.3608，而且其平均适应值的计算次数为 517.66，仅次于 $p_v = 0.1$ 及 0.3 时 Case3 的平均适应值计算次数，但要比其余情况下适应值的计算次数少许多。与 Liu 等适应值函数计算 3000 次的结果相比，本节提出的微粒群算法 Case3 在概率为 $p_v = 0.5$ 的情况下，其性能提高了

$$\frac{2.3608 - 2.21}{2.21} = 6.82\%$$

同时，适应值的计算次数下降了

$$\frac{3000 - 517.66}{3000} = 82.74\%$$

得到的最优结果为 (1.4904, 0.4532, 0.7544)，相应的目标函数值为 2.3664。这表明具有预测公式 (9.40) 的微粒群算法在概率为 $p_E = 0.5$ 时能得到较为理想的结果。

9.5 小 结

许多应用问题的适应值计算需要花费大量的时间，因而为了提高算法效率，减少适应值函数的计算次数就成为一个很有意义的研究问题。本章首次将适应值的预测机制引入微粒群算法，并提出了两种预测策略。第一种预测策略利用简单的加权平均，随机选择个体进行预测，并应用于随机期望值模型的求解。而第二种方法则利用个体的可信度，有针对性地进行预测，并应用于随机机会约束规划的求解。仿真结果表明本章的两种预测机制不仅能有效地减少适应值的计算次数，而且能在一定程度上提高算法效率。

参 考 文 献

[1] 李建国. 压力容器设计的力学基础及其标准应用. 北京: 机械工业出版社, 2004

[2] 刘宝碇, 赵瑞清, 王纲. 不确定规划及应用. 北京: 清华大学出版社, 2003

[3] 宋东明, 朱耀琴, 吴慧中. 基于协同交互式遗传算法的复杂产品概念设计. 计算机科学, 2009, 36(7): 222–226

[4] Hsu F, Huang P. Providing an apporpriate search space to solve the fatigue problem in interactive evolutionary computation. New Generation Computing, 2005, 23: 115–128

[5] Saez Y, Isasi P, Segovia J, et al. Reference chromosome to overcome user fatigue in IEC. New Generation Computing, 2005, 23: 129–142

[6] Unehara M, Onisawa T. Music composition by interaction between human and computer, Proceedings of 2001 IEEE International Conference on fuzzy Systems. 2005, 23: 181–191

[7]　Jin Y, Branke H. Evolutionary optimization in uncertain environments: A survey. IEEE Transactions on Evolutionary Computation, 2005, 9(3): 303–317

[8]　Raich A, Liszkai T. Benefits of implicit redundant genetic algorithms for structural damage detection in noisy environments. *In*: Genetic and Evolutionary Computation—Gecco 2003，Proceedings. Lecture Notes in Computer Science. Berlin: Springer-Verlag 2003, 2724: 2418–2419

[9]　Grierson D E, Pak W H. Optimal sizing，geometrical and topological design using a genetic algorithm. Structural Optimization, 1993, 6(3): 151–159

[10]　Liang K H, Yao X, Newton C. Evolutionary search of approximated n-dimensional landscape. International Journal of Knowledge-based Intelligent Engineering Systems, 2000, 4(3): 172–183

[11]　Yang D, Flockton S J. Evolutionary algorithms with a coarse-to-fine function smoothing. Proceedings of IEEE International Conference on Evolutionary Computation, 1995: 657–662

[12]　Gano S E, Renaud J E, Martin J D, et al. Update strategies for Kriging models used in variable fidelity optimization. Structural and Multidisciplinary Optimization, 2006, 32(4): 287–298

[13]　韩力群. 人工神经网络理论: 设计及应用. 北京: 化学工业出版社, 2007

[14]　阎平凡, 张长水. 人工神经网络与模拟进化计算. 北京: 清华大学出版社, 2000

[15]　Vapnik V N. 统计学习理论的本质. 张学工译. 北京: 清华大学出版社, 2000

[16]　方向, 丁兆军, 舒新前. 基于遗传算法优化的支持向量机 (SVM-GA) 低阶煤制氢产量预测模型. 煤炭学报 (增刊), 35(8):205–209

[17]　Jin Y. A comprehensive survey of fitness approximation in evolutionary computation. Soft Computing, 2005, 9(1): 3–12

[18]　Sefrioui M，Periaux J. A hierarchical genetic algorithm using multiple models for optimization. 6th International Conference in Parallel Problem Solving from Nature—PPSN VI, 2000, 1917: 879–888

[19]　Jin Y, Olhofer M, Sendhoff B. A framework for evolutionary optimization with approximate fitness functions. IEEE Transactions on Evolutionary Computation, 2002, 6(5): 481–494

[20]　高羽. 机动目标的多项式预测模型及其跟踪算法. 航空学报, 2009, 30(8): 1479–1489

[21]　Rasheed K. An incremental-approximate-clustering approach for developing dynamic reduced models for design optimization. Proceedings of the 2000 Congress on Evolutionary Computation. IEEE，Piscataway, NJ, USA, 2000, 2: 986–993

[22]　Abboud K, Schoenauer M. Surrogate deterministic mutation: preliminary results. *In*: Collet P, Fonlupt C, Hao J K, et al. Proceedings of 5th International Conference on Artficial Evolution. Lecture Notes in Computer Science. Berlin: Springer-Verlag 2002, 2310: 104–116

[23] Rasheed K, Xiao N, Vattam S. Comparison of methods for developing dynamic reduced models for design optimization. Cec'02: Proceedings of the 2002 Congress on Evolutionary Computation. IEEE, Piscataway, NJ, USA, 2002: 390–395

[24] Lee J, Hajela P. Parallel genetic algorithms implementation for multidisciplineary rotor blade design. Journal of Aircraft, 1996, 33(5): 962–969

[25] Jin Y C, Sendhoff B. Reducing fitness evaluations using clustering techniques and neural network ensembles. *In*:Genetic and Evolutionary Computation—Gecco 2004, Proceedings. Lecture Notes in Computer Science. Berlin: Springer-Verlag, 2004, 3102: 688–699

[26] Zhou Z Z, Ong Y S, Lim M H, et al. Memetic algorithm using multi-surrogates for computationally expensive optimization problems. Soft Computing, 2007, 11(10): 957–971

[27] Xie H Y, Zhang M J, Andreae P. Population clustering in genetic programming. *In*: Genetic Programming, Proceedings. Lecture Notes in Computer Science. Berlin: Springer-Verlag, 2006, 3905: 190–201

[28] Cui Z H, Zeng J C, Sun G J. A fast particle swarm optimization. International Journal of Innovative Computing, Information & Control, 2006, 2(6): 1365–1380

[29] Cui Z H, Cai X J, Shi Z Z. Using fitness landscape to improve the performance of particle swarm optimization. Journal of Computational and Theoretical Nanoscien-ce, Accepted.

[30] Cai X J, Zeng J C, Tan Y. Forecasted particle swarm optimization. Proceedings of the Third International Conference in Natural Computation. 2007, 4: 713–717

[31] Liu B. Theory and Practice of Uncertain Programming. Heidelberg: Physica-Verlag, 2002

[32] Ravi V, Murty B S, Reddy P J. Nonequilibrium simulated annealing algorithm applied to reliability optimization of complex systems. IEEE Transactions on Reliability, 1997, 46: 233–239

[33] Zhou J, Liu B. New stochastic models for capacitated location-allocation problem. Computers & Industrial Engineering, 2003, 45(1): 111–125

[34] Peng J, Liu B. Parallel machine scheduling models with fuzzy processing times. Information Sciences, 2004, 166(1): 49–66

[35] Salami M, Hendtlass T. A fast evaluation strategy for evolutionary algorithms. Applied Soft Computing, 2003, 2(3): 156–173

附录A 微粒群算法及群体智能的图书与特刊

1. Kennedy J, Eberhart R C, Shi Y H. Swarm Intelligence. San Francisco: Morgan Kaufmann, 2001.

2. Bonabeau E, Dorigo M, Theraulaz G. Swarm Intelligence: From Natural to Artificial Systems. New York: Oxford University Press, 1999.

3. Engelbrecht A P. Fundamentals of Computational Swarm Intelligence. New York: John Wiley & Sons Inc, 2006.

4. Felix T S, Tiwari M K. Swarm Intelligence: Focus on Ant and Particle Swarm Optimization. Vienna: I-Tech Education and Publishing, 2007.

5. Lazinica A. Particle Swarm Optimization. Vienna: I-Tech Education and Publishing, 2009.

6. Abraham A, Grosan G, Ramos V. Swarm Intelligence in Data Mining, Studies in Comutational Intelligence, Vol.34, Berlin: Springer, 2006.

7. Christian B, Daniel M. Swarm Intelligence: Introduction and Applications. Natural Computing Series. Berlin: Springer, 2008.

8. 曾建潮, 介婧, 崔志华. 微粒群算法. 北京: 科学出版社, 2004.

9. 吴启迪, 汪镭. 智能微粒群算法研究及应用. 南京: 江苏教育出版社, 2005.

10. 李丽, 牛奔. 粒子群优化算法. 北京: 冶金工业出版社, 2009.

11. 纪震, 廖惠连, 吴青华. 粒子群算法及应用. 北京: 科学出版社, 2009.

12. 梁艳春, 吴春国, 时小虎. 群智能优化算法理论与应用. 北京: 科学出版社, 2009.

13. 高尚, 杨静宇. 群智能算法及其应用. 北京: 中国水利水电出版社, 2006.

14. Eberhart R C, Shi Y H. Particle swarm optimization. IEEE Transactions on Evolutionary Computation, 2004, 8(3): 201-301.

15. Poli R, Engelbrecht A, Kennedy J. Particle swarm optimization. Swarm Intelligence, 2009, 3(4): 243-325.

16. Clerc M, Kennedy J, Siarry P. Particle Swarm Optimization. International Journal of Computational Intelligence Research, 2008, 4(2):71-218. (http://www.ripublication.com/ijcir.htm)

17. Poli R, Kennedy J, Blackwell T, Freitas A. Particle swarms: The second decade.

Journal of Artificial Evolution and Applications, 2008.
(http://www.hindawi.com/journals/jaea/2008/108972.html)

18. Cui Z H, Zeng J C, Sun G J. Recent advances on particle swarm optimization. International Journal of Modelling, Identification and Control, 2009, 8(4):257-374.

19. Engelbrecht A, Li X D, Middendorf M, Gambardella L M. Swarm intelligence. IEEE Transactions on Evolutionary Computation, 2009, 13(4):677-753.

20. Bonabeau E, Corne D, Knowles J, Poli R. Swarm intelligence theory: A snapshot of the state of the art. Theoretical Computer Science, 2010, 411(21):2079-2154.

21. Cui Z H, Peters J F. Swarm Intelligence. Fundamenta Informaticae, 2009, 95(4): 401-552, Abraham A.

22. Cui Z H, Zeng S Y. New trends on swarm intelligent systems. Journal of Multiple-Valued Logic and Soft Computing, 2010,16(6):505-660.

23. Cui Z H, Zeng J C. Swarm-based computing: Foundation and application. International Journal of Innovative Computing and Applications, 2009, 2(2): 69-139.

附录B 典型测试函数

F_1 函数(Sphere Model)

$$f_1(\boldsymbol{x}) = \sum_{j=1}^{30} x_j^2$$

其中 $|x_j| \leqslant 100.0$, 并且局部极值函数为

$$f_1(\boldsymbol{x}^*) = f_1(0, 0, \cdots, 0) = 0.0$$

F_2 函数(Schwefel Problem 2.22)

$$f_2(\boldsymbol{x}) = \sum_{j=1}^{30} |x_j| + \prod_{j=1}^{30} |x_j|$$

其中 $|x_j| \leqslant 10.0$, 并且

$$f_2(\boldsymbol{x}^*) = f_2(0, 0, \cdots, 0) = 0.0$$

F_3 函数(Schwefel Problem 1.2)

$$f_3(\boldsymbol{x}) = \sum_{i=1}^{30} \left(\sum_{j=1}^{i} x_j \right)^2$$

如果 $|x_j| \leqslant 100.0$, 那么

$$f_3(\boldsymbol{x}^*) = f_3(0, 0, \cdots, 0) = 0.0$$

F_4 函数(Schwefel Problem 2.21)

$$f_4(\boldsymbol{x}) = \max_i \{|x_i|, 1 \leqslant i \leqslant n\}$$

如果 $|x_i| \leqslant 100.0$, 那么

$$f_4(\boldsymbol{x}^*) = f_4(0, 0, \cdots, 0) = 0.0$$

F_5 函数(Rosenbrock Function)

$$f_5(\boldsymbol{x}) = \sum_{j=1}^{n-1} [100(x_{j+1} - x_j^2)^2 + (x_j - 1)^2]$$

若 $|x_j| \leqslant 30.0$. 则

$$f_5(\boldsymbol{x}^*) = f_5(1, 1, \cdots, 1) = 0.0$$

F_6 函数(Step Function)

$$f_6(\boldsymbol{x}) = \sum_{j=1}^{n} (\lfloor x_j + 0.5 \rfloor)^2$$

若 $|x_j| \leqslant 100.0$, 则

$$f_6(\boldsymbol{x}^*) = f_6(0, 0, \cdots, 0) = 0.0$$

F_7 函数(Quartic Function i.e. Noise)

$$f_7(\boldsymbol{x}) = \sum_{i=1}^{30} i x_i^4 + \mathrm{rand}$$

其中 $|x_i| \leqslant 1.28$, 并且

$$f_7(\boldsymbol{x}^*) = f_7(0, 0, \cdots, 0) = 0.0$$

F_8 函数(Schwefel Problem 2.26)

$$f_8(\boldsymbol{x}) = \sum_{j=1}^{n} \left(-x_j \sin\left(\sqrt{|x_j|}\right) \right)$$

其中 $|x_j| \leqslant 500.0$, 并且

$$f_8(\boldsymbol{x}^*) = f_8(420.9687, 420.9687, \cdots, 420.9687) \approx -12569.5$$

F_9 函数(Rastrigin Function)

$$f_9(\boldsymbol{x}) = \sum_{j=1}^{30} [x_j^2 - 10\cos(2\pi x_j) + 10]$$

如果 $|x_j| \leqslant 5.12$, 那么

$$f_9(\boldsymbol{x}^*) = f_9(0, 0, \cdots, 0) = 0.0$$

F_{10} 函数(Ackley Function)

$$f_{10}(\boldsymbol{x}) = -20\exp\left(-0.2\sqrt{\frac{1}{n}\sum_{j=1}^{n}x_j^2}\right) - \exp\left(\frac{1}{n}\sum_{i=1}^{n}\cos\left(2\pi x_i\right) + 20 + \mathrm{e}\right)$$

如果 $|x_j| \leqslant 32.0$, 那么

$$f_{10}(\boldsymbol{x}^*) = f_{10}(0, 0, \cdots, 0) = 0.0$$

F_{11} 函数(Griewank Function)

$$f_{11}(\boldsymbol{x}) = \frac{1}{4000} \sum_{j=1}^{30} x_j^2 - \prod_{j=1}^{30} \cos\left(\frac{x_j}{\sqrt{j}}\right) + 1$$

若 $|x_j| \leqslant 600.0$, 则

$$f_{11}(\boldsymbol{x}^*) = f_{11}(0, 0, \cdots, 0) = 0.0$$

F_{12} 函数(Penalized Function)

$$f_{12}(\boldsymbol{x}) = \frac{\pi}{n} \left\{ 10\sin^2(\pi y_i) + \sum_{i=1}^{n-1} (y_i - 1)[1 + 10\sin^2(\pi y_{i+1})] + (y_n - 1)^2 \right\}$$

$$+ \sum_{i=1}^{n} u(x_i, 10, 100, 4)$$

$$f_{12}(\boldsymbol{x}^*) = f_{12}(1, 1, \cdots, 1) = 0.0$$

$$y_i = 1 + \frac{1}{4}(x_i + 1)$$

$$u(x_i, a, k, m) = \begin{cases} k(x_i - a)^m, & x_i > a \\ 0, & -a \leqslant x_i \leqslant a \\ k(-x_i - a)^m, & x_i < -a \end{cases}$$

其中 $|x_i| \leqslant 50.0$ 且 $n = 30$。

F_{13} 函数(Penalized Function)

$$f_{13}(\boldsymbol{x}) = 0.1 \left\{ \sin^2(3\pi x_1) + \sum_{i=1}^{n-1} (x_i - 1)^2[1 + \sin^2(3\pi x_{i+1})] \right.$$

$$\left. + (x_n - 1)^2[1 + \sin^2(2\pi x_n)] \right\} + \sum_{i=1}^{n} u(x_i, 5, 100, 4)$$

$$f_{13}(\boldsymbol{x}^*) = f_{13}(1, 1, \cdots, 1) = 0.0$$

$$y_i = 1 + \frac{1}{4}(x_i + 1)$$

$$u(x_i, a, k, m) = \begin{cases} k(x_i - a)^m. & x_i > a \\ 0, & -a \leqslant x_i \leqslant a \\ k(-x_i - a)^m, & x_i < -a \end{cases}$$

其中 $|x_i| \leqslant 50.0$.

F_{14} 函数(Shekel's Foxholes Function)

$$f_{14}(\boldsymbol{x}) = \left[\frac{1}{500} + \sum_{j=1}^{25} \frac{1}{j + \displaystyle\sum_{i=1}^{2}(x_i - a_{ij})^6} \right]^{-1}$$

其中 $|x_i| \leqslant 65.536$, a_{ij} 为下面的矩阵:

$$\begin{bmatrix} -32 & -16 & 0 & 16 & 32 & -32 & \cdots & 0 & 16 & 32 \\ -32 & -32 & -32 & -32 & -32 & -16 & \cdots & 32 & 32 & 32 \end{bmatrix}$$

$$f_{14}(\boldsymbol{x}^*) = f_{14}(-32, -32) \approx 1.0$$

F_{15} 函数(Kowalik Function, 表 B.1)

$$f_{15}(\boldsymbol{x}) = \sum_{i=1}^{11} \left[a_i - \frac{x_1(b_i^2 + b_i x_2)}{b_i^2 + b_i x_3 + x_4} \right]^2$$

其中 $|x_i| \leqslant 5.0$, 并且

$$f_{15}(\boldsymbol{x}^*) \approx 0.0003075$$

表 B.1　函数 Kowalik Function 的参数

i	a_i	b_i^{-1}
1	0.1957	0.25
2	0.1947	0.5
3	0.1735	1
4	0.1600	2
5	0.0844	4
6	0.0627	6
7	0.0456	8
8	0.0342	10
9	0.0323	12
10	0.0235	14
11	0.0246	16

F_{16} 函数(Six-hump Camel-Back Function)

$$f_{16}(\boldsymbol{x}) = 4x_1^2 - 2.1x_1^4 + \frac{1}{3}x_1^6 + x_1x_2 - 4x_2^2 + 4x_2^4$$

若 $|x_i| \leqslant 5.0$, 则

$$\boldsymbol{x}_{\min} = (0.08983, -0.7126), (-0.08983, 0.7126)$$

$$f_{16}(\boldsymbol{x}^*) = -1.0316258$$

F_{17} 函数(Branin Function)

$$f_{17}(\boldsymbol{x}) = \left(x_2 - \frac{5.1}{4\pi^2}x_1^2 + \frac{5}{\pi}x_1 - 6\right)^2 + 10\left(1 - \frac{1}{8\pi}\right)\cos x_1 + 10$$

其中 $-5 \leqslant x_1 \leqslant 10, 0 \leqslant x_1 \leqslant 15$

$$x_{\min} = (-3.142, 12.275), (3.142, 2.275), (9.425, 2.425)$$

$$f_{17}(\boldsymbol{x}^*) = 0.398$$

F_{18} 函数(Goldstein-Price Function)

$$f_{18} = [1 + (x_1 + x_2 + 1)^2(19 - 14x_1 + 3x_1^2 - 14x_2 + 6x_1x_2 + 3x_2^2)]$$
$$\times [30 + (2x_1 - 3x_2)^2(18 - 32x_1 + 12x_1^2 + 48x_2 - 36x_1x_2 + 27x_2^2)]$$

其中 $|x_j| \leqslant 2$, 并且

$$f_{18}(\boldsymbol{x}^*) = f_{18}(0, -1) = 3$$

F_{19} 函数(Hartman Family, 表 B.2)

$$f_{19} = -\sum_{i=1}^{4} c_i \exp\left[-\sum_{j=1}^{4} a_{ij}(x_j - p_{ij})^2\right]$$

表 B.2　Hartman Family 19

i	a_{i1}	a_{i2}	a_{i3}	c_i	p_{i1}	p_{i2}	p_{i3}
1	3	10	30	1	0.3689	0.1170	0.2673
2	0.1	10	35	1.2	0.46699	0.4387	0.7470
3	3	10	30	3	0.1091	0.8732	0.5547
4	0.1	10	35	3.2	0.03815	0.5743	0.8828

如果 $0 \leqslant x_j \leqslant 1$, 那么

$$\min(f_{19}) = f_{19}(0.114, 0.556, 0.852) = -3.86$$

$\boldsymbol{F}_{20}$ 函数(Hartman Family, 表 B.3)

$$f_{20} = -\sum_{i=1}^{4} c_i \exp\left[-\sum_{j=1}^{6} a_{ij}(x_j - p_{ij})^2\right]$$

其中 $0 \leqslant x_j \leqslant 1$, 并且

$$\min(f_{20}) = f_{20}(0.201, 0.15, 0.477, 0.275, 0.311, 0.657) = -3.32$$

表 B.3　Hartman Family 20

i	a_{i1}	a_{i2}	a_{i3}	a_{i4}	a_{i5}	a_{i6}	c_i	p_{i1}	p_{i2}	p_{i3}	p_{i4}	p_{i5}	p_{i6}
1	10	3	17	3.5	1.7	8	1	0.1312	0.1696	0.5569	0.0124	0.8283	0.5886
2	0.05	10	17	0.1	8	14	1.2	0.2329	0.4135	0.8307	0.3736	0.1004	0.9991
3	3	3.5	1.7	10	17	8	3	0.2348	0.1415	0.3522	0.2883	0.3047	0.6650
4	17	8	0.05	10	0.1	14	3.2	0.4047	0.8828	0.8732	0.5743	0.1091	0.0381

$\boldsymbol{F}_{21}$ 函数(2^n Minima Function)

$$f_{21}(\boldsymbol{x}) = \frac{1}{N}\sum_{j=1}^{N}(x_j^4 - 16x_j^2 + 5x_j)$$

其中 $S = [-5, 5]^N$, 并且

$$\min f_{21}(\boldsymbol{x}^*) = -78.3323$$

此函数模态复杂, 极值点随维数指数增加。

$\boldsymbol{F}_{22}$ 函数(Rana Function)

$$f_{22}(x,y) = x\sin\sqrt{|y+1-x|}\cos\sqrt{|y+1+x|} + (y+1)\cos\sqrt{|y+1-x|}\sin\sqrt{|y+1+x|}$$

若 $S = [-512, 512]^N$, 则

$$\min f_{22}(\boldsymbol{x}^*) = -511.7$$

且

$$\boldsymbol{x}^* = (-512, -52)^{\mathrm{T}}$$

F_{23} 函数(Shubert Function)

$$f_{23}(x,y) = \sum_{i=1}^{5}[i\cos((i+1)x+i)]\sum_{j=1}^{5}[j\cos((j+1)y+j)]$$

其中 $S = [-10,10]^N$, 并且

$$\min f_{23}(\boldsymbol{x}^*) = -186.73$$

具极有 760 个局部极小值, 18 个全局极小值。

F_{24} 函数(Levy No.5 Function)

$$f_{24}(x,y) = \sum_{i=1}^{5}[i\cos((i-1)x+i)]\sum_{j=1}^{5}[j\cos((j+1)y+j)]+(x+1.42513)^2+(y+0.80032)^2$$

如果 $S = [-10,10]^N$, 那么

$$\min f_{24}(\boldsymbol{x}^*) = -176.1375$$

且

$$\boldsymbol{x}^* = (-1.368, -1.4248)^{\mathrm{T}}$$

著名的二维测试函数, 具有 760 个局部极值点和一个全局极值点。

F_{25} 函数(Camel Function)

$$f_{25}(x,y) = \left(4 - 2.1x^2 + \frac{x^4}{3}\right)x^2 + xy + (-4 + 4y^2)y^2$$

其中 $S = [-100,100]^N$, 并且

$$\min f_{25}(\boldsymbol{x}^*) = -1.031628$$

F_{26} 函数(Himmelbau's Function)

$$\min f_{26}(x,y) = (x^2+y-11)^2+(x+y^2-7)$$

其中 $x_i \in [-6,6]$, 并且

$$(x^*,y^*) \in \{(3.0, 2.0), (3.5844, -1.8482), (-2.8051, 3.1313), (-3.7793, -3.2832)\}$$

且

$$f(x^*,y^*) = 0$$

F_{27} 函数(needle in haystack:type 1)

$$\max f_{27}(x, y) = \left(\frac{a}{b + (x^2 + y^2)}\right)^2 + (x^2 + y^2)^2$$

其中 $x, y \in [-5.12, 5.12]$, 并且

$$a = 3.0, \quad b = 0.05, \quad \max f(0, 0) = 3600$$

4 个局部极值点为 $(-5.12, 5.12), (-5.12, -5.12), (5.12, 5.12), (5.12, -5.12)$, 函数极值为 2748.78。随着参数 a, b 的变化, 该函数将形成不同严重程度的 GA 求解性能。

F_{28} 函数(needle in haystack:type 2)

$$\max f_{28}(x, y) = 1 + \prod_{i=1}^{n} \sin(x_i) + \frac{1}{0.05 + \sum_{i=1}^{n} (x_i - 4)^\alpha}$$

其中 $x_i \in [-3\prod, 3\prod]$, 并且

$$i = 1, 2, \cdots, n, \quad n \leqslant 10, \quad \alpha = \{2, 4, 6, 8\}$$

全局最优解 $\boldsymbol{x}^* = (4, 4, \cdots, 4)$

F_{29} 函数(Schaffer1 Function)

$$\max f_{29}(\boldsymbol{x}) = (x_1^2 + x_2^2)^{0.25}[\sin^2(50 * (x_1^2 + x_2^2)^{0.1}) + 1.0]$$

其中 $x_i \in [-10, 10]$, 并且

$$\boldsymbol{x}^* = (0, 0), \quad f_{29}(\boldsymbol{x}^*) = 0$$

F_{30} 函数(Schaffer2 Function)

$$\max f_{30}(\boldsymbol{x}) = 0.5 + \frac{\sin\sqrt{x_1^2 + x_2^2} - 0.5}{[1 + \alpha * (x_1^2 + x_2^2)]^2}$$

若 $x_i \in [-10, 10]$, 则

$$\alpha \in \{0.001, 0.01, 0.1, 1.0\}$$

且

$$\boldsymbol{x}^* = (0, 0), \quad f_{30}(\boldsymbol{x}^*) = 0$$

F_{31} 函数(Schaffer3 Function)

$$\max f_{31}(\boldsymbol{x}) = 20 + x^2 - 10\cos\left(2\prod x\right) + y^2 - 10\cos\left(2\prod y\right)$$

且

$$x, y \in [-5.12, 5.12]$$

F_{32} 函数(Bohachevsky)

$$f_{32}(x, y) = x^2 + y^2 - 0.3\cos\left(3\prod x\right) + 0.3\cos\left(4\prod y\right) + 0.3$$

且

$$x, y \in [-1, 1]$$

最优解为 -0.1848, 分布在 $[0, -0.23], [0, 0.23]$。

F_{33} 函数

$$\max f_{33}(x) = \sin^6\left(5\prod x\right)$$

其中 $x^* = \{0.1, 0.3, 0.5, 0.7, 0.9\}$, $f_{33}(x^*) = 1.0$, 并且

$$x \in [0, 1]$$

多个极大值点, 等距、等高。

F_{34} 函数

$$\max f_{34}(x) = e^{-2*\ln 2*((x-0.1)/0.8)^2} * \sin^6\left(5\prod x\right)$$

且若 $x^* = \{0.1, 0.3, 0.5, 0.7, 0.9\}$, $f_{34}(x^*) \in \{1.0, 0.9170, 0.7071, 0.4585, 0.2500\}$, 则

$$x \in [0, 1]$$

多个极大值点, 等距、等高。

F_{35} 函数

$$\max f_{35}(x) = \sin^6\left(5\prod(x^{\frac{3}{4}} - 0.05)\right)$$

其中 $x^* = \{0.0797, 0.2467, 0.4506, 0.6814, 0.9339\}$, $f_{35}(x^*) = 1.0$, 并且

$$x \in [0, 1]$$

多个极大值点，等距、等高。

F_{36} 函数

$$\max f_{36}(x) = \mathrm{e}^{-2*\ln 2*((x-0.1)/0.8)^2} * \sin^6 \left(5 \prod (x^{\frac{3}{4}} - 0.05)\right)$$

其中 $f_{36}(x^*) \in \{0.9991, 0.9545, 0.7662, 0.4809, 0.2217\}$，并且

$$x \in [0, 1]$$

$$x^* = \{0.0797, 0.2467, 0.4506, 0.6814, 0.9339\}$$

F_{37} 函数

$$\max f_{37}(x) = \begin{cases} \dfrac{a*(c-x)}{c}, & x \leqslant c \\[3mm] \dfrac{b*(x-c)}{1-c}, & \text{其他} \end{cases}$$

其中 $x \in [0, 1]$ 且

$$a = 0.8, \quad b = 1.0, \quad c = 0.8$$

全局最优解 $x^* = 1$，局部最优解 $x^1 = 0, f_{37}(x^*) = b, f_{37}(x^1) = a$。该双峰函数用于分析实数参数优化函数的 GA 求解性能。

F_{38} 函数

$$\max f_{38}(x) = \left| \prod_{i=1}^{n} x_i * \sin(x_i) \right|$$

且

$$x_i \in \left[0, 3\prod\right], \quad i = 1, 2, \cdots, n$$

全局最优解 $x^* = \{7.98, 7.98, \cdots, 7.98\}$

F_{39} 函数

$$\max f_{39}(x) = \sum_{j=1}^{10} \dfrac{1}{c_j + \sum_{i}^{n} (x_i - a_{ij})^{\alpha}}$$

且

$$x_i \in [0, 10], \quad i = 1, 2, \cdots, n$$

$$n \leqslant 10, \quad \alpha = \{2, 4, 6, 8\}$$

二维函数的参数的局部最优解在下述参数 a_{ij} 上取得, 其中 $|x_i| \leqslant 65.536$, a_{ij} 满足下面的矩阵:

$$\begin{bmatrix}
4 & 1 & 8 & 5 & 6 & 3 & 6 & 7 & 2 & 8 \\
4 & 1 & 8 & 5 & 6 & 7 & 2 & 3.6 & 9 & 1 \\
4 & 1 & 8 & 5 & 6 & 3 & 6 & 7 & 2 & 8 \\
4 & 1 & 8 & 5 & 6 & 7 & 2 & 3.6 & 9 & 1 \\
4 & 1 & 8 & 5 & 6 & 3 & 6 & 7 & 2 & 8 \\
4 & 1 & 8 & 5 & 6 & 7 & 2 & 3.6 & 9 & 1 \\
4 & 1 & 8 & 5 & 6 & 3 & 6 & 7 & 2 & 8 \\
4 & 1 & 8 & 5 & 6 & 7 & 2 & 3.6 & 9 & 1 \\
4 & 1 & 8 & 5 & 6 & 3 & 6 & 7 & 2 & 8 \\
4 & 1 & 8 & 5 & 6 & 7 & 2 & 3.6 & 9 & 1
\end{bmatrix}$$

局部最优解由 c_j 上取得，$c_j \in \{0.1, 0.2, 0.2, 0.3, 0.4, 0.4, 0.5, 0.5, 0.6, 0.7\}$, 全局最优解 $\boldsymbol{x}^* = (4, 4, \cdots, 4)$。

$\boldsymbol{F}_{40}$ 函数

$$y_{40_a} = x^q$$

其中 $q \in \{1/5, 1/3, 1/2, 1, 2, 3, 5\}$ 且

$$y_{40_b} = \sin\left(\prod * \frac{x^q}{p}\right)$$

其中 $q \in \{1, 2, 3, 5\}, p \in \{1.0, 1.1, 1.2, 1.5\}$

$\boldsymbol{F}_{41}$ 函数

$$\max f_{41}(x, y) = 1 + x * \sin\left(4\prod x\right) - y * \sin\left(4\prod y + \prod\right) + \frac{\sin(6\sqrt{x^2 + y^2})}{6\sqrt{x^2 + y^2 + 10^{-15}}}$$

且

$$x, y \in [-1, 1]$$

多峰函数，有 4 个全局最大值 2.118，对称分布于 $(+0.64, +0.64), (-0.64, -0.64)$, $(+0.64, -0.64), (-0.64, +0.64)$, 存在大量局部最大值，尤其是在中间区域有一取值与全局最大值很接近的局部极大值 (2.077) 凸台.

$\boldsymbol{F}_{42}$ 函数

$$\max f_{42}(x,y) = (x^2 + y^2)^{0.25}(\sin^2 50(x^2 + y^2)^{0.1} + 1.0)$$

且

$$x, y \in [-5.12, 5.12]$$

全局最小值为 0，有无穷多个局部极小值点

$\boldsymbol{F}_{43}$ 函数

$$f_{43} = -\sum_{i=1}^{N} \sin(x_i) \sin^{20}\left(\frac{i * x_i^2}{\prod}\right)$$

且

$$0 \leqslant x_i \leqslant \prod$$

$\boldsymbol{F}_{44}$ 函数

$$f_{44}(\boldsymbol{x}) = \frac{1}{N}\sum_{i=1}^{N}(x_i^4 - 16x_i^2 + 5x_i)$$

且

$$-5 \leqslant x_i \leqslant 5$$

$\boldsymbol{F}_{45}$ 函数

$$\min f_{45}(x,y) = (4 - 2.1x^2 + x^{\frac{4}{3}})x^2 + xy + (-4 + 4y^2)y^2$$

且

$$x, y \in [-5.12, 5.12]$$

附录C 标准微粒群算法的 Matlab 程序源代码

```matlab
SPSO.m % 主程序
% Particle Swarm Optimization algorithm in Matlab
% Written by Xingjuan Cai and Zhihua Cui
% Complex System and Computational Intelligence Laboratory
% School of Computer Science and Technology
% Taiyuan University of Science and Technology, China
% Last modified 1-September-05
% 全局变量定义
global dimension % 维数
global popsize % 微粒个数
% 运行环境
dimension=30; % 维数
popsize=100; % 微粒个数
run_times=100; % 运行次数
max_length=50*dimension; % 最大迭代次数
sample_point=max_length/20; % 均匀采样点个数
% 参数设置
c1=2.0; % 认知系数
c2=2.0; % 社会系数
vmax=500; % 最大速度上限
xmin=-500; % 问题域下限
xmax=500; % 问题域上限
% 数组预定义
current_position=zeros(dimension,popsize); % 当前位置
current_v=zeros(dimension,popsize); % 当前速度
pbest=zeros(dimension,popsize); % 个体历史最优位置
gbest=zeros(dimension,1); % 群体历史最优位置
gbest_fitness=zeros(1,popsize); % 群体历史最优位置的适应值
current_fitness=zeros(1,popsize); % 当前位置的适应值
```

```
gbest1=zeros(dimension,popsize);
gfitness_sampoint=zeros(run_times,fix(max_length/sample_point)); % 采样点的
适应值
total_best=zeros(1,run_times); % 运行期间所有的最优结果
gfitness_ave=zeros(1,fix(max_length/sample_point));
% 主程序，运行次数为 run_times
for i=1:run_times
% 微粒参数的初始化
current_position=(xmax-xmin)*rand(dimension,popsize)+xmin;
current_v=vmax*rand(dimension,popsize);
pbest=current_position;
current_fitness=F5_FITNESS(current_position); % Rosenbrock 函数适应值计算
pbest_fitness=current_fitness;
gbest_fitness=min(pbest_fitness);
locate=minfitness_locate(pbest_fitness,gbest_fitness); % 群体最优适应值定位
gbest=pbest(:,locate); % 群体历史最优位置
gbest1=repmat(gbest,1,popsize);
w=0.9; % 惯性权重初始化
% 搜索最优值过程，循环代数为 max_length
for j=1:max_length
w=0.9-(j-1)*0.5/(max_length-1); % 惯性权重从 0.9 线性递减至 0.4
current_v=w*current_v+c1*rand(dimension,popsize)
.*(pbest-current_position)+c2*rand(dimension,popsize)
.*(gbest1-current_position);
current_v=modify1_v(current_v,vmax); % 修改速度参数
current_position=current_v+current_position;
current_position=modify_position(current_position,xmax,xmin); % 修改位置参
数，防止溢出
current_fitness=F5_FITNESS(current_position); % 计算个体当前适应值
[pbest_fitness,pbest]=modify_fitness(pbest_fitness,
current_fitness,pbest,current_position); % 修改个体历史最优值和最优位置
gbest_fitness=min(pbest_fitness); % 修改群体最优值
locate=minfitness_locate(pbest_fitness,gbest_fitness); % 群体最优适应值定位
gbest=pbest(:,locate); % 修改群体最优位置
gbest1=repmat(gbest,1,popsize);
```

```
if mod(j,sample_point)==0 % 进化过程最优值统计
a=j/sample_point;
gfitness_sampoint(i,a)=gbest_fitness;
end
temp_fitness=min(current_fitness);
locate=minfitness_locate(current_fitness,temp_fitness);
end
total_best(1,i)=gbest_fitness; % 最优值统计
gbest_fitness
end
best_fitness=min(total_best); % 最优值计算
worst_fitness=max(total_best); % 最次值计算
mean_fitness=mean(total_best); % 均值计算
std_fitness=std(total_best); % 方差计算
format short e
gfitness_ave=sum(gfitness_sampoint)/run_times;
% 输出所需值
mean_fitness % 均值
std_fitness % 方差
best_fitness % 所有运行次数内得到的最优适应值
worst_fitness % 所有运行次数内得到的最差适应值
gfitness_ave % 动态过程中采样得到的平均适应值
total_best % 所有的结果

function y=minfitness_locate(x,z) % 群体历史最优位置的适应值定位
a=x-z;
b=~a;
c=find(b);
y=c(1);

function y=modify1_v(x,z) % 依据最大速度上限，修改速度参数
global dimension
global popsize
A=x>z;
B=find(A);
```

```matlab
x(B)=z;
A1=x<-z;
B1=find(A1);
x(B1)=-z;
y=x;


function y=modify_position(x,z,w) % 修改位置范围
A=x>z;
B=find(A);
C=length(B);
x(B(1:C))=w+mod(abs(x(B(1:C))),z-w);
A1=x<w;
B1=find(A1);
C1=length(B1);
x(B1(1:C1))=z-mod(abs(x(B1(1:C1))),z-w);
y=x;


function [x,y]=modify_fitness(a,b,c,d) % 更新个体历史最优位置及相关适应值
A=b<a;
B=find(A);
C=length(B);
D=B(1:C);
a(D)=b(D);
c(:,D)=d(:,D);
x=a;
y=c;
```